"十四五"职业教育国家规划教材

Linux操作系统

（第三版）

LINUX CAOZUO XITONG

主　编　张迎春　施　剑　邱　洋　张　婷
副主编　何　晶　朱　冰　蔡军英　马　璐　刘瑞新

新形态教材

中国教育出版传媒集团
高等教育出版社·北京

内容提要

本书是"十四五"职业教育国家规划教材，根据教育部最新发布的《高等职业学校专业教学标准》中对本课程的要求，并参照最新颁发的相关国家标准和职业技能等级考核标准修订而成。

本书以华为公司的 openEuler（欧拉）为蓝本，坚持"理论够用、侧重实用"的编写原则，将思政元素有机融入，并结合大量的示例和典型案例逐一讲解每个知识点，对 Linux 操作系统的使用和管理作了较为详尽的阐述。

本书共分为 7 章，主要内容包括：系统简介与安装、命令行操作基础、用户和权限管理、软件与服务管理、磁盘文件系统管理、系统管理、Shell 编程基础。本书为新形态一体化教材，书中引入了二维码，链接多种媒体形式的助学助教资源，有力支撑教学模式改革，助力提高教学质量和高素质技术技能人才的培养。

本书适合作为高等职业院校计算机网络技术、网络信息安全、计算机应用、软件与信息服务等专业的 Linux 操作系统课程教材，也可作为 Linux 系统管理/运维人员的参考书。为方便教学，本书另配有 PPT 课件、教案、习题答案等教学资源。

图书在版编目(CIP)数据

Linux 操作系统 / 张迎春等主编. —3 版. —北京：高等教育出版社，2022.8(2025.1 重印)
ISBN 978-7-04-059122-4

Ⅰ.①L… Ⅱ.①张… Ⅲ.①Linux 操作系统—高等职业教育—教材 Ⅳ.①TP316.89

中国版本图书馆 CIP 数据核字(2022)第 140181 号

策划编辑	万宝春	责任编辑	张尕琳	万宝春	封面设计	张文豪	责任印制	高忠富

出版发行	高等教育出版社	网　址	http://www.hep.edu.cn	
社　址	北京市西城区德外大街 4 号		http://www.hep.com.cn	
邮政编码	100120	网上订购	http://www.hepmall.com.cn	
印　刷	上海新艺印刷有限公司		http://www.hepmall.com	
开　本	787mm×1092mm 1/16		http://www.hepmall.cn	
印　张	20.75	版　次	2014 年 8 月第 1 版	
字　数	454 千字		2022 年 8 月第 3 版	
购书热线	010-58581118	印　次	2025 年 1 月第 9 次印刷	
咨询电话	400-810-0598	定　价	46.00 元	

本书如有缺页、倒页、脱页等质量问题，请到所购图书销售部门联系调换
版权所有　侵权必究
物　料　号　59122-B0

配套学习资源及教学服务指南

二维码链接资源

本教材配套思政教学任务单、知识拓展、教学讲解和演示视频等学习资源,在书中以二维码链接形式呈现。手机扫描书中的二维码进行查看,随时随地获取学习内容,享受学习新体验。

打开书中附有二维码的页面　→　扫描二维码　→　查看相应资源

教师教学资源索取

本教材配有课程相关的教学资源,例如,教学课件、习题及参考答案等。选用教材的教师,可扫描下方二维码,关注微信公众号"高职智能制造教学研究",点击"教学服务"中的"资源下载",或电脑端访问地址(101.35.126.6),注册认证后下载相关资源。

★如您有任何问题,可加入工科类教学研究中心QQ群:240616551。

二维码资源列表

页码	类型	内容	页码	类型	内容
002	知识链接	GNU 计划概貌	100	操作视频	用户组管理
002	思政教学任务单	增强民族自豪感	103	思政教学任务单	爱岗敬业
003	知识链接	Linux 具备的能力及其广泛应用	105	操作视频	用户权限管理
004	知识链接	Linux 主要发行版本介绍	111	思政教学任务单	树立网络安全观
005	知识链接	Linux 操作系统在我国产业的发展	136	操作视频	镜像挂载安装
005	思政教学任务单	中国创造	138	操作视频	rpm 命令的使用
008	操作视频	openEuler 系统安装	144	思政教学任务单	发展创新
020	知识链接	root 密码重置	147	操作视频	创建新软件源仓库
028	思政教学任务单	同心协力	171	操作视频	系统服务管理
043	思政教学任务单	做合格学生	186	思政教学任务单	工匠精神
049	操作视频	删除目录	187	操作视频	磁盘分区操作
068	操作视频	压缩工具的使用	197	操作视频	创建逻辑卷
073	操作视频	VIM 编辑器的安装	203	操作视频	文件自动挂载
073	知识链接	VIM 编辑器的安装步骤	211	操作视频	at 命令的执行
095	思政教学任务单	勇于向命运挑战	215	操作视频	crontab 命令的执行
095	操作视频	用户管理	246	思政教学任务单	大国战略——互联网+

续 表

页码	类型	内容	页码	类型	内容
248	操作视频	网络配置	283	知识链接	Bash Shell 的登录模式、配置文件与环境变量解读
254	思政教学任务单	维护国家网络安全	312	实用案例	监测日志信息并邮件告警
256	知识链接	DNS 域名解析记录详解	312	实用案例	扫描当前网段内的 IP 地址
258	知识链接	dig 命令详解	313	实用案例	编写猜数字游戏程序
258	实用案例	DNS 服务器配置	313	实用案例	Shell 脚本案例精选

前　言

本书是"十四五"职业教育国家规划教材，根据教育部最新发布的《高等职业学校专业教学标准》中对本课程的要求，并参照最新颁发的相关国家标准和职业技能等级考核标准修订而成。

开源系统 GNU/Linux 遵循 GPL 协议，即保证任何人有权复制和传播、修改(改进)以及重新发布 Linux 系统内核的源代码，对于修改后的源代码在分发的同时也必须开源，这让全球的爱好者都愿意为 Linux 的发展与进步贡献自己的力量，避免了 Linux 被某些个人、机构等据为己有。这与我国提出的"共商、共建、共享"的全球治理理念相吻合，为破解当今人类社会面临的共同难题提供了新原则、新思路。

与 Windows 系列相比，GNU/Linux 系统具有安全、稳定、可靠、高效、灵活、网络负载力强、占用资源少、成本较低等特点，自问世以来便得到了迅速推广和应用，成为当今世界的主流操作系统之一。随着全球信息技术发展尤其是物联网的持续高速发展以及越来越多的公司选用，Linux 操作系统将继续拥有广阔的发展前景。

操作系统是信息产业的"魂"，尽管我国在操作系统的研发上起步晚，近年来还是取得了长足的进展，越来越多的企事业单位逐步选用国产操作系统取代了 Windows。从 Linux 内核维护项目来看，华为公司为 Linux Kernel 5.10 开发所做的代码贡献排名全球第一，具备强大的技术实力和深远的行业影响力。编写团队在全方位研判趋势和需求的基础上，全面听取了行业专家、一线工程师和资深教师的建议，故在本书修订时决定选用华为欧拉(openEuler)操作系统作为蓝本。

党的二十大报告中指出，国家安全是民族复兴的根基，社会稳定是国家强盛的前提。操作系统国产化是国家安全保障体系建设中的重要一环。本书坚持以立德树人为根本，以全面提高人才培养质量为核心，围绕"增强学生民族自豪感、责任担当和创新意识""培养学生精益求精、敬业奉献的工匠精神""提升学生网络信息安全意识和规范意识"三大育人目标，选取并融入与本课程相关度高、结合紧密的思政资源，同时结合大量的示例和典型案例逐一讲解每个知识点，对 Linux 操作系统的使用和管理作了较为详尽的阐述。全书共分为 7 章，建议学时数为 96，主要内容包括：系统简介与安装、命令行操作基础、用户和权限管理、软件与服务管理、磁盘文件系统管理、系统管理、Shell 编程基础。本书为新形态一体化教材，配有思政教学任务单、知识拓展、教学讲解和演示视频等多种类型的助学助教资源，有力支撑教学模式改革，助力提高教学质量和高素质技术技能人才的培养。

本书采用的教学示例及习题等均可在 VMware Workstation 虚拟环境中完成。

本书的作者均具有多年从事 Linux 操作系统教学和研究的经验，由张迎春、施剑、邱洋、张婷担任主编，何晶、朱冰、蔡军英、马璐、刘瑞新担任副主编，由张迎春、张婷负责统稿并审校。在编写本书过程中，行业专家施剑提供了大量真实案例和宝贵建议，在此致以衷心的感谢！

由于编者水平有限和时间紧迫，书中难免有疏漏和错误之处，敬请广大读者批评指正。

编　者

目 录

第 1 章 系统简介与安装 ··· 001
本章导读 ··· 001
1.1 Linux 概述 ··· 001
    1.1.1 Linux 的起源与发展 ··· 001
    1.1.2 Linux 的特点 ··· 002
    1.1.3 Linux 的版本 ··· 003
1.2 openEuler 系统简介 ··· 005
1.3 openEuler 系统的安装 ··· 006
    1.3.1 安装 openEuler ··· 007
    1.3.2 openEuler 的启动与登录 ··· 020
本章总结 ··· 022
本章习题 ··· 022

第 2 章 命令行操作基础 ··· 024
本章导读 ··· 024
2.1 Linux 命令基础知识 ··· 025
    2.1.1 Linux 的 GUI 与 CLI ··· 025
    2.1.2 Linux 命令语法格式 ··· 025
    2.1.3 Linux 命令行操作技巧 ··· 026
    2.1.4 使用 Linux 系统的帮助 ··· 028
2.2 Linux 系统基础命令 ··· 034
    2.2.1 登录/退出操作 ··· 034
    2.2.2 电源管理 ··· 038
    2.2.3 Linux 目录结构 ··· 041
    2.2.4 文件和目录操作 ··· 046

2.3　VIM 编辑器 ··· 073
　　　　2.3.1　VIM 编辑器简介 ··· 073
　　　　2.3.2　VIM 的工作模式 ··· 073
　　　　2.3.3　使用 VIM 处理文本 ······································ 076
　　本章总结 ··· 081
　　本章习题 ··· 082

第 3 章　用户和权限管理 ··· 085
　　本章导读 ··· 085
　　3.1　用户和组的基础概念 ·· 085
　　　　3.1.1　用户的基础概念 ··· 085
　　　　3.1.2　组的基础概念 ·· 086
　　3.2　与用户和组管理有关的配置文件 ······························ 088
　　　　3.2.1　用户账户信息文件/etc/passwd ······················· 088
　　　　3.2.2　用户密码文件/etc/shadow ···························· 089
　　　　3.2.3　组账户信息文件/etc/group ···························· 090
　　　　3.2.4　组密码文件/etc/gshadow ····························· 091
　　　　3.2.5　新建账户配置文件/etc/login.defs ··················· 092
　　3.3　与用户和组管理有关的命令 ···································· 094
　　　　3.3.1　管理用户 ··· 094
　　　　3.3.2　管理组 ··· 098
　　3.4　文件权限管理 ·· 101
　　　　3.4.1　解读文件属性 ·· 101
　　　　3.4.2　设置文件的权限 ··· 103
　　　　3.4.3　设置文件的 ACL ·· 108
　　3.5　基本的安全性问题 ·· 111
　　　　3.5.1　密码及账户安全 ··· 111
　　　　3.5.2　使用 PAM 模块 ·· 115
　　　　3.5.3　设置严格的权限 ··· 117
　　　　3.5.4　用户身份的切换 ··· 118
　　3.6　用户之间的信息传递 ··· 123
　　　　3.6.1　查询用户登录情况 ······································ 123
　　　　3.6.2　用户之间的对话 ··· 124
　　　　3.6.3　收发邮件 ··· 126
　　本章总结 ··· 127
　　本章习题 ··· 128

目　录

第 4 章　软件与服务管理 … 132
本章导读 … 132
4.1　管理软件包 … 133
4.1.1　软件包管理概述 … 133
4.1.2　RPM 软件包 … 133
4.1.3　使用 RPM 工具管理软件 … 135
4.2　使用 DNF 管理软件 … 143
4.2.1　YUM/DNF 概述 … 143
4.2.2　使用 DNF 管理软件 … 145
4.3　源代码安装 … 156
4.3.1　源代码安装概述 … 156
4.3.2　使用源代码安装软件 … 159
4.4　管理系统服务 … 163
4.4.1　管理系统服务概述 … 164
4.4.2　使用 systemctl 管理服务 … 167
本章总结 … 176
本章习题 … 178

第 5 章　磁盘文件系统管理 … 180
本章导读 … 180
5.1　文件系统概述 … 181
5.1.1　文件系统的基本概念 … 181
5.1.2　Linux 文件系统类型 … 182
5.2　磁盘管理 … 183
5.2.1　硬盘分类及命名 … 184
5.2.2　硬盘分区格式 … 184
5.2.3　使用 fdisk 分区操作 … 186
5.2.4　使用 parted 分区操作 … 189
5.3　逻辑卷管理 … 194
5.3.1　LVM 相关概念 … 194
5.3.2　管理 LVM … 196
5.4　文件系统管理 … 200
5.4.1　创建文件系统 … 200
5.4.2　文件系统的挂载与卸载 … 201
本章总结 … 204
本章习题 … 205

第 6 章　系统管理 ... 208

本章导读 ... 208
6.1　任务管理 ... 208
　　6.1.1　计划任务概述 ... 208
　　6.1.2　计划任务的执行 ... 209
6.2　进程管理 ... 218
　　6.2.1　进程的基本概念 ... 218
　　6.2.2　进程的管理与控制 ... 221
6.3　查看系统的资源状况 ... 237
　　6.3.1　使用专用工具 ... 237
　　6.3.2　查看/proc/＊/下的文件 ... 245
6.4　网络管理 ... 246
　　6.4.1　查看网络接口信息——ip 命令与 ss 命令 ... 246
　　6.4.2　IP 地址的设置 ... 248
　　6.4.3　其他网络参数设置 ... 250
　　6.4.4　网络服务的管理 ... 258
本章总结 ... 262
本章习题 ... 263

第 7 章　Shell 编程基础 ... 266

本章导读 ... 266
7.1　Shell 基础知识 ... 266
　　7.1.1　Shell 简介 ... 266
　　7.1.2　Shell 脚本简介 ... 269
7.2　Shell 编程基础 ... 273
　　7.2.1　文本流、重定向和管道 ... 273
　　7.2.2　Shell 变量及运算 ... 278
　　7.2.3　条件测试 ... 296
　　7.2.4　流程控制语句 ... 299
　　7.2.5　函数 ... 308
7.3　Shell 程序排错 ... 309
　　7.3.1　Shell 脚本错误类型 ... 309
　　7.3.2　调试跟踪 ... 309
　　7.3.3　语法风格 ... 311
本章总结 ... 313
本章习题 ... 314

参考文献 ... 315

第 1 章　系统简介与安装

▶▶▶ **本章导读**

当前,移动互联、云计算、大数据技术的应用不断推动着 Linux 操作系统的普及和深入发展。通过本章的学习,可以帮助大家了解 Linux 的发展史,了解华为 openEuler 操作系统,掌握 openEuler 系统的安装、启动及初步操作。在此过程中就可以验证一些基本的 Linux 常识,逐步培养学习 Linux 的兴趣,openEuler 系统安装完成后,也搭建了一个基本的实验环境。

▶▶▶ **学完本课程后,您将能够**

- ◇ 掌握 Linux 的发展史
- ◇ 了解 Linux 版本及特点
- ◇ 了解华为 openEuler 操作系统
- ◇ 掌握 openEuler 的安装方法
- ◇ 掌握 openEuler 的启动及关闭等操作方法

▶▶▶ **本章主要内容包括**

- ◇ Linux 发展简史
- ◇ Linux 系统的特点及版本
- ◇ openEuler 系统介绍
- ◇ openEuler 的安装
- ◇ openEuler 的初步使用

1.1　Linux 概述

1.1.1　Linux 的起源与发展

Linux 是一套免费使用和自由传播的类 UNIX 操作系统,它主要用于基于 Intel x86

系列 CPU 的计算机上。这个系统是由世界各地成千上万的程序员共同设计和实现的,是不受任何商品化软件的版权制约,是全世界都能自由使用的 UNIX 兼容产品。

通常所说的 Linux,指的是 GNU/Linux,即采用 Linux 内核的 GNU(GNU's Not UNIX)操作系统。GNU 代表的既是一个操作系统,也是一种规范。Linux 最早由 Linus Torvalds 在 1991 年开始编写。在这之前,Richard Stallman 创建了自由软件[①]基金会(free software foundation,FSF)组织以及 GNU 计划,并不断的编写创建 GNU 程序。GNU 程序的许可方式均为 GPL(general public license,通用公共许可证)。在不断有程序员和开发者加入 GNU 组织后,便造就了今天的 Linux。

采用 Linux 内核的 GUN/Linux 操作系统使用了大量的 GNU 软件,包括了 Shell 程序、函数库、编译器及工具,还有许多其他程序,例如 Emacs 等。正因为如此,GNU 计划的开创者 Richard Stallman 博士提议将 Linux 操作系统更名为 GNU/Linux,但有些人只把该操作系统叫作"Linux"。

Linux 的基本思想有两点:第一,一切都是文件;第二,每个软件都有其确定的用途,同时它们都尽可能被编写得更好。其中第一条详细来讲就是系统中的一切(包括命令、硬件和软件设备、操作系统、进程等)对于操作系统内核而言,都被视为拥有各自特性或类型的文件。

Linux 内核诞生于 1991 年,由芬兰学生 Linus Torvalds 编写并发布。当时,它只能运行在 i386 系统上,实质上是个独立编写的 UNIX 内核的克隆,旨在充分利用当时全新的 i386 架构。他在赫尔辛基大学上学时,并不满意由一位名叫 Andrew S. Tanebaum 的计算机教授编写的一个用于教学的操作系统——Minix,因而出于个人爱好开始了 Linux 雏形的设计。在其最初的设想中,Linux 是类似并可以替代 Minix 的一种操作系统,可运行于 386、486 或奔腾处理器的个人计算机上,并且具有 UNIX 操作系统的全部功能。

1.1.2 Linux 的特点

Linux 继承了 UNIX 的几乎所有功能和特点,简单地说 Linux 操作系统具有以下主要特点。

- 开放性:是指系统遵循世界标准规范。Linux 从最初就加入 GNU 计划并遵循 GPL 原则发行,允许商业公司做进一步的商业开发,同时还遵循开放系统互联(open system interconnect,OSI)国际标准和可移植操作系统接口(portable operating system interface,POSIX)规范等。对于遵循国际标准所开发的硬件和软件,Linux 都能很好地兼容。
- 多用户:是指系统资源和服务可以同时被多个用户使用,每个用户对自己的资源(例如:文件、设备等)有特定的权限,互不影响。
- 多任务:是指计算机同时执行多个程序,而各个程序的运行互相独立。事实上,从处理器执行一个应用程序中的一组指令到 Linux 调度微处理器再次运行这个程序之间的时间延迟很短,用户是感觉不出的。

---

① 根据自由软件基金会的定义,"自由软件"表示那些赋予用户运行、复制、分发、学习、修改并改进权限的软件。

- 良好的用户界面：Linux 向用户提供了两种界面：用户界面和系统调用。Linux 还为用户提供了图形用户界面。它利用鼠标、菜单、窗口、滚动条等设施，给用户呈现一个直观、易操作、交互性强的友好的图形化界面。
- 设备独立性：是指操作系统把所有外部设备统一当作文件，只要安装它们的驱动程序，任何用户都可以像使用文件一样操纵、使用这些设备，而不必知道它们的具体存在形式。Linux 是具有设备独立性的操作系统，它的内核具有高度适应能力。
- 完善的网络功能：Linux 的网络功能要优于其他操作系统，如对 Internet 的支持、便捷文件传输功能、完成访问功能等。在 Linux 中可以安装各种免费的开源软件，组建各种网络服务器。Internet 的主要服务器都是搭建在 Linux 平台上的。
- 可靠的安全系统：Linux 继承了 UNIX 的稳定性和安全性，采取了许多安全措施，包括对读写控制、带保护的子系统、审计跟踪、核心授权等，正是有了这些安全机制，在 Linux 中即使感染了病毒也很难进行传播，所以 Linux 系统很少受到病毒的侵扰。
- 良好的可移植性：是指将操作系统从一个平台转移到另一个平台使它仍然能按其自身的方式运行的能力。Linux 是一种可移植的操作系统，是迄今为止支持硬件平台最多的一个操作系统，能够在任何环境中和任何 CPU 架构上运行。
- 支持多种文件系统：Linux 内核支持十多种不同类型的文件系统，系统默认使用 EXT2/3/4、XFS、swap 等文件系统，通过对分区的挂载也支持 FAT16、FAT32、NTFS、OS/2 等其他操作系统常用的文件系统，以及通过挂载支持网络上其他计算机共享的文件系统 NFS 等，是进行数据备份、同步、复制的良好平台。

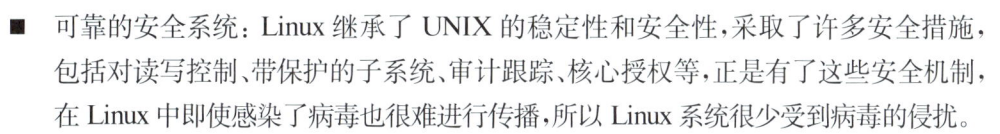

综上所述，目前是这样描述和定义 Linux 的：Linux 是一款优秀的自由和开放源代码的类 UNIX 操作系统，它支持多用户、多线程和多进程，实时性好，功能强大且稳定。同时，也因其具有良好的兼容性和可移植性而被广泛应用在各种平台的计算机上。

1.1.3 Linux 的版本

Linux 的版本分为内核版本和发行版本。Linux 的内核指的是使计算机中的硬件相互配合来完成指定工作的程序代码的总和。而发行版本是不同的厂商把 Linux 内核、源代码和各种应用程序组合起来，并开发相应的管理工具而推出的发行套件，这样一般用户就可以简便地安装和使用 Linux。

1. Linux 的内核版本

对于 Linux 的初学者来说，最初会经常分不清内核版本与发行版本之间的关系。实际上，Linux 的内核版本指的是在 Linus Torvalds 领导下的开发小组开发出的系统内核的版本，其版本号通常由 3 个数字以 A.B.C 的形式来表示，含义如下。

- A：内核主版本号。这个数字很少发生变化，只有当代码和内核发生重大变化时才会变化。
- B：内核次版本号。是指有一些重大修改的内核。偶数表示稳定版本；奇数表示开发中版本。

- C：内核修订版本号。是错误修补的次数，在内核轻微修订后会发生变化。例如，当有安全补丁、bug修复、新的功能或驱动程序时，这个数字就会有变化。

另外，在发行版本中常见的内核版本号表示形式为 major.minor.patch-build.desc，含义如下。

- major：主版本号，有结构变化时才变化。
- minor：次版本号，新增功能时才发生变化，一般奇数表示测试版，偶数表示生产版。
- patch：补丁包数或次版本的修改次数。
- build：编译的次数，每次编译可能对少量程序做优化或修改，但一般没有大的功能变化。
- desc：当前版本的特殊信息，该信息由编译时指定，具有较大的随意性，有如下常用的标识。
  - rc（或 r）：表示发行候选版本（release candidate），rc 后的数字表示该正式版本的第几个候选版本，多数情况下，各候选版本之中数字越大越接近正式版。
  - smp：表示对称多处理器（symmetrical multi-processing）。
  - pp：在 Red Hat Linux 中常用来表示测试版本（pre-patch）。
  - EL：在 Red Hat Linux 中用来表示企业版 Linux（Enterprise Linux）。
  - mm：表示专门用来测试新的技术或新功能的版本。
  - fc：在 Red Hat Linux 中表示 Fedora Core。

2. Linux 的发行版本

一个完整的操作系统不仅只有内核，还包括一系列为用户提供各种服务的外围应用程序。所以，许多个人、组织和企业开发了基于 GNU/Linux 的 Linux 发行版本，他们将 Linux 系统的内核与外围应用程序、文档等打包在一起，并提供一些系统安装界面和系统设置与管理工具，这样就构成了一个 Linux 的发行版本。实际上，Linux 的发行版本就是 Linux 内核再加上外围实用程序组成的一个大软件包而已。相对于操作系统内核版本，发行版本的版本号是随发布者的不同而不同的，它与 Linux 系统内核的版本号是相对独立的。

Linux 的发行版本大体可以分为两类，一类是商业公司维护的发行版本，一类是社区组织维护的发行版本，前者以著名的 Red Hat Linux 为代表，后者以 Debian 为代表。

下面简要介绍一些目前比较知名的 Linux 发行版本。

（1）Red Hat 系列

Red Hat Linux 是最成熟的一种 Linux 发行版本，无论在销售还是装机数量上都是市场上的第一。目前 Red Hat 系列的 Linux 操作系统主要包括 RHEL、Fedora、CentOS 等。

- RHEL（Red Hat Enterprise Linux，Red Hat 的企业版）。RHEL 是 Red Hat 公司发布的面向企业用户的 Linux 版本。Red Hat 公司为该版本提供收费技术支持和更新。
- Fedora。Fedora 的前身是 Red Hat Linux，即桌面版 Linux。2003 年 9 月，Red Hat 公司宣布不再推出桌面版 Linux，而是将桌面版 Linux 的开发计划和 Fedora 计划整合成一个新的 Fedora Project。Fedora Project 由 Red Hat 公司赞助，以

Red Hat Linux 9.0 为范本加以改进，原来的桌面版 Linux 开发团队将继续参与 Fedora 的开发计划，新发行的桌面版 Linux 改名为 Fedora Core，由 Fedora 社区开发和维护。Fedora 使用最新的内核，提供最新的软件包，是一个开放、创新、富有前瞻性的操作系统和平台。

- CentOS(Community Enterprise Operating System，社区企业版)。CentOS 是 RHEL 的社区克隆版，国内外许多企业特别是网络公司选择 CentOS 作为服务器操作系统。在 2004 年 5 月发布，是基于 Linux 内核的 100%免费的操作系统。RHEL 需要向 Red Hat 公司付费才可以使用，并能得到相应的技术服务、技术支持和版本升级。CentOS 根据 GPL 许可证，Red Hat 免费向公众提供 Linux 发行版的来源，CentOS 重新命名这些来源并自由分发。CentOS 完全符合 Red Hat 的上游分发政策，其提供了一个免费的企业级计算平台，并努力与其上游源 Red Hat 保持 100%的二进制兼容性。CentOS 产品的分销完全符合 Red Hat 的再分配政策。2019 年 9 月 25 日 CentOS 8 正式发布。

(2) Debian 系列

主要包括 Debian 和 Ubuntu。

- Debian 由 Ian Murdock 于 1993 年创建，是迄今为止最遵循 GNU 规范的 Linux 操作系统，是 100%非商业化的社区类 Linux 发行版本，由黑客志愿者开发和维护。多数用户喜 Debian 的一个原因在于 apt-get /dpkg 包管理方式。dpkg 是 Debian 系列特有的软件包管理工具，它被誉为是所有 Linux 软件包管理工具中最强大的，配合 apt-get，在 Debian 上安装、升级、删除和管理软件变得很容易。
- Ubuntu。Ubuntu(乌班图)由开源厂商 Canonical 公司开发和维护。Ubuntu 严格来说不能算一个独立的发行版本，Ubuntu 是基于 Debian 的不稳定版本并加强而来，拥有 Debian 所有的优点。

1.2 openEuler 系统简介

openEuler(欧拉)是华为公司开发的一款开源操作系统，2019 年 9 月华为宣布开源其服务器操作系统 EulerOS，开源后命名为 openEuler。当前 openEuler 内核源于 Linux，支持鲲鹏及其他多种处理器，能够充分释放计算芯片的潜能，是由全球开源贡献者构建的高效、稳定、安全的开源操作系统，适用于数据库、大数据、云计算、人工智能等多种应用场景。同时，openEuler 是一个面向全球的操作系统开源社区，通过社区合作，打造创新平台，构建支持多处理器架构、统一和开放的操作系统。2020 年 3 月 27 日华为正式发布了 openEuler 20.03 LTS 操作系统，该系统是由麒麟、普华、深度、中科院软件所等共同协作推出的。OpenEuler 在虚拟机上进行安装，基本跟 CentOS 一样，各种命令也基本与 CentOS 保持一致,比如防火墙 firewall、systemctl、包管理 dnf 等。

openEuler 系统版本命名方式为社区版本按照发布年份和月份进行版本号命名。例如,openEuler 20.09 于 2020 年 9 月发布。社区版本分为长期支持版本和社区创新版本,OpenEuler 系统版本年份图如图 1-1 所示。

- 长期支持版本(LTS 版本):发布间隔周期定为 2 年,提供 4 年社区支持。社区首个 LTS 版本 openEuler 20.03 已于 2020 年 3 月正式发布。
- 社区创新版本:openEuler 每隔 6 个月会发布一个社区创新版本,提供 6 个月社区支持,目前社区创新版本于 2021 年 9 月发布。

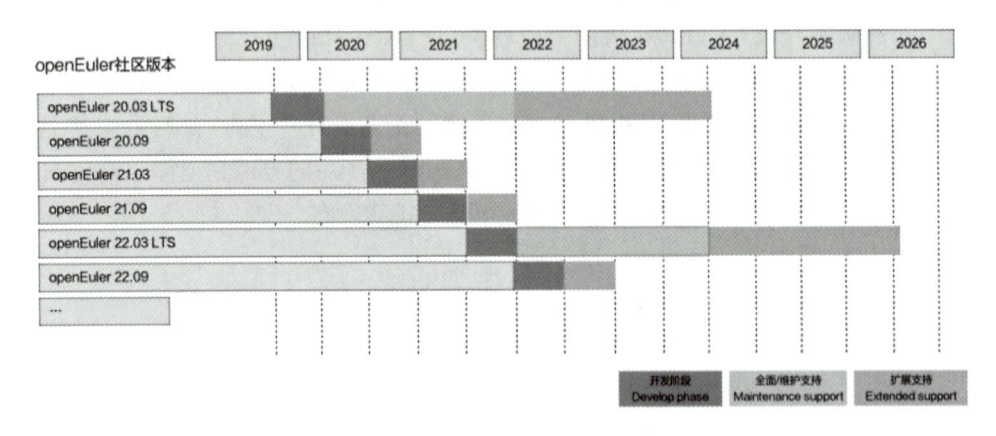

图 1-1 openEuler 系统版本年份图

特别说明如下。

- openEuler 操作系统不管是安装界面还是操作过程,都和 CentOS 8/RHEL 8 非常接近,从安装 openEuler 起就有满满的 RedHat 风格在里面,它使用 DNF 做包管理器,而且还是面向服务器的,这点和 CentOS 8/RHEL 8 的定位类似。
- 如在安装 openEuler 操作系统后不带图形界面,这时可以通过 DNF 安装图形界面,且方法和在 CentOS 8/RHEL 8 中一样。又或者要安装某款软件,那么在 openEuler 下安装这款软件和在 CentOS 8/RHEL 8 中安装的方法基本上是一样的。此外,对于系统的配置来说,其配置方法也大致和在 CentOS 8/RHEL 8 中一样。
- 目前 openEuler 的资料及资源非常匮乏,而针对 CentOS 8/RHEL 8 的资料及资源却很丰富,掌握了 openEuler 的操作类似 CentOS 8/RHEL 8 这个信息后,就可以参照 CentOS 8/RHEL 8 的资料及资源来操作 openEuler 系统,简单地说,它们的资料及资源很多都是互通的。

1.3 openEuler 系统的安装

openEuler 系统的安装有多种方法。本文采用在 Windows 操作系统下使用虚拟机安装 openEuler 操作系统的方法。虚拟机是指通过软件模拟的、具有完整硬件系统功能的、运行在一个完全隔离环境中的完整计算机系统，可以在一台硬件配置较高的物理计算机上模拟出多台虚拟计算机，从而实现同时安装多个操作系统的目的，这种安装方式非常适用于初学者，在使用 openEuler 系统实现某些服务时，往往需要多个服务器和客户端，用户只需使用虚拟机软件对安装的 openEuler 操作系统进行克隆，在短时间内就可以搭建多台 Linux 计算机，且占用较少的硬盘空间。

1.3.1　安装 openEuler

1. 硬件需求

- 架构：支持 Arm 的 64 位架构、支持 Intel 的 x86 64 位架构。
- CPU：支持华为鲲鹏 920 系列、Intel® Xeon® 处理器。
- 内存：至少 4 GB（为了获得更好的应用体验，建议不小于 8 GB）。
- 硬盘：不小于 32 GB（为了获得更好的应用体验，建议不小于 120 GB）。

2. 软件准备

- 虚拟机：VMware workstation 15.5。
- 镜像：openEuler 21.09，如果没有镜像的可以按照如下步骤到 openEuler 官网下载。
    - 打开 openEuler 官网（openeuler.org）选择要下载的版本，这里选择 openEuler 21.09 版本，点击"下载"，如图 1-2 所示。
    - 依次选择镜像 ISO/→x86_64/→openEuler-21.09-x86_64-dvd.iso，如图 1-3 所示。
    - 下载成功，完成镜像文件的准备。

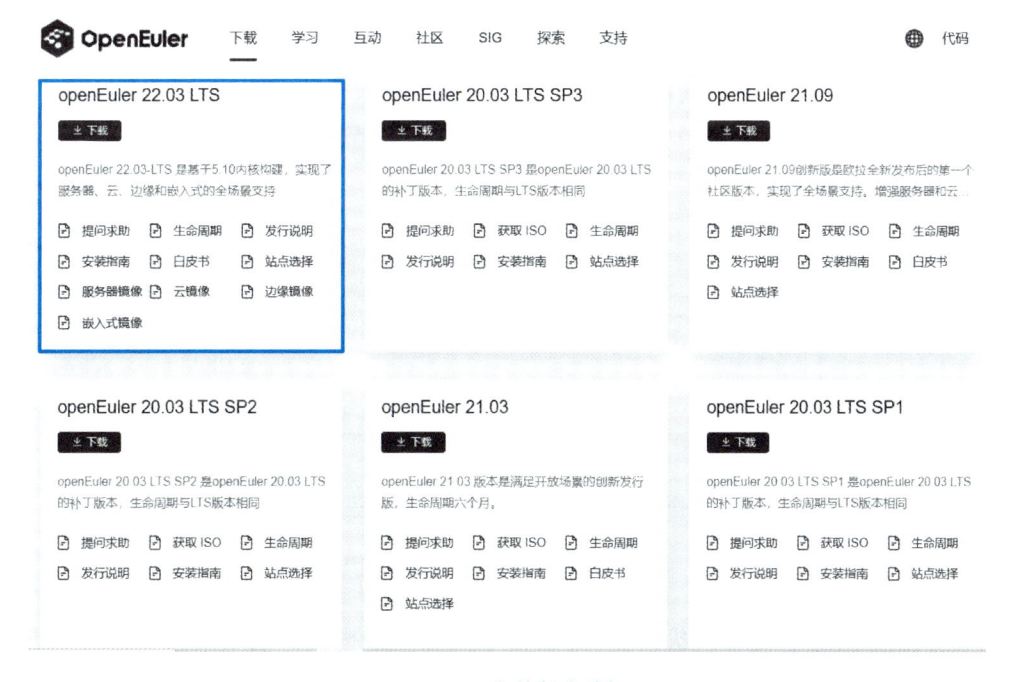

图 1-2　安装版本选择

图 1-3　选择镜像 ISO

3. 创建运行 openEuler 操作系统的虚拟机

创建运行 OpenEuler 操作系统的虚拟机步骤如下。

■ 首先打开 VMware Workstation，在"主页"界面，单击"创建新的虚拟机"，如图 1-4 所示。

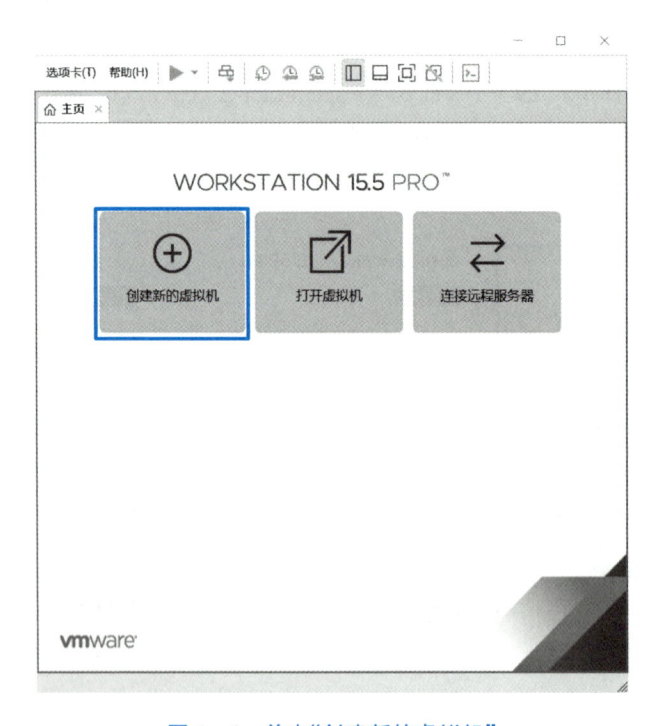

图 1-4　单击"创建新的虚拟机"

■ 在弹出的"新建虚拟机向导"对话框中配置虚拟机。新建虚拟机配置类型选择"典型(推荐)"，然后单击"下一步"，如图 1-5 所示。

图 1-5　新建虚拟机配置类型

- 虚拟机操作系统安装方式选择"稍后安装操作系统",单击"下一步",如图 1-6 所示。

图 1-6　虚拟机操作系统安装方式

- 虚拟机操作系统类型选择 Linux，版本可以选择 CentOS 8 64 位（也可以选择其他 Linux 内核64位的版本），然后单击"下一步"，如图 1-7 所示。

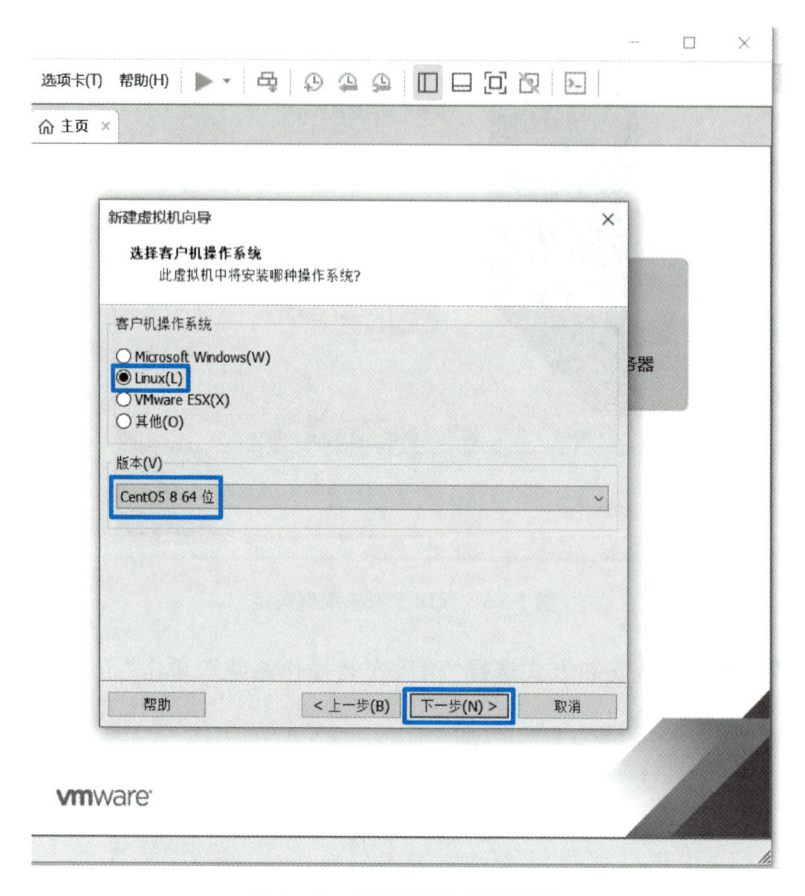

图 1-7　虚拟机操作系统类型

- 虚拟机名称可根据需要进行命名，此处命名为 openEuler，选择合适的虚拟机文件存放位置，然后单击"下一步"，如图 1-8 所示。
- "最大磁盘大小"选择 50 GB（根据实际使用情况动态占用磁盘分配空间，最多占用 50 GB），选择"将虚拟磁盘拆分为多个文件"，然后单击"下一步"，如图 1-9 所示。
- 单击"自定义硬件"，如图 1-10 所示。
- 在弹出的"硬件"对话框中，内存选择 4 GB，如图 1-11 所示。
- 处理器数量选择 2，每个处理器的内核数量选择 2，如图 1-12 所示。
- 新 CD/DVD(IDE) 选择"使用 ISO 映像文件"，单击"浏览"按钮，定位至镜像文件 openEuler-21.09-x86_64-dvd.iso 文件所在路径，如图 1-13 所示。
- 单击"关闭"，回到"新建虚拟机向导"对话框，单击"完成"，打开 openEuler 虚拟机界面。

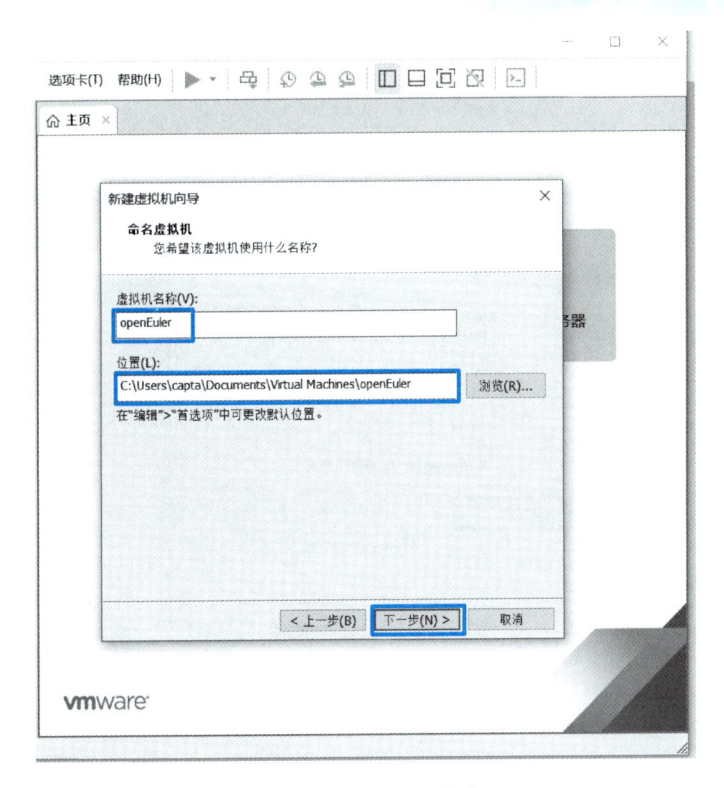

图 1-8 虚拟机的命名

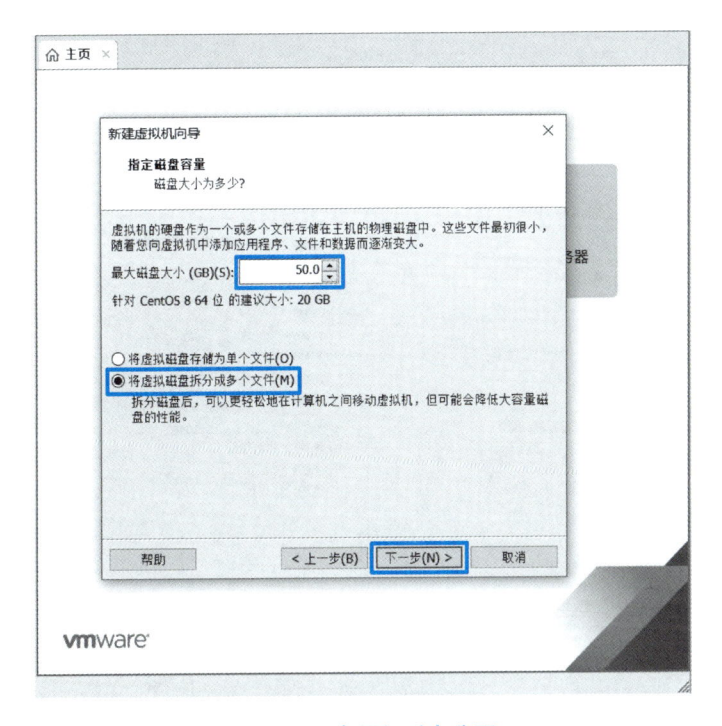

图 1-9 虚拟机磁盘分配

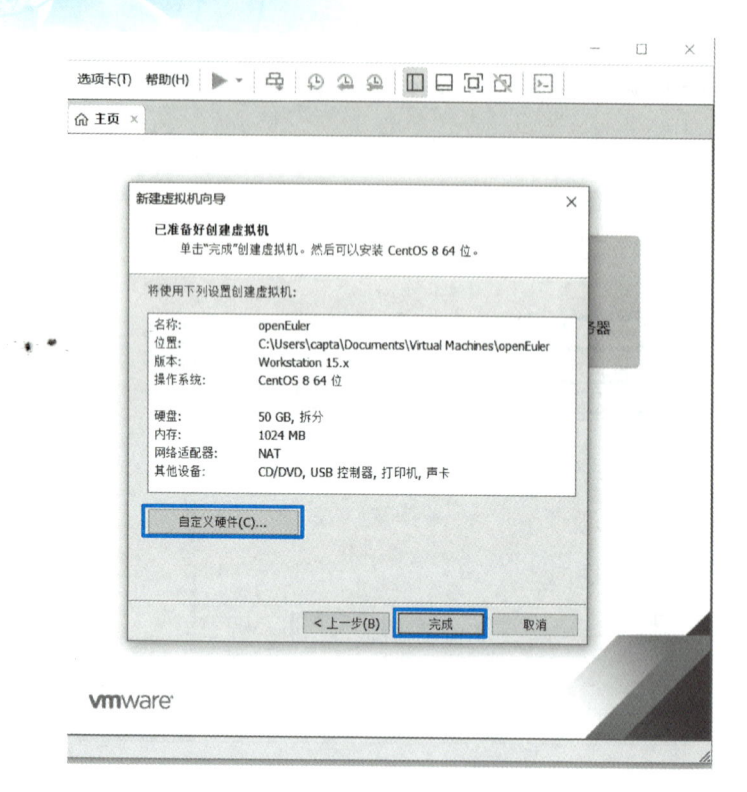

图 1-10　单击"自定义硬件"

图 1-11　内存选择

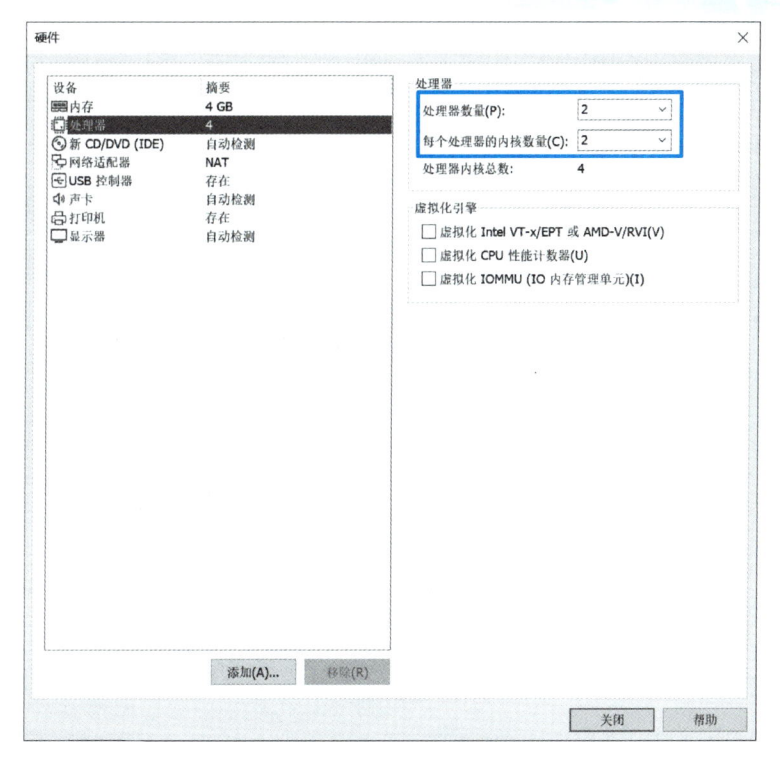

图 1-12 处理器选择

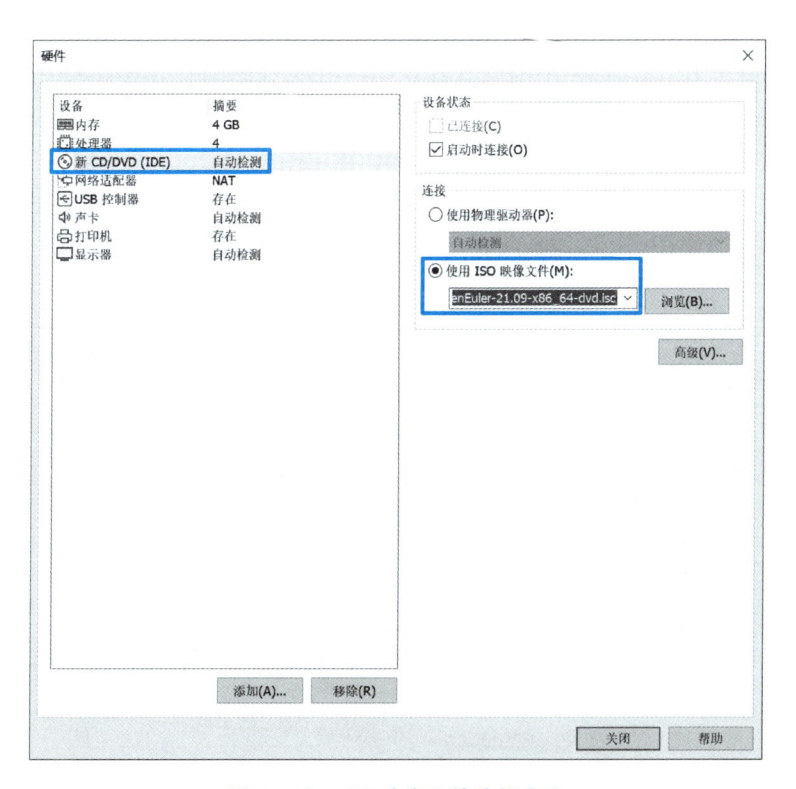

图 1-13 ISO 映像文件路径定位

4. 安装 openEuler 操作系统
- 单击"开启此虚拟机",如图 1-14 所示。

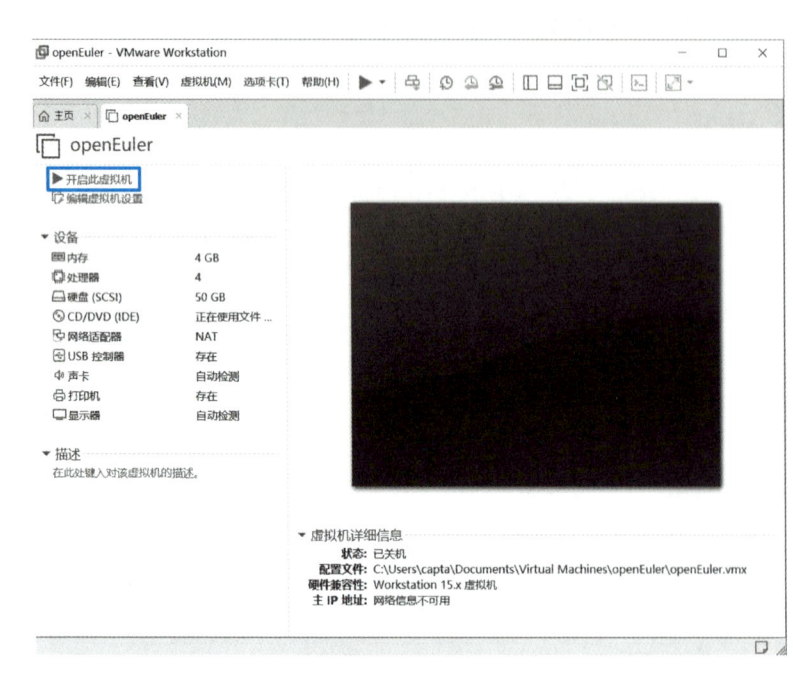

图 1-14　开启虚拟机

- 进入引导菜单界面,默认先检查安装包再安装 openEuler,如图 1-15 所示。

图 1-15　引导菜单界面

- 按回车键,引导程序即开始检查安装包,检查完成,进入语言选择界面,选择安装过程中需要使用的语言,单击"继续",如图 1‑16 所示。

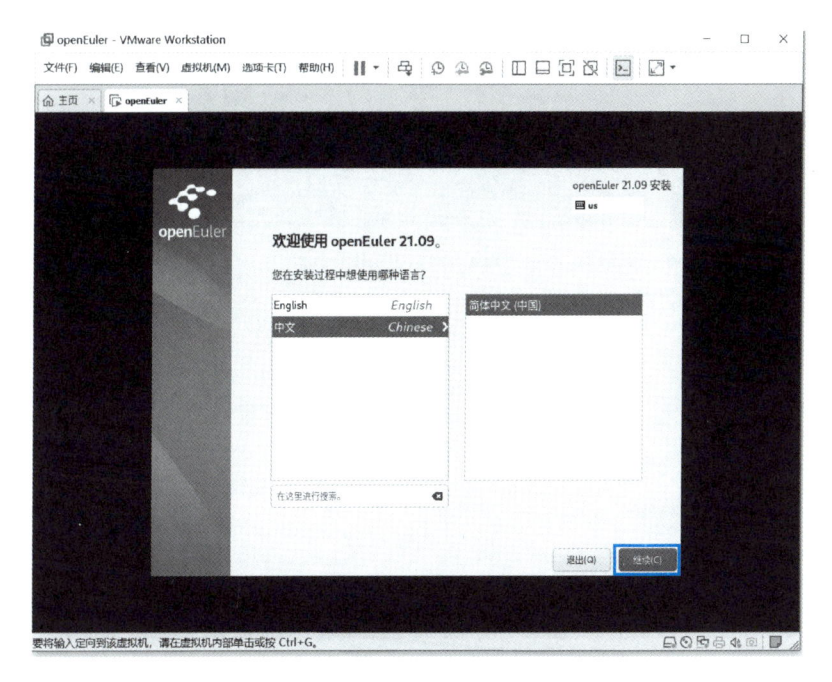

图 1‑16 语言选择界面

- 进入"安装信息摘要"界面,单击"系统"组中的"安装目的地",如图 1‑17 所示。

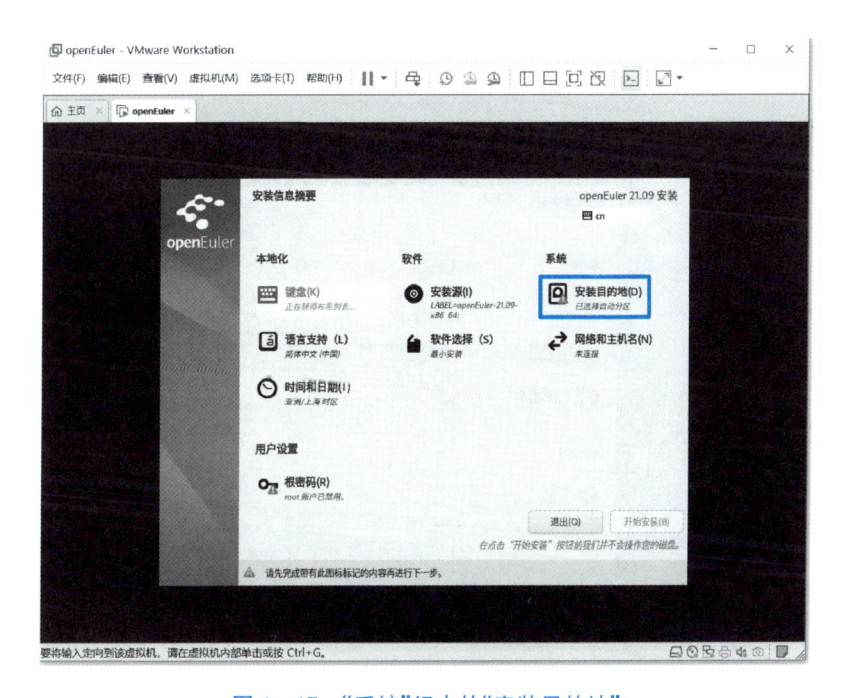

图 1‑17 "系统"组中的"安装目的地"

- 进入"安装目标位置"界面,默认安装位置已经在创建虚拟机时选择好了,直接单击左上角"完成"即可,如图1-18所示。

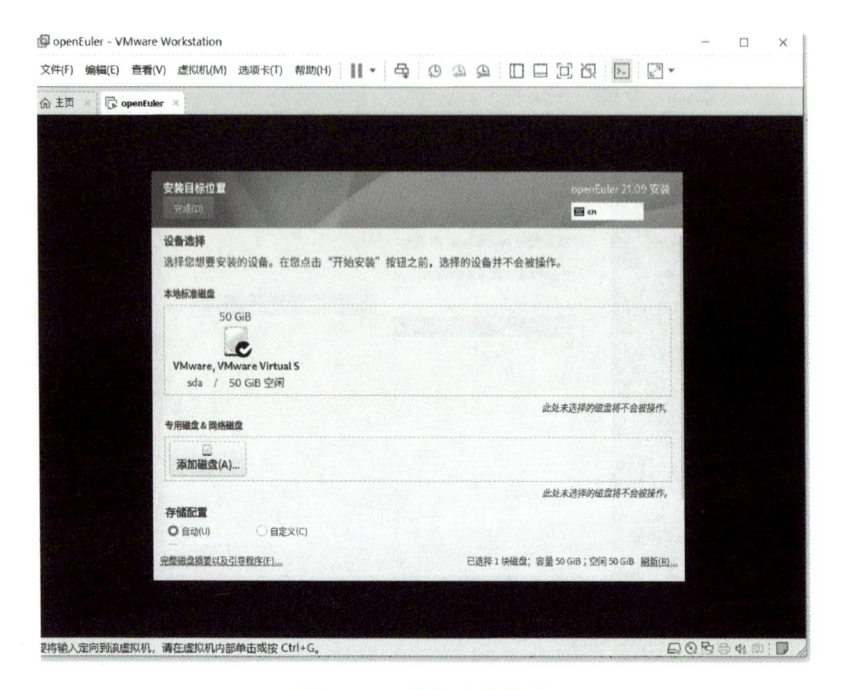

图1-18 默认安装位置

- 返回"安装信息摘要"界面,单击"系统"组中的"网络和主机名",如图1-19所示。

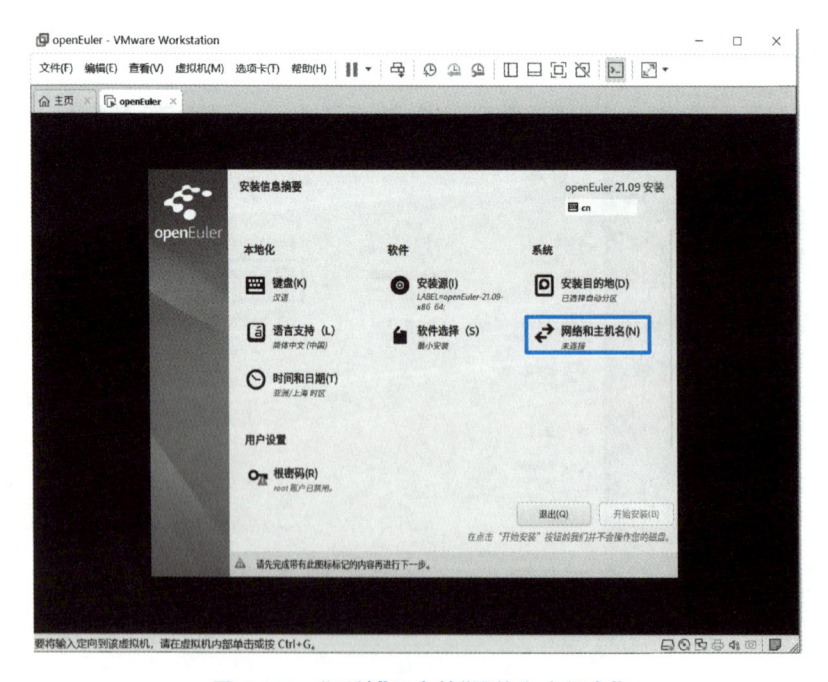

图1-19 "系统"组中的"网络和主机名"

- 进入"网络和主机名"配置界面,如图1-20所示。一般情况下,网络中都会启用DHCP(dynamic host configuration protocol,动态主机配置协议)服务,无需手动配置网络连接参数。如果需要手动配置网络连接参数,可单击界面右下角的"配置"按钮,根据需求在弹出的"编辑 ens33"对话框中进行配置。配置网络和主机名时需要记住本机的主机名和 IP 地址(主机名可以根据实际需求进行修改,为了后面方便使用需要记住)。本安装任务没有特殊要求,因此保持默认设置,单击右上方启用连接开关,安装程序将自动获取网络连接参数并连接网络,单击"完成"。

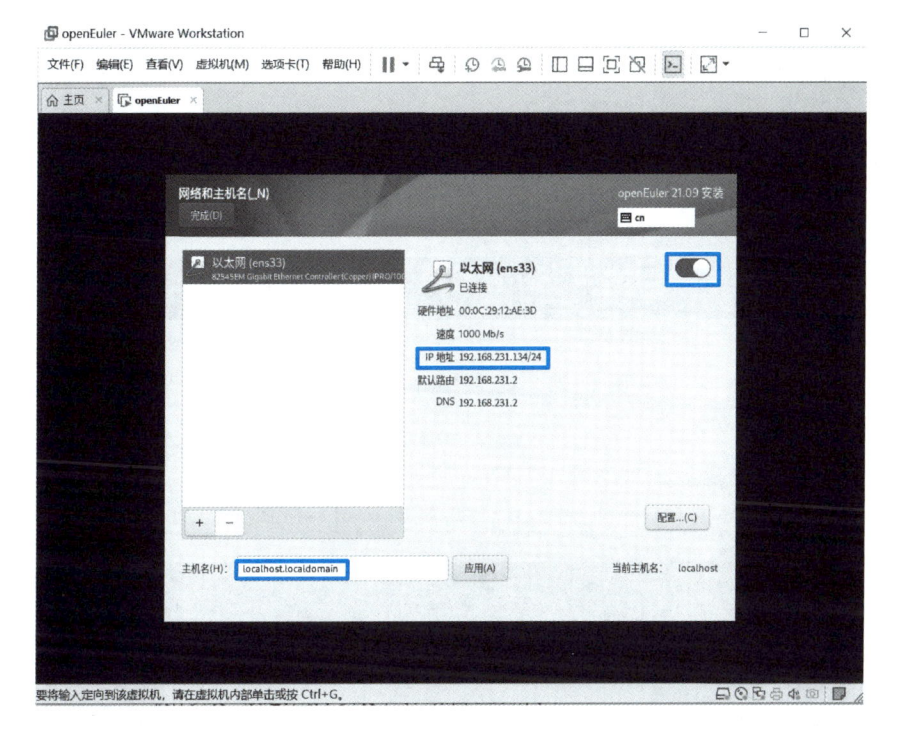

图 1-20 "网络和主机名"配置界面

- 在"安装信息摘要"界面,单击"软件"组中的"软件选择",如图 1-21 所示,进入"软件选择"界面,一般选择"最小安装"即可。
- 在"安装信息摘要"界面,单击"用户设置"组中的"根密码",如图 1-22 所示,进入"ROOT 密码"界面,如图 1-23 所示,在此处设置 root 账户的密码,应使用数字、大小写英文字母、符号等的组合来确保密码的强度。在 Linux 系统中,系统默认的 root 用户对整个系统拥有完全的控制权。
- 其他安装选项可以根据实际情况进行调整。单击"开始安装",进入"安装进度"界面,安装程序即开始进行系统安装并显示安装进度,如图 1-24 所示。
- 安装完成后,单击"重启系统",虚拟机重启之后,根据提示输入用户名、密码,登录成功,如图 1-25 所示。

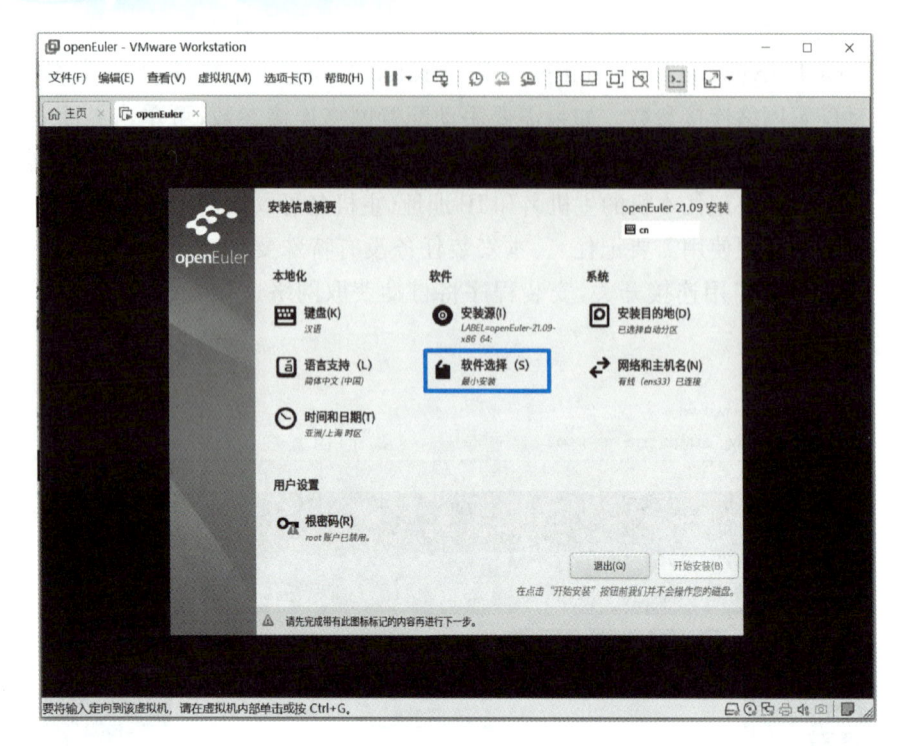

图 1‑21 "软件"组中的"软件选择"

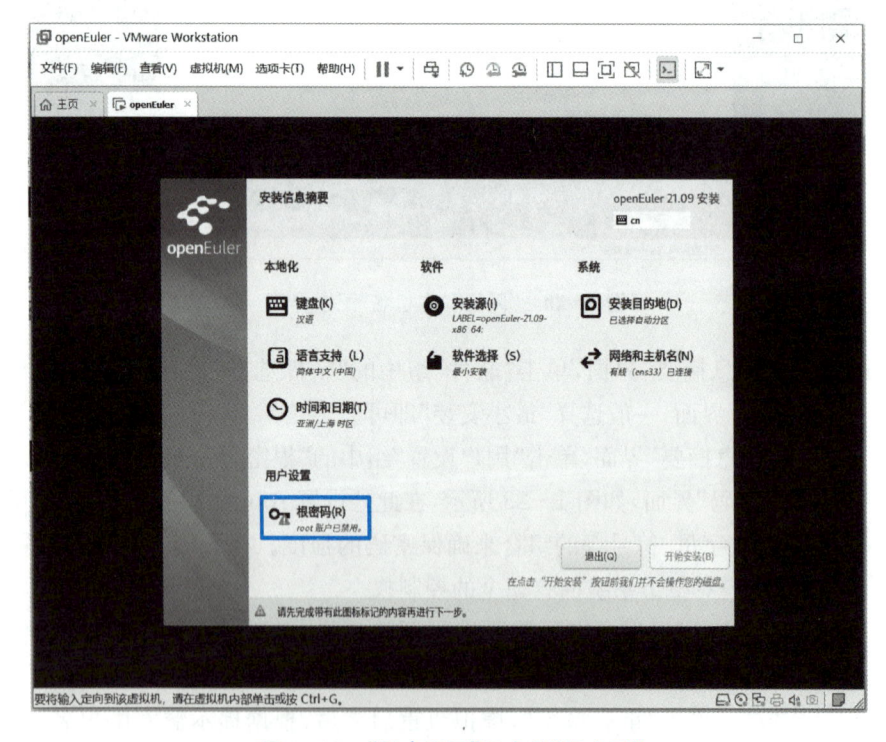

图 1‑22 "用户设置"组中的"根密码"

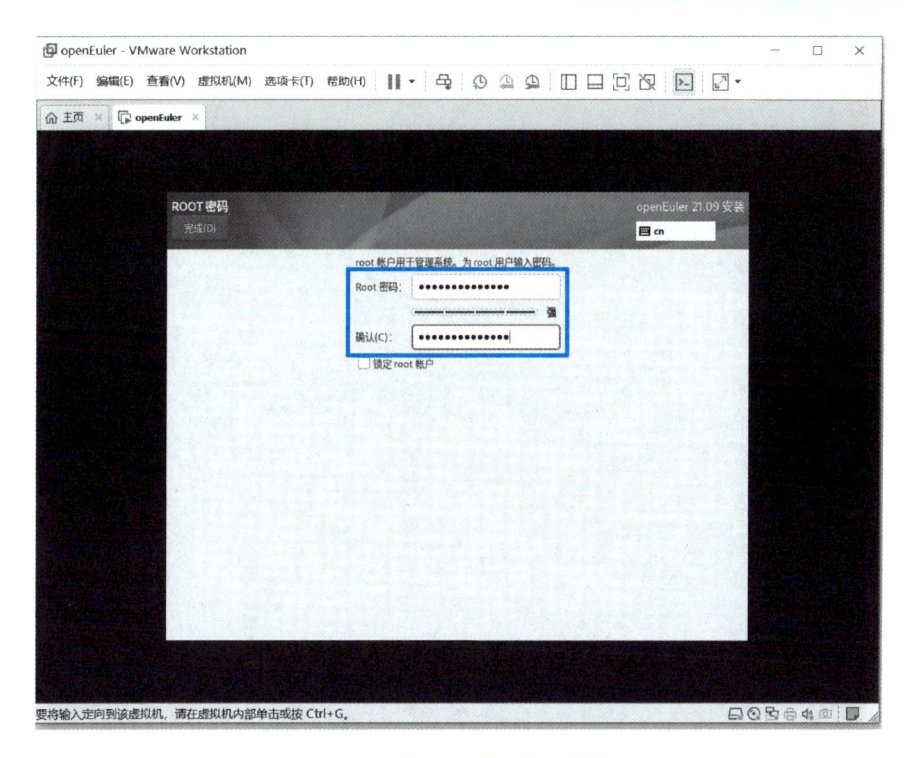

图 1-23 "ROOT 密码"设置界面

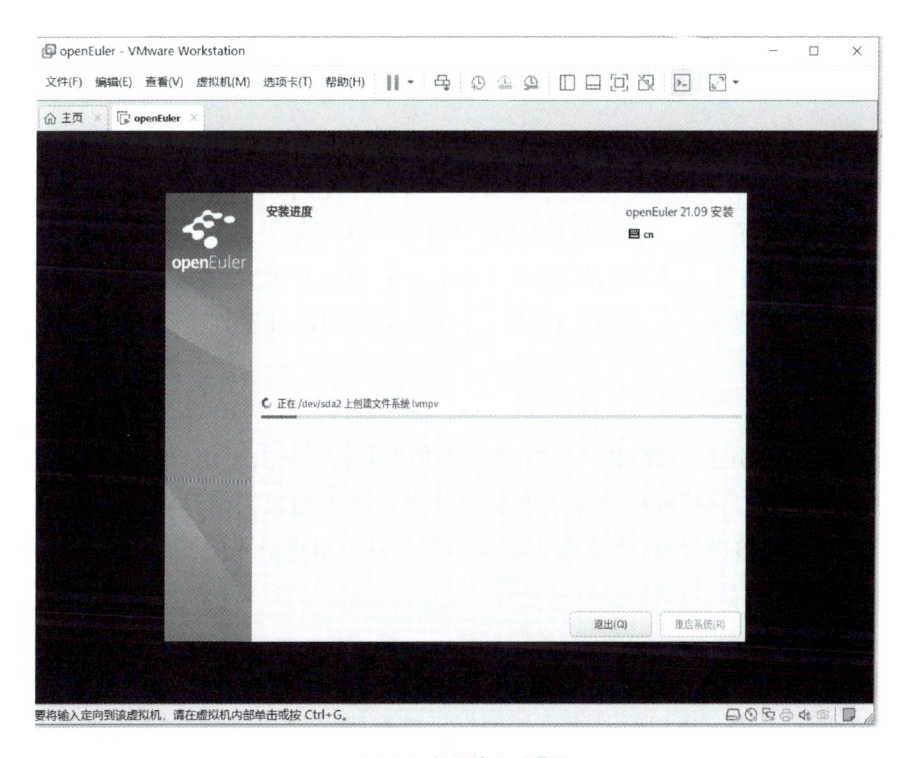

图 1-24 "安装进度"界面

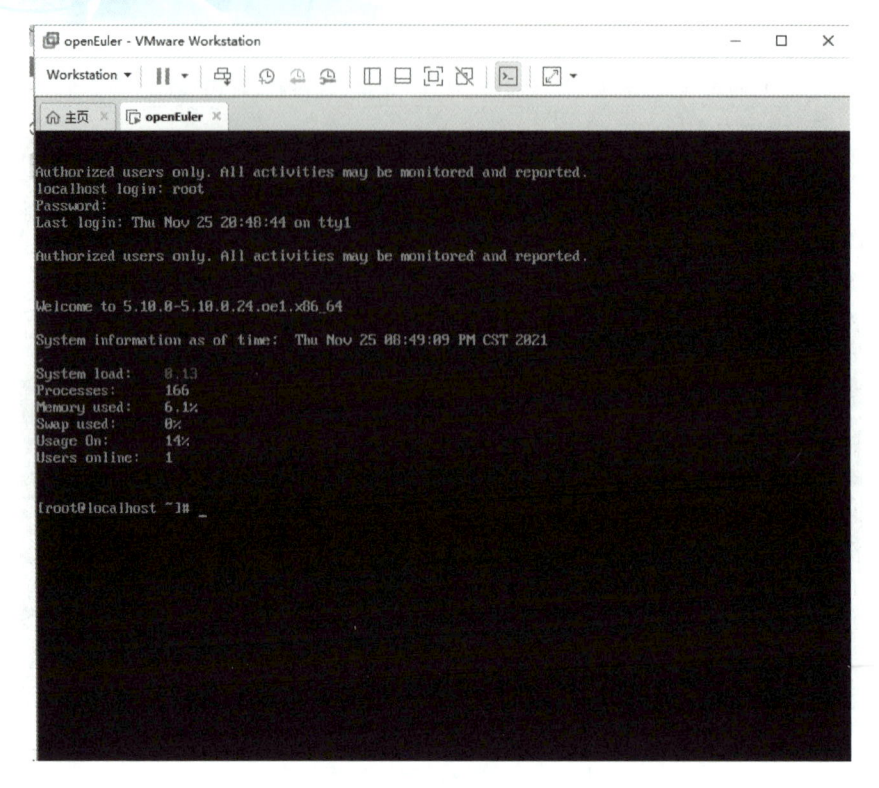

图 1‑25　登录成功

1.3.2　openEuler 的启动与登录

1. 虚拟文本控制台

虚拟文本控制台又被称为**虚拟终端**(tty)。从软件使用上看,它只提供给用户一个使用命令行的字符界面,用于接收用户输入命令并反馈执行结果。

系统提供了很多个虚拟文本控制台。每个控制台相互独立,互不影响。系统在安装后自动生成 6 个虚拟控制台(tty1～tty6)。通过[Alt + F1～F6]组合键,可以进行多个控制台之间的切换。

2. Shell

Shell 是系统的用户界面,相当于操作系统的"外壳",提供了用户与内核进行交互操作的一种接口程序。它接收用户输入的命令并把它送入内核去执行,是在 Linux 内核与用户之间的命令语言解释器,表现形式就是一个可以由用户录入的界面,这个界面也可以反馈运行信息。

3. 登录与注销

在 Linux 的用户登录界面中,首先输入用户名,再输入密码,均以 Enter 键完成输入,如图 1‑26 所示。输入密码时是没有任何标示进行回显的,表面看起来好像没有进行输入操作,实际上输入的密码已经录入。

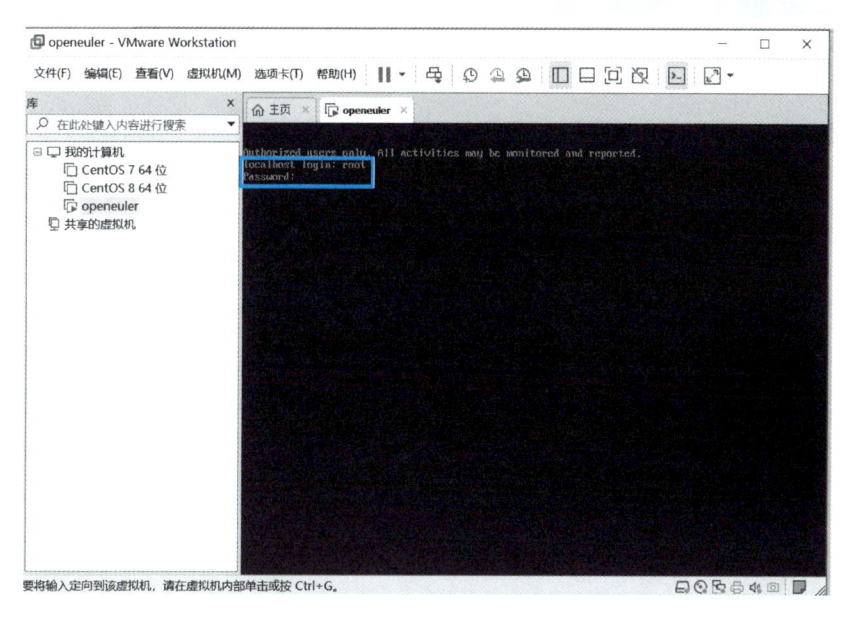

图 1-26　用户登录界面

系统登录后可以根据需求执行各种命令。命令通常具有固定的格式，以方便用户进行操作，其一般格式如下。

命令名［选项］［参数 1］［参数 2］…

其中各部分的含义如下。
- 命令名：需要提交给系统执行的命令，这些命令是一个可执行文件或 Shell 脚本文件。
- 选项：是对命令的特别定义，以短横线(-)开始。
- 参数：是提供给命令运行的信息或命令执行过程中所使用的文件名。

如果有多条命令要执行，可将这些命令输入在一行中，各条命令之间用分号(;)进行分隔即可。

登录系统后，会出现以"♯"或者"＄"结束的命令提示行，如下所示。

[root@localhost ~]#

当前用户名　Linux主机名　当前目录名　命令提示符

其中，"♯"是管理员的命令提示符，如果换作"＄"，则是普通用户的命令提示符。

命令提示符用于指示用户输入命令的位置，只有在命令提示符后面输入的命令系统才会解析执行。

若要注销当前用户，则在命令提示符后输入 logout 或 exit 命令。

若要重新启动 Linux 系统,则可输入如下命令。

```
reboot
```

```
shutdown -r now
```

如果要关机退出,则可输入如下命令。

```
halt
```

```
shutdown -h now
```

本章总结

本章介绍了 Linux 的起源与发展、Linux 系统的特点、Linux 的版本及目前比较知名的发行版本等。着重介绍了 openEuler 操作系统的安装要求及步骤。最后介绍了 openEuler 操作系统的基本操作中涉及的虚拟文本控制台、shell、命令提示符、注销、关机和重启等命令。

本章习题

一、选择题

1. Linux 和 UNIX 的关系是(　　)。
   A. 没有关系
   B. UNIX 是一种类 Linux 特殊系统
   C. Linux 是一种类 UNIX 的操作系统
   D. Linux、UNIX 是一样的操作系统
2. Linux 最早是由一位名叫(　　)的计算机爱好者开发。
   A. Robert Koretsky　　　　　　　B. Linus Torvalds
   C. Bill Ball　　　　　　　　　　D. Linus Duff
3. Linux 是一个(　　)的操作系统。
   A. 单用户、单任务　　　　　　　B. 单用户、多任务

C. 多用户、单任务　　　　　　　　D. 多用户、多任务
4. 自由软件的含义是(　　)。
　　A. 用户不需要付费　　　　　　　　B. 软件可以自由修改和发布
　　C. 只有软件作者才能向用户收费　　D. 软件发行商不能向用户收费
5. 以下命令中可以重新启动计算机的是(　　)。
　　A. reboot　　　　　　　　　　　　B. halt
　　C. shutdown b　　　　　　　　　　D. init 0
6. 以下关于 Linux 内核版本的说法,错误的是(　　)。
　　A. 表示形式为"主版本号,次版本号,修正次数"
　　B. 1.2.2 表示稳定的版本
　　C. 2.2.6 表示对内核 2.2 的第 6 次修正
　　D. 1.3.2 表示稳定的版本
7. 下面关于 Shell 的说法,不正确的是(　　)。
　　A. 操作系统的外壳
　　B. 用户与 Linux 内核之间的接口程序
　　C. 一个命令语言解释器
　　D. 一种和 C 语言类似的程序设计语言
8. 以下(　　)内核版本属于测试版本。
　　A. 2.0.0　　　　　　　　　　　　B. 1.2.25
　　C. 2.3.4　　　　　　　　　　　　D. 3.0.13
9. 在 Linux 系统中,系统默认的(　　)用户对整个系统拥有完全的控制权。
　　A. root　　　　　　　　　　　　　B. guest
　　C. administrator　　　　　　　　　D. supervisor

二、简答题

1. 试列举 Linux 的主要特点。
2. 简述 Linux 的内核版本号的构成。
3. Linux 的主要发行版本有哪些?
4. 哪些命令可以实现系统重启或关闭?
5. 如何在各个虚拟控制终端之间进行切换?

第 2 章　命令行操作基础

▶▶▶ **本章导读**

完成操作系统的安装之后,我们需要尽快掌握 Linux 命令的基础知识并学会 Linux 命令行的一些基础操作,包括:在 Linux 下实现自我帮助,学会 Linux 系统的登录/退出、电源管理、切换控制台命令,大致了解 Linux 的基本目录结构并能够使用入门级命令行代码来管理文件和目录,熟练使用文本编辑器,等等,还要对这些基本操作中出现的问题进行简单的分析,以满足日常使用的需求。

尽管随着 Linux 桌面的日趋成熟和人性化,要完成所谓的"基础配置和管理"已经越来越容易,但本章仍然遵循着一贯的原则——尽量在文本界面下工作,并对于初学者最为关心的问题都一一作了解答。

▶▶▶ **学完本课程后,您将能够**

- ◆ 掌握 Linux 命令的基础知识
- ◆ 学会使用 Linux 系统的帮助
- ◆ 学会 Linux 系统登录/退出相关命令
- ◆ 学会 Linux 系统的电源管理命令
- ◆ 学会 Linux 文件和目录的操作命令
- ◆ 学会 Linux 文本编辑器的使用

▶▶▶ **本章主要内容包括**

- ◆ Linux 命令基础知识
- ◆ Linux 系统中的帮助
- ◆ 文件操作和目录操作
- ◆ 文件的分页查看操作和查找操作
- ◆ 文件的压缩和打包操作
- ◆ VIM 编辑器的使用

2.1 Linux 命令基础知识

2.1.1 Linux 的 GUI 与 CLI

GUI(graphical user interface,图形用户界面),是指将用户界面的所有元素图形化,以追求人性化的设置,达到易用的效果。在 GUI 中,用户主要使用鼠标作为输入工具,使用按钮、菜单、对话框等与系统进行交互。

CLI(command line interface,命令行界面),是指将用户界面字符化,以节约系统资源,提高工作效率。在 CLI 中,用户主要使用键盘作为输入工具,通过输入命令、选项、参数执行程序,来与系统进行交互。选择或习惯于在 Linux 系统下使用 CLI,主要有以下原因。

- **命令行更高效**。Linux 系统中使用键盘操作速度比鼠标更快。GUI 下的操作往往不可重复,而在 CLI 下可以编写脚本,一次性或重复性地完成所有操作(例如:删除过期日志文件、打包和备份重要的文档等)。
- **图形用户界面开销大**。运行 GUI 会占用很多的系统资源,而运行 CLI 可以让系统资源释放给它更应该做的事情。
- **命令行界面有时是唯一选择**。在实际应用场景中,服务器操作系统一般不安装 GUI;联网设备的维护管理工具有时没有图形化界面可供选择并使用。

2.1.2 Linux 命令语法格式

除个别命令外,Linux 命令行一般遵循的语法格式如下。

```
command [options] [parameter1 parameter2 …]
```

在使用 Linux 命令行的过程中,需要注意以下几点。

- 在一行命令中,首先输入的字符是命令字(command)或可执行文件(如 shell 脚本)。
- 在命令字(command)或选项(options)的后面,有时候会依附参数(parameters)。
- 在命令字、选项、参数之间以空格分隔,Shell 把多个空格视为一格。
- [ ]符号表示可选项,并不一定要出现在实际的命令中。
- Linux 系统严格区分英文字母的大小写,例如,date 和 DATE 是不同的。
- 带"-"符号的通常是简化选项,带"--"符号的通常是完整选项,例如,ls -a 等同于 ls --all。
- 当有多个简化选项并列时,可以合并写,例如,ls -a -l -R /etc 等同于 ls -alR /etc。

- 回车键代表着一行命令开始执行；可以使用反斜杠"\"来转义回车键，使命令的执行延迟到下一行。
- 如果执行了错误的命令，可以通过屏幕上显示的错误信息来判断问题所在，例如：

> ♯ DATE
> -bash: DATE: command not found //错误信息为"command not found"

通常出现"command not found"错误信息的原因主要有以下几点。
- 相关软件未安装，导致该命令不存在。
- 当前用户没有把该命令所在的目录加入搜索路径（PATH）中。
- 命令输入错误，可通过帮助查看有关命令的用法。有关 Linux 系统的帮助用法，将在 2.1.4 中介绍。

Linux 的常用命令分类见表 2-1 所示，本章重点学习的是登录/电源管理命令、文件处理命令。其他各类命令的使用与之后各章内容紧密结合，因此在本章中不再单独介绍。

表 2-1 Linux 的常用命令分类

分 类	命 令
登录/电源管理	login、shutdown、halt、reboot、install、exit、last 等
文件处理	file、mkdir、grep、dd、find、mv、ls、diff、cat、ln 等
系统管理	df、top、free、quota、at、ip、kill、crontab 等
网络操作	ifconfig、ip、ping、netstat、telnet、ftp、route、rlogin、rcp、finger、mail、nslookup 等
系统安全	passwd、su、umask、chgrp、chmod、chown、chattr、sudo ps、who 等
其他	tar、unzip、gunzip、unarj、mtools、man 等

2.1.3 Linux 命令行操作技巧

1. [Tab] 键

[Tab] 键具有强大的自动补全命令、文件名的功能，善用此快捷键可以提高工作效率，同时避免输入错误。[Tab] 键在不同处输入，会有不同的结果。

使用示例

示例 1： 在已输入部分命令名的状态下，按下 [TAB] 键，如果仅有唯一以输入部分开头的命令名，则系统将会自动补全该命令名；如果不唯一，再次按下 [TAB] 键，则系统将列出所有以输入部分开头的命令名。

```
# pa[Tab][Tab]              // 此处[Tab]不是要输入的字符,而是指此处按下
[Tab]键两次,以下同
package-cleanup      pam_tally2              partprobe
packer               pam_timestamp_check     partx
pal2rgb              pango-list              passwd
pam_namespace_helper pango-view              paste
pam_tally            parted                  pathchk
# pas[Tab]
passwd  paste
```

示例 2：在已输入部分文件名的状态下,连按两次或仅按一次[Tab]键将会自动列出或补全,当前目录下以输入部分开头的文件名。

```
# ls -al ~/.bash[Tab][Tab]        // 列出当前用户家目录下所有以.bash 开
头的文件名
.bash_history   .bash_logout   .bash_profile   bashrc
```

示例 3：对于某些特殊的命令,自动补全命令的功能可能会变成该命令的参数/选项的补全。

```
# date --[Tab][Tab]          //系统列出了date命令可以使用的参数
--date=       --help          --rfc-3339=      --utc
--debug       --iso-8601      --rfc-email      --version
--file=       --reference=    --set=
#
```

2. [Ctrl+C]组合键

使用[Ctrl+C]组合键可以立刻终止当前终端运行的程序。

使用示例

立即终止 find 命令和 ping 命令的运行。

```
# find /
…(输出结果略)
^C          //使用[Ctrl+C]组合键终止 find 命令运行
```

```
#
# ping 192.168.184.1
PING 192.168.184.1 (192.168.184.1) 56(84) bytes of data.
64 bytes from 192.168.184.1: icmp_seq=1 ttl=64 time=0.290 ms
64 bytes from 192.168.184.1: icmp_seq=2 ttl=64 time=0.272 ms
…(输出结果略)
^C            //使用[Ctrl+C]组合键终止 ping 命令运行
--- 192.168.184.1 ping statistics ---
7 packets transmitted, 7 received, 0% packet loss, time 6175ms
rtt min/avg/max/mdev = 0.254/0.266/0.290/0.011 ms
#
```

3. [Ctrl+D]组合键

使用[Ctrl+D]组合键可以立刻结束当前键盘的输入,还可以代替 exit 命令的功能。

4. 翻页键

- [Shift+PgUp]组合键　往前翻页。
- [Shift+PgDn]组合键　往后翻页。

5. 光标移动键

- [PgUp]键或[↑]键　调出历史命令执行记录,用以快速执行命令。
- [PgDn]键或[↓]键　与[PgUp]键相配合,选择历史命令执行记录。
- [Home]键或[Ctrl+A]组合键　移动光标到本行开头。
- [End]键或[Ctrl+E]组合键　移动光标到本行末尾。
- [Ctrl+L]组合键　清空屏幕显示。

2.1.4　使用 Linux 系统的帮助

Linux 命令系统庞杂,难以记全每一种命令的详细用法、每一个配置文件的具体架构和内容。在没有工具书的情况下,可以借助查询 Linux 系统提供的形式丰富的联机帮助文档,这是自由软件或开源软件的开发者们自行制作并分享的。常见的有 man 文档、info 文档、txt 文档。man 文档用 man 命令查看,info 文档用 info 命令查看,txt 文档可以用各类文本阅读器查看。还可以使用 help 命令及命令的--help 选项查看相关说明。

1. man 文档

Linux 的 man(manual)文档分为 9 章,使用"man man"命令即可查看到各章的内容,见表 2-2。其中常用且重要的是 1、4、5、8 这四章的文档。man 文档数据通常放在/usr/share/man 目录下。

表 2-2 man 文档各章的内容

章 号	内 容
1	可执行程序或 shell 命令(适用于一般用户)
2	系统核心可调用的函数与工具等
3	一些常用的函数(functions)与函数库(libraries)
4	设备文件的说明,通常是在/dev 下的文件
5	配置文件或是某些文件的格式和约定
6	游戏(games)
7	例程与协议等,例如 Linux 文件系统、网络协议、ASCII 代码等的说明
8	系统管理命令(通常仅适用于 root 用户)
9	内核例程(非标准)

man 是按照章号的顺序进行搜索的。查找 man 文档中所在章的命令如下。

```
man -f [KEYWORD]
```

该命令相当于 whatis 命令。如果在 man 的不同章中有相同名字的文档,则需要明确指定类别。如果不指定类别,则默认只显示搜索到的第一章相关的文档。

使用示例

示例 1:查找 usleep 命令所在的 man 文档章。

```
# man -f usleep
usleep (1)           - sleep some number of microseconds
usleep (3)           - suspend execution for microsecond intervals
```

示例 2:查看 usleep 命令的 man 文档。

```
# man usleep                              // 查看 usleep 命令的 man 文档
USLEEP(1)        General Commands Manual              USLEEP(1)
# 请注意上面括号内的数字,1 表示它是一般用户可以使用的命令
NAME       // 该命令的全名如下所示为 usleep,且简要说明其用途为将进程挂起多少微秒
     usleep - sleep some number of microseconds
```

```
SYNOPSIS                          // 该命令的语法格式如下
    usleep [number]
DESCRIPTION                       // 详细说明该命令的用途
    usleep sleeps some number of microseconds.  The default is 1.
…(省略)
OPTIONS                           // 详细说明该命令的选项
    --usage        Show short usage message.
    --help, -?     Print help information.
…(省略)
AUTHOR                            // 该命令的作者
    Donald Barnes <djb@redhat.com>
SEE ALSO                          // 指出还可以从哪里查到关于该命令的说明文档
    sleep(1)
                        Red Hat, Inc                        USLEEP(1)
```

示例 3：查看 usleep 库函数的 man 文档。

```
# man 3 usleep
USLEEP(3)              Linux Programmer's Manual              USLEEP(3)
# 请注意上面括号内的数字,3 表示常用的函数与函数库
NAME       // 该库函数全名如下所示为 usleep,且简要说明其用途为将进程挂起多少微秒
    usleep - suspend execution for microsecond intervals
…(省略)
```

示例 4：查看 null 文件所代表的基本意义。

```
# man null
NULL(4)                Linux Programmer's Manual                NULL(4)
# 请注意上面括号内的数字,4 表示设备文件
NAME        // 该库函数全名如下为 null 或 zero,且简要说明其用途为一个数据接收器
    null, zero - data sink
…(省略)
```

从以上示例可以看出,man 文档的内容有特定的基本结构,见表 2-3。

表 2-3 man 文档的基本结构

名 称	内 容
NAME	命令、数据名称简要说明
SYNOPSIS	命令语法简要说明
DESCRIPTION	较为完整的说明，建议仔细阅读
OPTIONS	对 SYNOPSIS 部分列举的所有可用选项的详细说明
COMMANDS	可以在此程序（软件）运行环境下执行的命令
FILES	此程序或数据所使用或参考或链接到的某些文件
SEE ALSO	可以参考的与此命令或数据有关的其他说明
EXAMPLE	可以参考的示例

在 man 文档中常用的操作按键/命令见表 2-4。

表 2-4 man 文档中常用的操作按键/命令

操作按键/命令	作 用
[Space]或[PgDn]	往后翻页
[PgUp]	往前翻页
[Home]	定位到第一页
[End]	定位到最后一页
/string	往后查找字符串 string
? string	往前查找字符串 string
n,N	利用/或?来查找字符串时,用 n 继续查找下一个,N 则为反向查询
q	退出当前的 man 命令

2. info 文档

man 文档适用于所有的类 UNIX 系统,而 Linux 提供了另一种联机帮助方法,即 info 文档。info 文档与 man 文档的用途类似,但在形式上,man 文档是将说明文件整体输出,info 文档则是将说明文件拆分为若干节点(node),每一节点以 CLI 模式的网页(具有类似超链接的功能)加以呈现,增加了易读性。info 文档数据默认放在/usr/share/info 目录下。

注意：只有以 info 格式写成的联机帮助文件才能使用 info page 功能,否则显示结果与 man page 相同。

3. txt 文档

命令或软件的说明一般都会写进联机帮助文件,但还有许多的说明需要制作成额外的文件,其主要原因是:某些软件不仅说明如何操作,还会对一些相关原理作出说明。此外,很多原版软件发布时,会有一些安装须知、计划工作事项、未来工作规划以及可安装的程序等说明。这些额外的说明文件位于/usr/share/doc 目录下。

4. help 命令与命令的--help 求助说明

(1) help 命令

help 命令只能查看内部命令,不能查看外部命令的说明。

内部命令是 shell 程序的一部分,其中包含的是一些比较简单的 Linux 系统命令,这些命令是写在 bash 源码的 builtins 里面的,由 shell 程序识别并在 shell 内部完成运行,其执行速度比外部命令快。如 history、cd、exit 等。

外部命令是 Linux 系统中的应用程序部分,虽然其不包含在 shell 中,但是其命令执行过程是由 shell 程序控制的。外部命令是在 Bash 之外额外安装的,通常放在/bin、/usr/bin、/sbin、/usr/sbin 等目录下。如 ls、vi 等。

可以使用 type 命令来区分命令是内部的还是外部的。

使用示例

```
# type cd
cd is a shell builtin    // 说明 cd 是内部命令(在 bash 源码中 builtins 的.def 中)
# type vim
vim is /usr/bin/vim      // 说明 vim 是外部命令(在/usr/bin 目录下)
```

help 命令的语法格式如下。

```
help [options] [command]
```

主要选项和参数如下。

◇ -d 显示命令简短主题描述。
◇ -s 显示命令简短语法描述。

使用示例

查看内部命令 pwd 的语法格式与选项参数。

```
# help pwd
pwd: pwd [-LP]
```

```
Print the name of the current working directory.
Options:
  -L    print the value of $PWD if it names the current working directory
  -P    print the physical directory, without any symbolic links
By default, 'pwd' behaves as if '-L' were specified.
Exit Status:
Returns 0 unless an invalid option is given or the current directory
cannot be read.
```

(2) 命令的--help 求助说明

Linux 的命令开发者通常会将可以使用的命令语法与选项参数写入命令操作过程中。用户使用--help 选项即可大致了解该命令的用法。

使用示例

查看 date 命令的语法格式与选项参数。

```
# date --help
Usage: date [OPTION]... [+FORMAT]       // 基本语法
   or: date [-u|--utc|--universal] [MMDDhhmm[[CC]YY][.ss]]    //设置时间
Display the current time in the given FORMAT, or set the system date.
# 以下是主要的选项说明
Mandatory arguments to long options are mandatory for short options too.
  -d, --date=STRING      display time described by STRING, not 'now'
      --debug            annotate the parsed date, and warn about
questionable usage to stderr
  -f, --file=DATEFILE    like --date; once for each line of DATEFILE
…(省略)
# 以下是主要的格式说明
FORMAT controls the output.    Interpreted sequences are:
  %%       a literal %
  %a       locale's abbreviated weekday name (e.g., Sun)
  %A       locale's full weekday name (e.g., Sunday)
…(省略)
# 以下是若干重要范例
Examples:
```

Convert seconds since the epoch (1970-01-01 UTC) to a date
$ date --date='@2147483647'
…(省略)

2.2 Linux 系统基础命令

2.2.1 登录/退出操作

1. login 命令

login 命令的作用是登录系统,使用权限是所有用户。

在字符界面登录 Linux 时,看到的第一个 Linux 命令就是 login。此时在"login:"提示符后面输入用户登录名 root,按"Enter"键,再在"Password:"提示符后正确输入相应的账户密码,即可完成系统的登录,如图 2-1 所示。OpenEuler 系统出于安全考虑,在输入账户密码时,屏幕上不回显相应字符,也不移动光标。

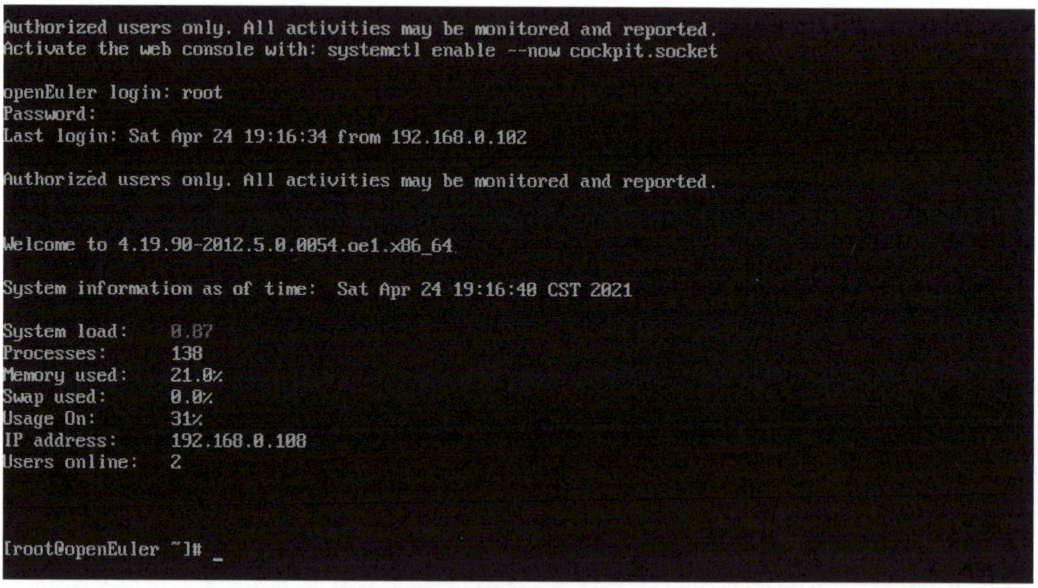

图 2-1 root 用户登录

Linux 是一个真正的多用户操作系统,它不仅可以接受多个用户同时登录,还允许一个用户进行多次登录。这是因为 Linux 允许用户在同一时间从不同的控制台/终端进行登录。

默认情况下,openEuler 系统启用前六个控制台。可以把每个控制台看作是一个独立的工作站,工作站之间的切换通过同时按下[Alt]键和 F1~F6 功能键来实现;还可以通过命令"chvt n(n 指虚拟控制台的编号)"来实现。

用户在字符界面登录后,按[Alt+F3]组合键,就可以看到"login:"提示符,说明用户切换到了第三个控制台。再按[Alt+F1]组合键,就可以回到第一个控制台。使用 tty 命令可以查看当前所有在线用户及其登录的控制台/终端;使用 who am i 命令可以查看当前控制台/终端下登录的用户;使用 w 命令可以查看当前所有在线用户及其登录的控制台/终端、运行的进程等,如图 2-2 所示。

```
[root@openEuler ~]# tty
/dev/tty1
[root@openEuler ~]#
[root@openEuler ~]# who am i
root     tty1         2021-04-24 16:22
[root@openEuler ~]# w
 16:30:56 up 16:11,  2 users,  load average: 0.00, 0.00, 0.00
USER     TTY       LOGIN@   IDLE   JCPU   PCPU WHAT
root     tty1      16:22    0.00s  0.03s  0.00s w
root     pts/0     14:55    11:04  0.08s  0.08s -bash
[root@openEuler ~]#
```

图 2-2 查看当前用户登录控制台/终端的情况

控制台的典型应用场景是:当一个进程造成系统死锁时,可以切换到其他控制台工作。

2. last 命令

last 命令用于显示近期用户或终端的登录情况,使用权限是所有用户。通过 last 命令查看该程序的 log,管理员可以获知谁曾经或企图登录系统。

使用示例

使用 last 命令查看近期登录情况如下。

```
# last
root     pts/0     192.168.184.1    Fri Sep  6 09:57    still logged in
root     pts/0     192.168.184.1    Thu Sep  5 09:08 - 18:10   (09:02)
root     tty1                       Thu Sep  5 08:47    still logged in
wtmp begins Thu Sep  5 08:43:17 2019
```

last 命令的语法格式如下。

```
last [options] [parameters]
```

主要选项和参数如下。

◇ -n, --limit <number>　　　指定输出记录的行数。

- -a，--hostlast　　　　　　在最后一列显示登录的主机名。
- -d，--dns　　　　　　　　将显示的 IP 地址翻译为主机名。
- -F，--fulltimes　　　　　　显示登录和退出时的完整的日期时间。
- -s，--since <time>　　　　显示自指定时间以来的行。
- -t，--until <time>　　　　　显示指定时间之前的行。
- -p，--present <time>　　　显示在指定时间在线的用户。
- -w，--fullnames　　　　　　显示完整的用户名和域名。
- -x，--system　　　　　　　显示系统关闭条目和运行级别更改。

3. su/exit 命令

（1）使用 su 命令可以在不同的用户之间进行灵活的切换，从超级用户切换到普通用户无需认证，反之则必须输入 root 的密码进行认证。

（2）使用 exit 命令（或者[Ctrl＋D]组合键）可以直接退回到上一个用户或回到登录界面。

使用示例

```
# su - test              // 从 root 用户完整切换到 test 用户，无需认证
Last login: Sat Apr 24 17:59:05 CST 2021 on tty1
Welcome to 4.19.90-2012.5.0.0054.oe1.x86_64
…（省略）
$ pwd
/home/test
$ su - root              // 从 test 完整切换到 root，须认证
Password:
# pwd
/root
# su test                // 从 root 用户切换到 test 用户
…（省略）
$ pwd                    // 工作目录不变
/root
$ exit                   // 直接退回到上一个用户 root
logout
# root 为初始用户，若此时再执行 exit 命令，则将回到登录界面
```

4. 相关的日志文件

（1）错误登录的日志信息记录在二进制文件/var/log/btmp 中，可使用命令 lastb 查看。

使用示例

```
# lastb
root        ssh:notty     192.168.184.1    Thu Sep  5 09:07 - 09:07  (00:00)
root        ssh:notty     192.168.184.1    Thu Sep  5 09:07 - 09:07  (00:00)
root        ssh:notty     192.168.184.1    Thu Sep  5 09:07 - 09:07  (00:00)
root        ssh:notty     192.168.184.1    Thu Sep  5 09:07 - 09:07  (00:00)
root        tty1                           Thu Sep  5 08:46 - 08:46  (00:00)
root        tty1                           Thu Sep  5 08:46 - 08:46  (00:00)
Zyc0426     tty1                           Thu Sep  5 08:43 - 08:43  (00:00)
btmp begins Thu Sep  5 08:43:12 2019
```

（2）当前登录的每个用户的信息记录在二进制文件/run/utmp 中，可使用以下命令查看。
- users　用单独的一行显示当前登录的用户，每个用户名对应一个登录会话；
- who　查询 utmp 文件并报告当前登录的每个用户；
- w　查询 utmp 文件并显示当前系统中每个用户及该用户所运行的进程信息。

使用示例

```
# users
root  root
# who
root     tty1      2019-09-05 08:47
root     pts/0     2019-09-06 09:57 (192.168.184.1)
# w
 20:38:27 up 3 days,  3:11,  2 users,  load average: 0.00, 0.00, 0.00
USER    TTY      LOGIN@    IDLE     JCPU     PCPU    WHAT
root    tty1     Thu08     35:32m   0.07s    0.07s   -bash
root    pts/0    09:57     3.00s    0.28s    0.01s   w
```

（3）每个用户的登录信息记录在二进制文件/var/log/wtmp 中，可使用以下命令查看。
- last　往回搜索 wtmp 来显示自从文件第一次创建以来登录过的用户；
- ac　根据 wtmp 文件中的登录和退出信息来报告用户连接的时间（小时）。

使用示例

```
# last
root pts/0      192.168.184.1   Fri Sep  6  09:57   still logged in
```

```
root    pts/0      192.168.184.1    Thu Sep  5  09:08 - 18:10   (09:02)
root    tty1                        Thu Sep  5  08:47    still logged in
wtmp begins Thu Sep  5 08:43:17 2019
# ac
        total      55.66
```

（4）每个用户最后一次登录信息记录在二进制文件/var/log/lastlog 中，可使用 lastlog 命令查看。

> **使用示例**

```
# lastlog
Username     Port   From               Latest
root         pts/0  192.168.184.1      Fri Sep  6 09:57:22 + 0800 2019
bin                                    **Never logged in**
daemon                                 **Never logged in**
…（省略）
test         pts/0                     Fri Sep  6 20:25:54 + 0800 2019
```

2.2.2　电源管理

作为多用户多任务系统，Linux 的后台运行着许多进程，使用直接断开电源的方式强制关机，或者突然断电等非正常关机的情况下，可能导致进程的数据丢失，使系统处于不稳定状态，甚至在有可能会损坏硬件设备。正常的关机操作需要注意以下事项。

（1）观察系统的使用状态。可以使用 who、w 等命令查看当前在线用户及其正在进行的工作；可以使用 netstat -a 等命令获取网络连接状态信息；可以使用 ps -aux 等命令查看前后台执行的程序，等等，然后根据系统当前的使用状态来判断是否以及何时可以关机；

（2）通知在线用户关机时间。在关机前给在线用户留有一些时间来结束他们的工作，一般使用 shutdown 的特别命令；

（3）使用正确的命令关机。相关的命令有：shutdown（常用）、reboot（重启）、halt（关机）、poweroff（关机）、sync（将内存数据立即强制写入硬盘，默认被关机、重启命令调用）。

注意：在大多数 Linux 发行版（包括 openEuler）中，只有 root 才能执行关机、重启等重大操作。普通用户可以执行 sync 操作，但仅能更新自己的数据，而 root 可以更新整个系统中的数据。

1. shutdown 命令

shutdown 命令主要用于关机，它还有重启、警告等其他功能。该命令可以完成以下工作。

- 选择关机、重启等不同的关机模式。

- 设置关机时间为现在或者某一特定时间。
- 定义关机信息,在关机前广播给在线用户。
- 可以仅发出警告信息,而不是真的要关机。

shutdown 命令的语法格式如下。

shutdown [-hrkc] [时间] [警告信息]

主要选项和参数如下。

- ◇ -h --halt   将系统的服务停止后关机(常用)。
- ◇ -r --reboot   将系统的服务停止后重新启动。
- ◇ -k   并不真正关机,仅广播警告信息给在线用户。
- ◇ -c   取消正在运行的 shutdown 进程。
- ◇ 时间   告诉 init 进程多久(分钟)以后执行。若该参数置为 now,则立刻执行;若不设置该参数,则默认 1 分钟后执行。

使用示例

示例 1:用户 root 远程(pts/1)执行 shutdown,广播警告信息,并在 5 分钟后重启系统。在控制台 tty1 的用户将每隔一分钟收到该消息。接着,远程取消该重启操作,如图 2-3 所示。

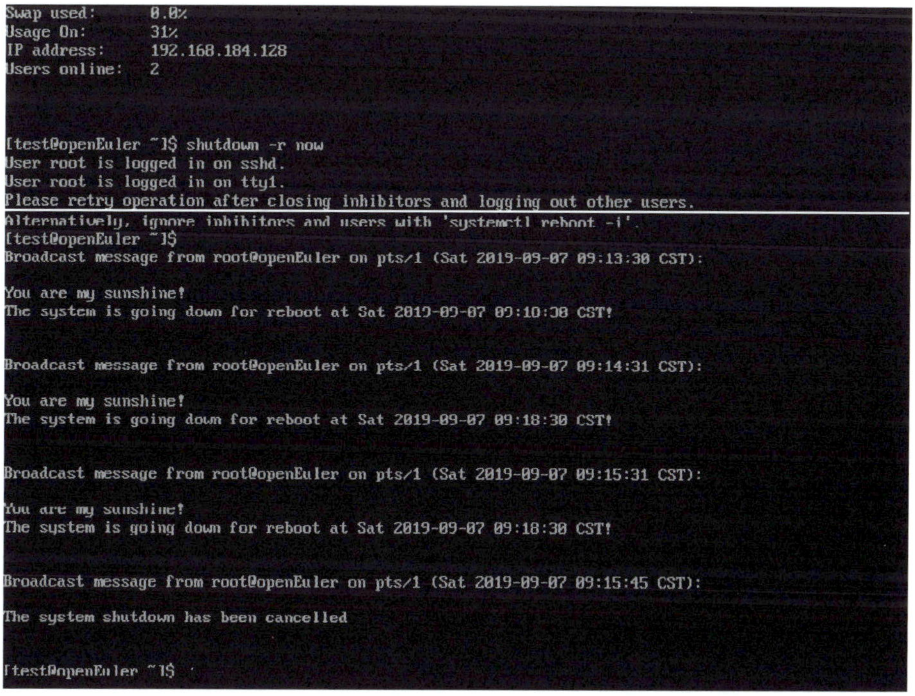

图 2-3 使用 shutdown 命令重启系统

```
# sync                    // 在关机前手动将内存数据更新到硬盘中
# 自定义警告内容,将每隔 1 分钟广播 1 次
# shutdown -r +5 "You are my sunshine!"
Shutdown scheduled for Sat 2019-09-07 09:18:30 CST, use 'shutdown -c' to
cancel.
# shutdown -c             // 结束正在运行的 shutdown 程序
```

示例 2: 以下示例展示了时间参数的不同设置方式。

```
# shutdown -h now         // 立刻关机
# shutdown -h 21:15       // 系统在 21:15 关机
# shutdown -r             // 系统在 1 分钟后重启
# 系统在 8 分钟后重启并广播
# shutdown -r 8 "I will shutdown in 8 mins."
# 系统仅广播警告信息
# shutdown -k now "It will be rebooted."
```

2. reboot/halt/poweroff 命令

reboot 命令也可以实现系统重启,halt、poweroff 命令也可以实现系统关闭。实际上,它们和 shutdown 一样,都会调用 systemctl 这个重要的管理命令:先杀死应用进程,再默认执行 sync 系统调用,完成文件系统写操作后就会停止内核运行。halt 与 poweroff 的区别如下。

- halt:仅关闭系统,屏幕可能会保留系统已经停止的信息。
- poweroff:关闭系统,且不提供额外的电力,屏幕空白。

3. 使用管理工具 systemctl 关机

systemctl 是系统中所有服务的管理工具,其命令系统复杂,此处仅介绍关机功能。
systemctl 命令的语法格式如下。

```
systemctl [命令]
```

主要选项和参数如下。

"命令"参数包括以下与关机有关的选项。

- halt   进入系统停止的模式,屏幕可能会保留一些信息(要看电源管理模式)。
- poweroff   进入关机模式。
- reboot   重新启动。
- suspend   进入休眠模式。

> **使用示例**
>
> 使用 systemctl 实现关机。

```
# systemctl halt        // 系统停止,屏幕可能保留一些信息
# systemctl poweroff    // 关机
```

2.2.3 Linux 目录结构

1. Linux 文件系统特点

(1) 一切皆文件

"一切皆文件"是 Linux 系统的哲学核心思想,指的是对所有文件(目录、字符设备、块设备、套接字、打印机、进程、线程、管道等)的操作都可用函数进行处理。

Linux 的文件系统是一个倒挂的树形结构,每一个文件在目录树中的文件名(含完整路径)都是唯一的。Linux 文件系统的起始点为根目录(/),所有文件都由它衍生而来,同时它也与启动、还原、系统修复等操作有关。根目录(/)所在分区应该越小越好,且应用程序所安装的软件最好不要与根目录放在同一个分区内,以维持较好的性能,避免根文件系统发生问题。Linux 系统中的每个目录不仅能使用本地的文件系统,也可以使用网络上的文件系统。

(2) Linux 的文件类型

用命令"ls al"查看当前目录下的所有文件,结果如下。在展示出的文件属性中,第一个字段的第一个字符大致代表了文件的类型。

```
# ls -al
total 80
dr-xr-x---.   3  root root   4096  Sep  6 20:13  .
dr-xr-xr-x  19  root root   4096  Apr 22  2021  ..
-rw-------.   1  root root   1497  Apr 22  2021  anaconda-ks.cfg
-rw-------.   1  root root  10338  Sep  7 20:33  .bash_history
-rw-r--r--.   1  root root     18  Oct 29  2019  .bash_logout
-rw-r--r--.   1  root root    176  Oct 29  2019  .bash_profile
-rw-r--r--.   1  root root    176  Oct 29  2019  .bashrc
-rw-r--r--.   1  root root    100  Oct 29  2019  .cshrc
-rw-r--r--.   1  root root   3969  Apr 24  2021  leep库函数文档q
-rw-------.   1  root root     47  Apr 25  2021  .lesshst
drwxr-xr-x.   2  root root   4096  Apr 28  2021  log
-rw-r--r--.   1  root root  10240  Apr 28  2021  log.tar
-rw-r--r--.   1  root root    130  Apr 28  2021  log.tar.gz
```

Linux 的文件类型及其标识符说明如下。
- ◇ d(directory)　目录文件。
- ◇ -(reguler file)　常规文件,依照文件内容又可分为如下类型。
  - ➢ 纯文本文件(ASCII)　是 Linux 系统中最常见的文件类型,其内容为能被用户直接读取的字符,例如文件.bashrc,可以用命令 cat 读出。
  - ➢ 二进制文件(binary)　实际上,系统只能读取并执行二进制文件,除脚本文件(scripts)之外,所有的可执行文件都是二进制文件,例如命令 cat。
  - ➢ 数据文件(data)　有些程序在运行过程中需要读取某些特定格式的文件,它们可以被称为数据文件,例如用户登录过程中会将登录数据记录到/var/log/wtmp 这个数据文件内,该数据文件只能被命令 last 读出,用命令 cat 会读出乱码。
- ◇ l(link)　链接文件,类似于 Windows 下的快捷方式。
- ◇ b(block)和 c(character)　设备文件。b 和 c 分别代表区块设备和字符设备。前者是提供系统随机存取数据的接口设备,例如硬盘、软盘等,可以查看/dev/sda 文件,其第一个属性为"b";后者是一些串行端口的接口设备(键盘、鼠标、控制台等),它们只能顺序存取,不能截断输出,例如查看/dev/tty1 文件,其第一个属性为"c",结果如下。

```
# ll /dev/sda /dev/tty1
brw-rw----.  1  root disk  8, 0   Sep  7 20:34  /dev/sda
crw--w----.  1  root tty   4, 1   Sep  7 20:36  /dev/tty1
```

- ◇ s(sockets)　数据接口文件,此类文件通常被用于网络上的数据传输。当启动一个程序来监听客户端请求时,客户端就可以通过这个 socket 来进行数据传输了。socket 文件通常位于/run 目录或/tmp 目录下。
- ◇ p(FIFO,pipe)　管道文件,用于解决多个进程同时读写一个文件所造成的错误问题。FIFO 是先进先出(first-in-first-out)的缩写。

(3) Linux 的文件名

Linux 文件没有扩展名的概念,也就是说,基本上无法依赖名称而是通过前面提到的查看文件属性等方式来判断文件的类型。然而,对于常规文件来说,就难以分辨具体类型了。例如,如何看一个文件是否可执行? 仅具备"x"属性不一定就是可以执行成功的。

因此,用户仍希望通过名称来便捷地判断一些重要类型的文件,如可执行文件、脚本文件、压缩文件、打包文件、网页文件等。通常会在文件名末尾使用如下类似于扩展名的字符。

- ◇ .sh　脚本文件或批处理文件。
- ◇ .Z、.tar、.tar、.gz、.zip、.tgz　压缩文件、打包文件或者压缩后的打包文件,根据不同的打包工具,取不同的名称。
- ◇ .html、.php　网页相关文件,不同语法的网页文件有不同的名称。

Linux 的文件名有如下限制。

- 长度限制：单一文件或目录的名称，其最多允许占用 255 字节，即限制在 255 个英文字符或 128 个中文字符以内。
- 字符限制：文件名称应避开以下在 shell 中具有特殊含义的字符。

* ? > < ; & ! [ ] | \ ' " ` ( ) { }

注意：文件名应避免以"."、"-"、"+"开头。以"."开头的文件是隐藏文件。

2. Linux 的主要目录

因为 Linux 的产品或发行版非常多，为方便管理，FHS（filesystem hierarchy standart，文件系统层次化标准）定义了一套标准的 Linux 的目录架构，规范特定目录下放置哪些数据（仅定义最上层及次层目录，在其他子目录层级内，开发者可以自行配置）。FHS 根据系统使用经验持续在改版中。

如图 2-4 所示为基于 FHS 架构的 Linux 系统目录结构，使用命令"ls /"可以查看全部的一级目录（根目录下面的子目录）。

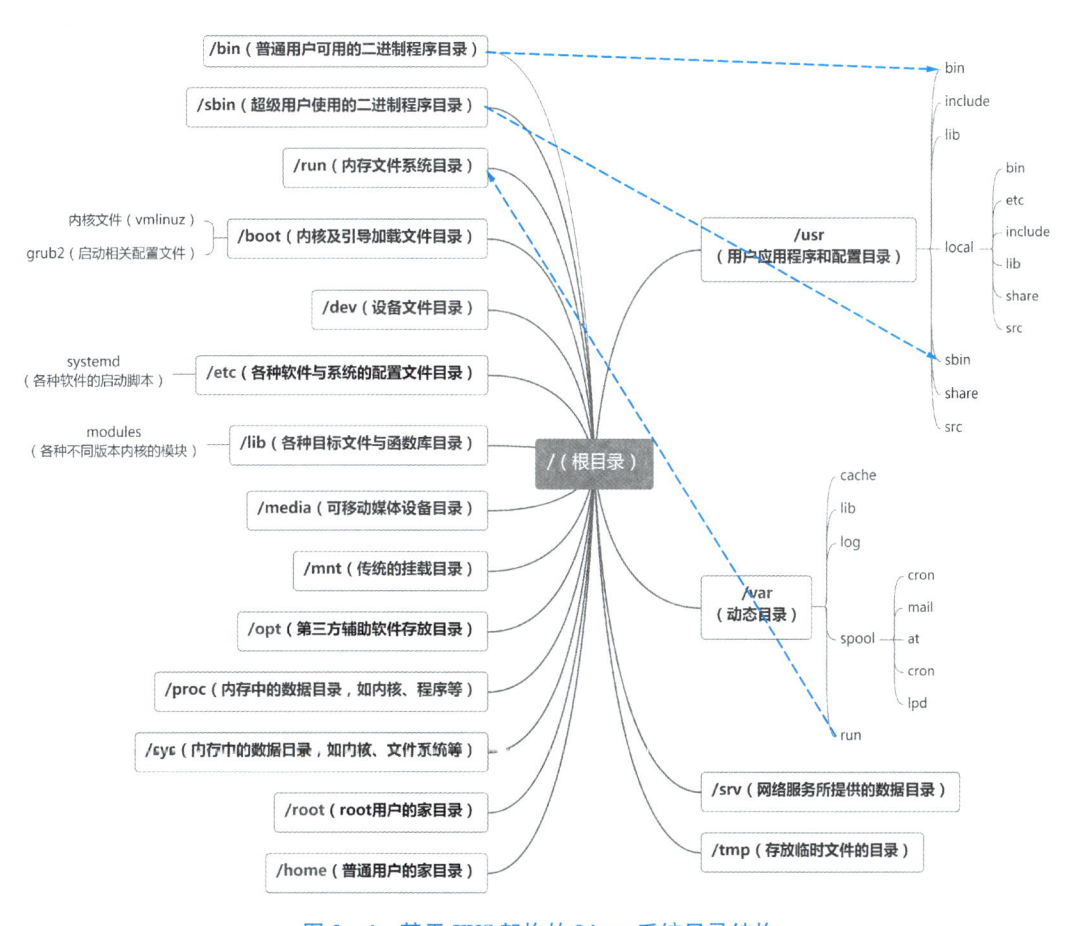

图 2-4 基于 FHS 架构的 Linux 系统目录结构

Linux 系统主要的一级目录及其说明见表 2-5。

表 2-5　Linux 系统主要的一级目录及其功能

目录名	说　　明
/bin	bin 是 binary 的缩写,该目录存放在单人维护模式下还能够使用的命令。该目录下的命令能被 root 和一般用户所使用,最常用的命令有: cat、chmod、chown、date、mv、mkdir、cp、bash 等
/boot	该目录用于存放启动时会用到的文件,包括 Linux 内核文件,以及启动选项与启动所需的配置文件等。Linux 内核常用的文件名为: vmlinuz,如果使用的是 grub2 这个引导装载程序,则还会存在/boot/grub2 这个目录
/dev	dev 是 Device 的缩写,在 Linux 中任何设备与接口设备都是以文件的形式存放于该目录中,读写该目录下的某个文件就等于读写相应的设备。比较重要的文件有: /dev/null、/dev/zero、/dev/tty、/dev/sd * 等
/etc	该目录用于存放几乎所有的系统管理所需要的配置文件和子目录,例如账号密码文件、各种服务的启动文件等。该目录下的各文件属性一般可以给一般用户查看,但只有 root 才有权修改。比较重要的文件有: /etc/modprobe.d、/etc/passwd、/etc/fstab、/etc/issue 等。另外,根据 FHS 架构的要求,建议不要在该目录下存放可执行文件
/lib	该目录用于存放系统最基本的动态链接共享库(类似于 Windows 里的 DLL 文件),包括启动时会用到的函数库,以及在/bin 或/sbin 目录下的命令会调用的函数库。另外,FHS 要求必须存在/lib/modules 目录(该目录主要存放可抽换式的内核相关模块(驱动程序))
/media	该目录用于让 Linux 自动识别和挂载一些常用的媒体设备,如 U 盘、软盘、光驱等设备。常见的文件名有: /media/floppy、/media/cdrom 等
/mnt	在早期,该目录的用途与/media 相同,自从有了/media 之后,该目录一般用于让用户临时挂载一些额外的文件系统
/opt	该目录默认是空的,用于存放第三方辅助软件(非发行版提供的软件)。比如,用户想要自行安装额外的软件 ORACLE,可以把 ORACLE 数据库的安装文件存放到该目录下。早期的 Linux 系统一般存放在/usr/local 目录下
/proc	该目录本身是一个虚拟文件系统,它存放的数据都在内存当中,例如系统内核、进程信息、外接设备的状态及网络状态等,所以该目录本身不占任何硬盘空间。比较重要的文件有: /proc/cpuinfo、/proc/dma、/proc/interrupts、/proc/ioports、/proc/net/ * 等。可以通过直接访问这个目录来获取系统的真实信息
/run	是一个临时文件系统,存放系统启动以来所产生的各项信息,当系统重启时临时文件将被删除或清理。早期的 FHS 规定相关信息是存放在/var/run 目录下,而新版的 FHS 则规范为存放到/run 目录下。如果系统上有/var/run 目录,应该让它指向/run 目录
/sbin	此处的 s 是指 super user(超级用户),sbin 是指超级用户才能使用的系统管理程序。该目录用于存放启动过程中所需要的设置系统环境的命令,包括启动、修复、还原系统的命令。常见的命令包括: fdisk、fsck、ifconfig、mkfs 等。对于某些服务器软件程序,一般则放置到/usr/sbin 中;对于本机自行安装的软件所产生的系统执行文件,则放置到/usr/local/sbin(默认是空的)中

续 表

目录名	说 明
/srv	srv 是 service 的缩写。该目录存放一些网络服务启动之后所需要提取的数据，常见的网络服务有 WWW、FTP 等。例如，WWW 服务器需要的网页数据可以存放在 /srv/WWW 目录下。然而，若系统的服务数据尚无需提供给 interenet 上任何人浏览的话，默认仍建议存放在 /var/lib 目录下
/tmp	该目录是让一般用户或是正在执行的程序临时存放文件的地方。该目录是任何人都可以存取的，需要定期清理，因此不可放置重要数据
/usr	usr 是 UNIX Software Resource 的缩写，即 UNIX 操作系统软件资源。所有系统默认的软件(发行版发布者提供的软件)都会存放于此，类似于 windows 下的 Program Files 目录，因此该目录在安装时会占用较大的硬盘容量。 FHS 要求或建议的 /usr 子目录如下。 • /usr/bin：存放全部的一般用户能使用的命令。默认将 /bin 目录链接至该目录； • /usr/lib：与 lib 目录功能相同。默认将 /lib 目录链接至该目录； • /usr/local：系统管理员在本机安装第三方软件(非发行版提供的软件)的位置； • /usr/sbin：是超级用户使用的比较高级的管理程序和系统守护程序，功能同 /sbin 目录。默认将 /sbin 目录链接至该目录； • /usr/src：src 有 source 的意思，该目录默认放置内核源代码 • /usr/share：主要存放只读的数据文件(基本为文本文件)，包括共享文件。/usr/share 目录下常见的子目录如下。 - /usr/share/man：存放在线帮助文件； - /usr/share/doc：存放软件的说明文档； - /usr/share/zone/info：存放与时区有关的时区文件
/var	该目录一般用于存放经常被修改、不断扩充的变动性的数据，包括缓存、日志文件以及某些软件运行所产生的文件，例如邮箱文件、MySQL 数据库的文件等，因此该目录在系统运行后会逐渐占用越来越大的硬盘容量。 FHS 要求或建议的 /var 子目录如下。 • /var/cache：存放应用程序在运行过程中产生的一些缓存； • /var/lib：存放程序运行中所需使用的数据文件。在该目录下，各软件应有各自的目录。例如，MySQL 数据库存放到 /var/lib/mysql 下，而 RPM 的数据库则存放到 /var/lib/rpm 下； • /var/lock：用于将设备上锁，以确保设备或是文件资源只能被单一应用程序所使用。例如，当某位用户在刻录一张光盘时，刻录机就会被上锁，另一位用户必须等该设备被解锁后才能继续使用。目前该目录已被链接至 /run/lock 目录； • /var/log：这是特别重要的目录，用于存放日志文件。该目录下比较重要的文件有：/var/log/messages、/var/log/wtmp(记录登录信息)等； • /var/mail：该目录用于存放个人电子邮箱。默认链接至 /var/spool/mail 目录； • /var/run：某些程序或服务启动后，会将它们的 PID 存放于此。该目录默认链接至 /run/ 目录； • /var/spool：该目录通常放置一些队列数据，所谓队列就是排队等待其他程序使用的数据，这些数据被使用后通常都会被删除。例如，系统收到新邮件会放在 /var/spool/mail/ 中，但用户收下该邮件后，该邮件原则上就会被删除；邮件如果暂未发出去会被放在 /var/spool/mqueue/ 中，等到被发出去后就会被删除；如果是计划任务数据(crontab)，就会被放到 /var/spool/cron/ 中

续　表

目录名	说　　明
/home	该目录为系统默认的用户家目录的存放位置。在 Linux 中,每个用户都有一个自己的目录,一般该目录名是以用户的账号命名的。在新增一个用户账户时,默认在该目录下创建新用户的家目录。家目录的代号为～,例如：～代表当前用户的家目录；～test 代表用户 test 的家目录
/root	该目录为系统管理员 root(也称作超级权限者)的家目录。之所以与根目录(/)放在同一个分区中,是因为在单人维护模式下仅挂载根目录时,仍然能够拥有 root 的家目录
/lost+found	该目录是使用标准的 ext2、ext3、ext4 文件系统格式才会产生的一个目录,目的在于当文件系统发生错误时,将一些遗失的片段放置到该目录下。不过若使用的是 xfs 文件系统,就不会存在这个目录

3. 绝对路径和相对路径

路径的写法分为绝对路径和相对路径。在 Linux 中,绝对路径是从根目录(/)开始写起的文件名或目录名称,例如 /home/test/.bashrc,如果一个路径是从/开始写起的,那一定是绝对路径；相对路径就是相对当前所在目录的写法,例如,若当前工作路径为/root,则切换到目录/home/test 的写法可以是 ../home/test；又如要从目录/usr/share/doc 切换到目录/usr/share/man 下面时,可以写成"cd ../man"。

以下是一些特殊的目录的表达方式。

- ◇ .　　　　代表当前目录,也可以用 ./ 来表示。
- ◇ ..　　　　代表父目录,也可以用 ../ 来表示。
- ◇ -　　　　代表前一个工作目录。
- ◇ ～　　　　代表当前用户的家目录。
- ◇ ～user　　代表指定用户 user 的家目录。

2.2.4　文件和目录操作

1. 目录的相关操作

(1) cd/pwd 命令

① cd 是 change directory 的缩写,该命令用于切换工作目录。默认为当前用户的家目录。

cd 命令的语法格式如下。

```
cd [-L|-P…][目录]
```

主要选项和参数如下。

- ◇ -L　　切换到的目录可以是符号链接。

- ◇ -P   切换到的目录是物理路径。
- ◇ 目录   可以是绝对路径、相对路径或者使用上一节提到的特殊的目录表示方式。

使用示例

用户先进入/var/spool/mail 目录,再进入/var/spool/cron 目录,最后回到自己的家目录。

```
# cd /var/spool/mail        // 使用绝对路径作为参数
# pwd
/var/spool/mail
# cd ../cron                // 使用相对路径作为参数
# pwd
/var/spool/cron
# cd ~                      // 使用目录的特殊表达方式作为参数
# pwd
/root
```

② pwd 是 print working directory 的缩写,该命令用于打印出当前的工作目录的名称。pwd 命令有两个选项,-L 和-P,其作用类似于 cd 命令的同名选项。

pwd 命令的语法格式如下。

```
pwd [-L|-P]
```

主要选项如下。
- ◇ -L   输出变量 $PWD 的值,即当前工作路径的名称。如目录为链接文件,则输出该链接的路径。
- ◇ -P   输出物理路径(真实路径),而非使用链接的路径。

使用示例

使用 pwd 命令显示当前工作路径,并对比它的两个选项-L、-P 的特性。

```
# cd /var/log
# pwd
/var/log
# cd /dev
# ls -ld fd
lrwxrwxrwx. 1 root root 13 Sep  7 20:33 fd -> /proc/self/fd
```

```
# cd fd
# pwd
/dev/fd
# pwd -L                    // 输出当前工作路径,有链接则输出链接的路径
/dev/fd
# pwd -P                    // 输出当前工作路径,有链接的输出真实路径
/proc/1711/fd
```

(2) mkdir 命令

mkdir 是 make directory 的缩写,该命令用于新建目录。可以一次性创建多个目录,如果目录已经存在,默认会报错。

mkdir 的语法格式如下。

```
mkdir [-mpv] [目录]
```

主要选项和参数如下。

- ✧ -m, --mode = MODE   直接设置文件权限(mode),忽略默认权限(umask)。
- ✧ -p, --parents   帮助用户直接递归创建所需要的目录(包括上层目录),并且使 mkdir 创建已存在的目录时不再报错。

使用示例

使用 mkdir 命令在当前工作目录下创建多级目录 dir/dir1/dir2。

```
# mkdir dir/dir1/dir2
# 报错,创建多级目录失败
mkdir: cannot create directory 'dir/dir1/dir2': No such file or directory
# mkdir -p dir/dir1/dir2             // 创建多级目录成功
# ls -R dir                          // 列出以 dir 为根的完整目录树
dir:
dir1
dir/dir1:
dir2
dir/dir1/dir2:
```

(3) rmdir 命令

rmdir 是 remove directory 的缩写,该命令用于删除"空"的目录,可以一次性删除多个目录。

注意：目录需要自下而上逐层删除，而且需要被删除的目录里面必须是没有任何其他目录和文件的。

rmdir 命令的语法格式如下。

```
rmdir [-pv] [目录]
```

主要选项和参数如下。

◇ -p，--parents   帮助用户直接递归删除指定的目录（包括父目录），例如，"rmdir -p a/b/c"等同于命令"rmdir a/b/c a/b a"。

使用示例

使用 rmdir 命令把在 mkdir 示例中建立的目录全部删除。

```
# rmdir dir/dir1/dir2        // 仅删除了最低一层目录 dir2
# ls -R dir                  // 列出以 dir 为根的完整目录树
dir:
dir1
dir/dir1:
# rmdir dir/dir1 dir         // 自下而上删除以 dir 为根的目录树
# ls -R dir                  // 删除成功
ls: cannot access 'dir': No such file or directory
# mkdir -p dir/dir1/dir2     // 再次建立以 dir 为根的三级目录树
# 删除以 dir 为根的完整目录树，并显示删除的详细过程
# rmdir -pv dir/dir1/dir2
rmdir: removing directory, 'dir/dir1/dir2'
rmdir: removing directory, 'dir/dir1'
rmdir: removing directory, 'dir'
# ls                          // 删除成功
anaconda-ks.cfg   leep 库函数文档 q
```

2. 文件与目录的查看

ls 是 list 的缩写，它是使用频率最高的 Linux 命令之一，用于查看目录的内容，或者文件的信息。该命令默认输出非隐藏的按照名称排序的内容，输出不同颜色的文件名代表不同的文件类型。如果不指定目录，则默认列出当前目录中的内容。ls 命令可以同时列出多个文件。

ls 命令的语法格式如下。

```
ls [-aAdfFhilnrRSt] [文件或目录]
```

主要选项和参数如下。

- -a,--all   列出所有文件,包括隐藏文件(常用)。
- -A,--almost-all   列出所有文件,包括隐藏文件,但不包括"."和".."这两个目录。
- -d,--directory   仅列出目录本身,而非目录的内容(常用)。
- -f   直接列出结果,而不进行排序(ls 默认以文件名排序)。
- -F,--classify   在列出文件名后给予附加数据结构,例如"*"代表可执行文件,"/"代表目录,"="代表 socket 文件,"I"代表 FIFO 文件,"@"代表 link,等等。
- -h,--human-readable 以人们易读的格式显示文件容量信息。
- -i,--inode   列出文件的 inode 号。
- -l   以长格式详细列出文件的类型、权限、所有者等信息(常用)。
- -n,--numeric-uid-gid 列出 UID 和 GID,而非列出用户和组的名称。
- -r,--reverse   反向排序列出结果。
- -R,--recursive   递归依序列出全部的子目录和文件,即列出完整目录树。
- -S   将文件按容量由大及小的顺序列出,而不是按文件名排序。
- -t   将文件按建立时间由晚及早的顺序列出,而不是按文件名排名。

使用示例

列出/usr/local 目录下的所有文件(包括隐藏文件),并按照创建时间排序。

```
# ls /usr/local -ahlt
total 48K
drwxr-xr-x. 12  root  root  4.0K  Apr 22  2021  ..
drwxr-xr-x. 12  root  root  4.0K  Apr 22  2021  .
drwxr-xr-x.  5  root  root  4.0K  Apr 22  2021  share
drwxr-xr-x.  3  root  root  4.0K  Apr 22  2021  lib64
drwxr-xr-x.  2  root  root  4.0K  Dec  8  2020  bin
drwxr-xr-x.  2  root  root  4.0K  Dec  8  2020  etc
…(省略)
```

3. 文件与目录的复制、移动与删除

(1) cp 命令

cp 是 copy 的缩写,该命令主要用于复制文件或目录,并且可以一次复制多个文件。

注意：cp命令属于高危命令，使用不慎就会有丢失数据的风险。

cp命令的语法格式如下。

```
cp [-adfilprsuv] [-T] [源] [目标]
```

使用cp命令复制多个文件或目录时，目标必须是同一个目录；复制单个文件时，目标可以是文件，也可以是目录。如果目标是文件，可使用-T参数，相当于进行文件更名操作；如果目标是目录，可在目录名后面添加一个斜杠，文件将被复制到该目录下。

主要选项和参数如下。

- -a,--archive　　　复制目录下所有内容，连同链接和文件的全部属性一并复制（常用）。
- -d　　　　　　　若源为链接文件，则复制链接文件属性，而非复制文件本身。
- -f,--force　　　　若目标已存在且无法打开，则删除后再尝试一次复制操作。
- -i,--interactive　　若目标已存在，则等待用户确认是否覆盖（默认选项）。
- -l,--link　　　　　建立硬链接，而非复制文件本身。
- -p　　　　　　　连同文件的属性（如权限、用户、时间等）一并复制（备份常用）。
- -r,-R,--recursive　用于目录的递归复制操作，即复制完整目录树（常用）。
- -s,--symbolic-link　建立符号链接文件，而非复制文件本身。
- -u　　　　　　　若目标比源旧或者目标不存在，更新目标或进行复制。

常见用法如下。

- cp f1 f2　　　　　把文件f1更名为f2，位置不变。
- cp f1 d1/　　　　 把文件f1复制到目录d1下，文件名不变。
- cp f1 f2 f3 d1/　　复制多个文件到同一个目录中。
- cp -i f1 f2　　　 如果f2已经存在，则覆盖之前等用户确认。
- cp -r d1 d2　　　 复制目录时需要-r参数，以实现完整的复制。
- cp -rv d1 d2　　　-v显示复制的过程。
- cp -rf d1 d2　　　-f使得cp在无法打开已存在的目标时删除目标然后重试。
- cp -a f1 f2　　　 保留原文件属性，用于复制块设备、字符设备、管道文件等。

使用示例

示例1：使用cp命令复制多个文件到root家目录下，并建立一个符号链接文件。

```
# ls
anaconda-ks.cfg  leep 库函数文档 q
```

```
# 复制文件/etc/passwd 到当前目录,同时更名该文件
# cp /etc/passwd passwd.bak
# 将以/var/log/audit 为根的完整目录树复制到当前目录
# cp -r /var/log/audit ./
# 在当前目录下建立文件/etc/passwd 的链接文件
# cp -s /etc/passwd passwd.slink
# ls -l                    // 列出上述通过 cp 命令新建立的文件和目录
total 16
-rw-------   1 root root    1497    Apr  22   2021   anaconda-ks.cfg
drwx------.  2 root root    4096    Sep   8   04:42   audit
-rw-r--r--.  1 root root    3969    Apr  24   2021   leep 库函数文档 q
-rw-r--r--.  1 root root    1955    Sep   8   04:41   passwd.bak
lrwxrwxrwx.  1 root root      11    Sep   8   04:42   passwd.slink-> /etc/passwd
```

示例 2:切换目录到/tmp,将文件/var/log/wtmp 复制到/tmp 目录下,并更名为 who;再将文件/var/log/wtmp 完整复制到/tmp 下,并更名为 wtmp_all。观察比较新旧文件的属性。

```
# cd /tmp
# cp /var/log/wtmp ./who           // 复制生成第一个新文件 who
# ls -l /var/log/wtmp who          // 比较源文件和新文件 who,部分属性不一样
-rw-rw-r--.  1  root utmp    16512   Sep  7  20:36   /var/log/wtmp
-rw-r--r--.  1  root root    16512   Sep  8  04:53   who
# cp -a /var/log/wtmp wtmp_all     // 完整复制生成第二个新文件 wtmp_all
# ls -l /var/log/wtmp wtmp_all     // 比较源文件和新文件 wtmp_all,完全一样
-rw-rw-r--.  1  root utmp    16512   Sep  7  20:36   /var/log/wtmp
-rw-rw-r--.  1  root utmp    16512   Sep  7  20:36   wtmp_all
```

(2) rm 命令

rm 命令用于删除文件或者目录,可以一次性删除多个目标。

rm 命令属于高危命令,没有一个工具能够完全恢复 rm 命令删除的文件,rm 命令删除文件时并不是把文件放到类似"回收站"里,因而没有"撤销删除"操作可用。

rm 命令的语法格式如下。

```
rm [-dfirv] [文件或目录]
```

主要选项和参数如下。

- -d,--dir　　　　　　　删除空的目录,相当于 rmdir 命令。
- -f,--force　　　　　　忽略不存在的文件,且不给出提示。
- -i,--interactive　　　 交互模式,在删除前会等待用户确认(默认选项)。
- -r,-R,--recursive　　递归删除,一般用于目录的删除。该选项应慎用。
- -v,--verbose　　　　　显示删除的详细过程。

注意：如果同时提供 -i 和 -f 选项,则写在右侧的选项生效。

使用示例

使用 rm 命令删除 testdir 目录和 audit 目录;强制删除链接文件 passwd.slink。

```
# ls -lR
.:
total 20
-rw-------.  1  root root    1497   Apr 22   2021     anaconda-ks.cfg
drwx------.  2  root root    4096   Sep  8   04:42    audit
-rw-r--r--.  1  root root    3969   Apr 24   2021     leep 库函数文档 q
-rw-r--r--.  1  root root    1955   Sep  8   04:41    passwd.bak
lrwxrwxrwx.  1  root root    11     Sep  8   04:42    passwd.slink -> /etc/passwd
drwxr-xr-x.  2  root root    4096   Sep  8   05:28    testdir
./audit:                            // 该目录非空
total 1612
-rw-------.  1  root root    1647676  Sep  8  04:42 audit.log
./testdir:                          // 该目录为空目录
total 0
# rm -d testdir              // 删除目录 testdir(空)
rm: remove directory 'testdir'? y
# rm -r audit                // 删除目录 audit(非空)
rm: descend into directory 'audit'? y
rm: remove reqular file 'audit/audit.log'? y
rm: remove directory 'audit'? y
# rm -f passwd.slink         // 删除链接文件 passwd.slink
# ls
anaconda-ks.cfg   leep 库函数文档 q   passwd.bak
```

(3) mv 命令

mv 命令用于移动文件或目录,若源文件和目标文件位置相同,则该命令又相当于更名。

mv 命令的语法和 cp 命令完全相同，选项-T、-t、-i、-v 等的作用也完全相同。mv 命令的作用类似于先执行带有-a 选项的 cp 命令，然后将源文件删除。

注意：mv 命令属于高危命令，使用不慎就会有丢失数据的危险。

mv 命令的语法格式如下。

```
mv [-bfiuv] [-T] [源] [目标]
```

主要选项和参数如下。

- -b   若需覆盖文件，则覆盖前先行备份。
- -f,--force   若目标已存在，不询问而直接覆盖。
- -i,interactive 若目标已存在，则等待用户确认是否覆盖（默认选项）。
- -u,--update   仅当源比目标新或目标丢失时才移动。

使用示例

将 root 家目录下的文件 passwd.bak 改名为 passwd；将 boot.log 日志文件移动到当前目录下。

```
# ls
anaconda-ks.cfg   leep 库函数文档 q   passwd.bak
# mv passwd.bak passwd        // 更名文件 passwd.bak
# mv /var/log/boot.log ./     // 移动文件 boot.log
# ls
anaconda-ks.cfg   boot.log   leep 库函数文档 q   passwd
```

4. 文件内容的查看

查看文件内容的命令很多，各命令有不同的用途。

（1）直接查看文件内容——cat/tac/nl 命令

① cat 命令。cat 是一个文本文件查看和连接工具，用于读取文件的全部内容，或者将几个文件合并为一个文件，写到标准输出。

cat 命令的语法格式如下：

```
cat [-AbEnsTv] [文件]
```

主要选项和参数如下。

- -A, --show-all   等价于选项-vET, 可以列出一些特殊字符而不是空白（常用）。

- -b，--number-nonblank　　从 1 开始对非空行编号并显示在每行的行首，忽略选项-n。
- -E，--show-ends　　将每行结束处的换行符 $ 显示出来。
- -n，--number　　从 1 开始对所有行进行编号并显示在每行的行首。
- -s，--squeeze-blank　　当有多个空行在一起时，只输出一个空行。
- -T，--show-tabs　　将[Tab]按键以^I 显示出。
- -v，--show-nonprinting　　列出一些不可打印的特殊字符。

常见用法如下。

- cat file　　显示文件 file 的全部内容。
- cat -A file　　显示不可打印字符。
- cat filename　　显示文件内容。
- cat ＞ filename　　编辑一个文件。
- cat file1 file2 ＞ file3　　将几个文件合并为一个文件。

使用示例

查看 maillog 和 testlog 的内容，并把两个文件的内容合并到 mailtest 中。

```
# ls
anaconda-ks.cfg  boot.log  leep 库函数文档 q  passwd
# 建立文件 maillog 并写入文本
# echo "This is a mail from a to b." ＞ maillog
# 建立文件 replylog 并写入文本
# echo "This is a mail from b to a." ＞ replylog
# ls
anaconda-ks.cfg  boot.log  leep 库函数文档 q  maillog  passwd  replylog
# cat maillog                    // 输出文件 maillog 的全部内容
This is a mail from a to b.
# cat replylog                   // 输出文件 replylog 的全部内容
This is a mail from b to a.
# cat maillog replylog ＞ mailreply  // 将两个文件内容合并到 mailreply
# cat mailreply                  // 输出文件 mailreply 的全部内容
This is a mail from a to b.
This is a mail from b to a.
#
```

② tac 命令。与 cat 命令正好相反，tac 命令用于反向显示文件的全部内容（从最后一行开始）。

③ nl 命令。nl 命令用于显示文件内容的同时输出行号。其默认输出结果与"cat -n"的区别是：nl 可以将行号做比较多的显示设置，包括设置行号显示栏占用的位数与是否自动补齐 0 等功能。

（2）分页查看文件内容——more/less 命令

为方便用户阅读较大的文件，可以通过 more 或 less 命令按页显示文件内容。

① more 命令。more 命令可以一次查看文件或者标准输入的一页，还支持直接跳转行等功能。

more 命令的语法格式如下。

```
more [options] <file>
```

主要选项和参数如下。

- ✧　+n　　　　　　从第 n 行开始显示。
- ✧　-n　　　　　　定义屏幕大小为 n 行。
- ✧　-c　　　　　　从顶部清屏，然后显示。
- ✧　-s　　　　　　把连续的多个空行显示为一行。

more 命令相关的控制命令及常用操作如下。

- ✧　[SPACE]/[Ctrl + F]　往后翻一页。
- ✧　b 或/[Ctrl + B]　　往前翻一页。
- ✧　[ENTER]　　　　往下滚一行。
- ✧　=　　　　　　　输出当前行号。
- ✧　:f　　　　　　　输出文件名及当前行号。
- ✧　![命令]　　　　 在 more 进程中调用 Shell，并执行命令。
- ✧　q　　　　　　　立刻退出。

② less 命令。less 命令可以一次查看文件或者标准输入的一页，此外它还有搜寻字串等功能，其按键类似 vim 编辑器，在许多场合使用 less 命令会比使用 more 命令更方便、更有弹性。

less 命令的语法格式如下。

```
less [options] <file>
```

主要选项和参数如下。

- ✧　-f　　　　　　强制打开特殊文件，例如外围设备代号、目录和二进制文件等。
- ✧　-g　　　　　　只标志最后搜索到的关键字。
- ✧　-i　　　　　　忽略搜索时的大小写。
- ✧　-N　　　　　　显示每行的行号。
- ✧　-s　　　　　　当有多个空行在一起时，只输出一个空行。

◆ -o＜文件名＞ 将 less 输出的内容保存到指定文件。

less 控制命令及常用操作(仅列出与 more 作用不同的部分)如下。

◆ ［SPACE］/［Ctrl＋F］/［PgDn］　　往后翻一页。

◆ b/［Ctrl＋B］/［PgUp］　　往前翻一页。

◆ d/u　　往后/往前滚半页。

◆ y　　往上滚一行。

◆ g/G　　去到当前数据的第一行/最后一行。

◆ /字符串 / ?字符串　　在文件中往后/往前搜索"字符串"这个关键词。

◆ n / N　　正向重复/反向重复前一个搜索(与 / 或? 有关)。

(3) 截取文件部分内容——head/tail 命令

① head 命令。head 命令用来显示文件的开头至标准输出中,默认显示文件的首部 10 行。

head 命令的语法格式如下。

```
head [-n|-c [-]NUM] [文件]
```

主要选项和参数如下。

◆ -n,--lines＝［-］NUM　　后面接 NUM,代表显示前面 NUM 行；如果 NUM 以"-"开头,表示显示除了最后 NUM 行以外的所有行。

◆ -c,--bytes＝［-］NUM　　后面接 NUM,代表显示前面 NUM 个字节；若 NUM 以"-"开头,表示显示除了最后 NUM 个字节以外的所有内容。

常见用法如下。

◆ head -n 3 file　　读取文件的前面 3 行。

◆ head -c 3 file　　读取文件的前面 3 个字节。

◆ head -n -3 file　　读取文件所有行,除了后面的 3 行。

◆ head -c -3 file　　读取文件的所有内容,除了后面的 3 个字节。

使用示例

使用 head 命令截取文件/etc/man_db.conf 的部分内容,即分别输出该文件的前 10 行、前 3 行,以及除了最后 100 行以外的全部内容。

```
# head /etc/man_db.conf            // 显示文件的前 10 行
# man_db.conf
#
```

```
# This file is used by the man-db package to configure the man and cat paths.
# It is also used to provide a manpath for those without one by examining
# their PATH environment variable. For details see the manpath(5) man page.
#
# Lines beginning with'#' are comments and are ignored. Any combination of
# tabs or spaces may be used as 'whitespace' separators.
#
# There are three mappings allowed in this file:
#
# head -n 3 /etc/man_db.conf        // 显示文件的前 3 行
# man_db.conf
#
# This file is used by the man-db package to configure the man and cat paths.
#
# head -n -100 /etc/man_db.conf     // 显示文件除了最后 100 行以外的全部内容
# man_db.conf
#
# This file is used by the man-db package to configure the man and cat paths.
# It is also used to provide a manpath for those without one by examining
# their PATH environment variable. For details see the manpath(5) man page.
…(省略)
```

② tail 命令。tail 命令用来显示文件的末尾至标准输出中，默认显示文件的尾部 10 行。tail 命令的语法格式如下。

```
tail [-n|-c [+]NUM] [-f] [文件]
```

主要选项和参数(与 head 命令类似)如下。

- -n,--lines=[+]NUM　　后面接 NUM,代表显示末尾 NUM 行;如果 NUM 以"+"开头,表示显示除了开头 NUM 行以外的所有行。
- -c,--bytes=[+]NUM　　后面接 NUM,代表显示前面 NUM 个字节;若 NUM 以"+"开头,表示显示除了开头 NUM 个字节以外的所有内容。
- -f,--follow[={name|descriptor}]　　循环读取文件尾部若干行,直到按[Ctrl+C]组合键才停止,对于日志文件的监控非常有用。

常见用法如下。
- tail -n 3 file   读取文件的最后 3 行。
- tail -c 3 file   读取文件的最后 3 个字节。
- tail -n ＋3 file   从第 4 行开始读到文件末尾。
- tail -c ＋3 file   从第 4 个字节开始读到文件末尾。
- tail -f file   跟踪文件尾部的变化。

使用示例

示例 1：使用 head 命令截取文件 /etc/man_db.conf 的部分内容，即输出该文件从第 129 行开始直到结束的全部内容，并持续监测、动态跟踪该文件的内容。

```
# tail -n ＋129 /etc/man_db.conf    // 从文件的第 129 行开始输出，直到结束
#-----------------------------------------------------------------
# Flags.
# NOCACHE keeps man from creating cat pages.
#NOCACHE
# tail -f /var/log/messages        // 动态跟踪日志文件 messages 的末尾 10 行
Sep  8 06:42:49 openEuler systemd[1]:NetworkManager-dispatcher.service: Succeeded.
Sep  8 06:49:57 openEuler systemd[1]:Starting dnf makecache…
Sep  8 06:49:57 openEuler dnf[3342]:  Metadata cache refreshed recently.
Sep  8 06:49:57 openEuler systemd[1]:dnf-makecache.service: Succeeded.
Sep  8 06:49:57 openEuler systemd[1]:Started dnf makecache.
…（省略）
```

示例 2：结合使用 head 命令和 tail 命令，输出文件 /etc/man_db.conf 的第 11 至第 20 行。

```
# 使用管道操作，截取前 20 行中的后 10 行
# head -n 20 /etc/man_db.conf | tail
#-----------------------------------------------------------------
# MANDATORY_MANPATH                         manpath_element
# MANPATH_MAP             path_element      manpath_element
# MANDB_MAP               global_manpath    [relative_catpath]
#-----------------------------------------------------------------
# every automatically generated MANPATH includes these fields
```

```
#
#MANDATORY_MANPATH                              /usr/src/pvm3/man
#
MANDATORY_MANPATH                               /usr/man
```

(4) 查看非纯文本文件内容——od 命令

以上提到的都是纯文本文件（ASCII）的查看命令，如果用这些命令查看数据文件（data）或二进制文件（binary），会产生类似乱码的输出，这时可以使用 od 命令来读取该文件内容并按指定输出类型来显示。

od 命令的语法格式如下。

```
od [-t TYPE] [文件]
```

主要选项和参数如下。

<TYPE>　　　　　　　　不同的输出类型，列举如下。
　　◆ a　　　　　　　利用默认的字符来输出。
　　◆ c　　　　　　　使用 ASCII 字符来输出。
　　◆ d[size]　　　　利用十进制来输出数据，每个整数占用 size Bytes。
　　◆ o[size]　　　　利用八进制来输出数据，每个整数占用 size Bytes。
　　◆ x[size]　　　　利用十六进制来输出数据，每个整数占用 size Bytes。
　　◆ f[size]　　　　利用浮点数值来输出数据，每个数占用 size Bytes。

使用示例

示例 1：以八进制（o）与 ASCII（c）相对照的形式输出文件 /etc/issue 的内容。

```
# od -t oCc /etc/issue
0000000 012 101 165 164 150 157 162 151 172 145 144 040 165 163 145 162
         \n   A   u   t   h   o   r   i   z   e   d       u   s   e   r
0000020 163 040 157 156 154 171 056 040 101 154 154 040 141 143 164 151
          s       o   n   l   y   .       A   l   l       a   c   t   i
0000040 166 151 164 151 145 163 040 155 141 171 040 142 145 040 155 157
          v   i   t   i   e   s       m   a   y       b   e       m   o
0000060 156 151 164 157 162 145 144 040 141 156 144 040 162 145 160 157
          n   i   t   o   r   e   d       a   n   d       r   e   p   o
0000100 162 164 145 144 056 012
          r   t   e   d   .  \n
0000106
```

从以上示例结果可以看到每个字符对应的数值,此处为八进制。例如,A 对应八进制数 101,其十进制数是 65。左边第一列是以八进制来表示 Bytes 数,第二行 0000020 代表开头是第 16 个 Bytes(2×8)的内容。

虽然利用 od 命令读出的数值默认是使用非纯文本文件(亦即使用十六进制的数值)来显示,但是,可以通过-t c 的选项与参数将数据内的字符以 ASCII 类型的字符来显示。对于工程师来说,通过这个命令大致可以看得出文件的意义。

5. 文件时间参数的显示、修改与空白文件的新建

每个文件都会记录时间参数,包括以下三个主要的变动时间。

- 修改时间(modify time,mtime):当文件内容的数据变更时,就会更新该时间。
- 状态改变时间(change time,ctime):当文件的状态(如文件的权限与属性)改变时,就会更新该时间。
- 读取时间(access time,atime):当文件的内容被读取时,就会更新该时间。

ll 命令默认显示文件的 mtime,如果要显示其他的时间参数,应使用"--time=<类型>"这样的选项和参数。

使用示例

使用 ll 命令分别观察文件/etc/man_db.conf 的三类时间参数。

```
# ll /etc/man_db.conf; ll --time=atime /etc/man_db.conf; ll --time=ctime /etc/man_db.conf
-rw-r--r--. 1 root root 5176 Dec 8    2020 /etc/man_db.conf
-rw-r--r--. 1 root root 5176 Apr 28   2021 /etc/man_db.conf
-rw-r--r--. 1 root root 5176 Apr 22   2021 /etc/man_db.conf
```

使用 touch 命令可以修改文件的时间参数,也可用于新建空白文档。

touch 命令的语法格式如下。

```
touch [-acdmt] [文件]
```

主要选项和参数如下。

- -a 仅修改文件的 atime。
- -c,--nocreate 仅更新已有文件的时间(三个主要的变动时间)为当前时间,不建立新文件。
- -d,--date=STRING 修改文件的日期或时间(三个主要的变动时间)。
- -m 仅修改文件的 mtime。
- -t STAMP 后面接想要自定义的时间 mtime,格式为:[[CC]YY]MMDDhhmm.[ss]

常见用法如下。
- ✧ touch file　　　　　　　　　　　新建文件并把文件的时间更新为当前时间。
- ✧ touch -a file　　　　　　　　　　仅修改文件的 atime。
- ✧ touch -m file　　　　　　　　　　仅修改文件的 mtime。
- ✧ touch -d "2021-04-27 17:14:10" file　把文件 file 的时间戳设置为指定时间。

使用示例

示例 1： 建立文件 test1.log 和 test2.log。修改 test1.log 时间戳，观察两者时间参数的不同。

```
# touch test1.log test2.log        // 同时创建两个空文件
# ls -lt
total 24
…(省略)
-rw-r--r--. 1  root root  0  Sep  8  07:56  test2.log
-rw-r--r--. 1  root root  0  Sep  8  07:56  test1.log
…(省略)
# touch -t 202107280453 test1.log  // 修改文件 test.log 的 mtime
# ls -lt
total 24
-rw-r--r--. 1  root root  0  Jul  28  2021   test1.log
…(省略)
-rw-r--r--. 1  root root  0  Sep  8  07:56  test2.log
…(省略)
```

6. 文件的查找

（1）which 命令

which 命令用于在用户的环境变量 PATH 所指定的目录中查找可执行文件。使用 which 命令，就可以看到某个外部命令/可执行文件是否存在，以及快速确定它的绝对路径。

which 命令的语法格式如下。

```
which [-a] [command]
```

主要选项和参数如下。

-a,--all　　　　列出 PATH 目录中可找到的所有同名可执行文件而非仅显示第一个。

常见用法如下。

- which ls   查找 ls 命令的绝对路径。
- which -a ls   如果目录中有多个匹配的文件，则全部显示。
- which cp mv rm   查找多个文件。

使用示例

查找以下几条命令。

```
# which cp mv rm              // 同时查找三条命令
/usr/bin/cp
/usr/bin/mv
/usr/bin/rm
# which cpmv                  // 尝试查找 cpmv 文件
which: no cpmv in             // 该文件在 PATH 中不存在(/usr/local/
sbin:/usr/local/bin:/usr/sbin:/usr/bin:/root/bin)
# which history               // 查找 history 命令
which: no history in          // 该文件在 PATH 中不存在(/usr/local/
sbin:/usr/local/bin:/usr/sbin:/usr/bin:/root/bin)
# type history
history is a shell builtin    // history 为内部命令
```

（2）whereis 命令

whereis 主要在/bin、/sbin 等特定目录下查找可执行文件，以及在/usr/share/man 目录下查找 man page 文件。

whereis 命令的语法格式如下。

```
whereis [-lbmsu] [文件或目录]
```

主要选项和参数如下。

- -l   列出 whereis 会去查询的几个主要目录。
- -b   仅查找二进制(binary)文件。
- -m   仅查找相关的说明文件(在 manual 路径下的文件)。
- -s   仅查找 source 源文件。
- -u   查找除二进制文件、相关的说明文件、source 源文件之外的其他特殊文件。

使用示例

了解 whereis 命令指定的查找路径，并找出文件 passwd 的相关说明文件。

```
# whereis -l                              // 查看 whereis 命令的查找路径
bin: /usr/bin
bin: /usr/sbin
bin: /usr/lib
…(省略)
# whereis -m passwd                       // 仅查找与 passwd 有关的说明文件
passwd: /usr/share/man/man5/passwd.5.gz
```

(3) locate/updatedb 命令

locate 命令可以用于快速地查找文件系统内是否有指定的文件。其查找原理为：先建立一个用于保存文件名及路径的数据库，查找时去这个数据库内查询。

locate 命令的语法格式如下。

```
locate [-cilrS] [PATTERN]
```

主要选项和参数如下。

- -c，--count　　　　　　　不输出文件名，仅计算找到的文件数量。
- -i，--ignore-case　　　　　忽略模式文本的大小写差异。
- -l，--limit，-n LIMIT　　　仅输出若干行，例如输出 3 行则是：-l 3。
- -r，--regexp REGEXP　　　后面可接正则表达式作为范例参数[PATTERN]。
- -S，--statistics　　　　　　列出 locate 所使用的数据库文件的相关信息，包括该数据库记录的文件/目录数量等。

常见用法如下。
- locate .bashrc　　　　　　查找路径中包含了字符.bashrc 的记录。
- locate --regex '/us$'　　　查找匹配正则表达式的路径。

使用 locate 之前，应确保已有相关数据库。可以使用 updatedb 命令生成或及时更新数据库，通常把 updatedb 命令放到计划任务中定时执行。

使用示例

使用 locate 命令完成以下查找任务。

```
# updatedb                    // 更新相关数据库
# locate /etc/sh              // 列出所有名称带有"/etc/sh"关键字的文件
/etc/shadow
/etc/shadow-
/etc/shells
```

```
# 找出所有名称带有"passwd"的文件,且只列出 3 个
# locate -l 3 passwd
/etc/passwd
/etc/passwd-
/etc/pam.d/chpasswd
# 列出 locate 所使用的数据库文件的相关信息
# locate -S
Database /var/lib/mlocate/mlocate.db:     // 列出数据库文件名
    12,221 directories                    // 该数据库总记录目录数
    96,509 files                          // 该数据库总记录文件数
    5,325,006 bytes in file names
    2,314,265 bytes used to store database
```

说明:当用户执行 loacte 命令查找文件时,可提供全部或部分的文件名,它会直接在索引数据库(/var/lib/mlocate)里查找。若该数据库太久没更新或不存在,在查找文件时会提示"locate:can not open '/var/lib/mlocate/mlocate.db': No such file or directory",此时执行 updatedb 命令更新数据库即可。

(4) find 命令

find 命令用来在指定目录下查找文件。可以指定一些匹配条件,如按文件名、文件类型、用户甚至是时间参数查找文件,等等,将这些匹配条件结合起来可以完成非常复杂和强大的查找功能。

find 命令的语法格式如下。

```
find [path] [options] [expression] [action]
```

主要选项和参数如下。

- 与时间有关的(-atime、-ctime、-mtime,以-mtime 为例):
  - -mtime n   列出在之前第 n+1 天(一天之内)被修改过内容的文件。
  - -mtime +n   列出在 n 天之前(不含 n 天)被修改过内容的文件。
  - -mtime -n   列出在 n 天之内(含 n 天)被修改过内容的文件。
  - -newer file   列出比文件 file 还要新的文件。
- 与用户和组有关的:
  - -uid n   n 为用户 ID,即 UID,记录在文件/etc/passwd 中。
  - -gid n   n 为组 ID,即 GID,记录在文件/etc/group 中。
  - -user name   name 为用户账号名称。
  - -group name   name 为组账号名称。

- ➢ -nouser　　　　　　查找文件的所有者不在/etc/passwd 中。
- ➢ -nogroup　　　　　查找文件的所属组不在/etc/group 中。
✧ 与文件权限及名称有关的：
- ➢ -name filename　　查找名称为 filename 的文件。
- ➢ -type TYPE　　　　查找类型为 TYPE 的文件。TYPE 可指定类型主要有：f(常规文件)、b(块设备)、c(字符设备)、d(目录文件)、l(符号链接文件)、s(socket 文件)、p(管道文件)。
- ➢ -size [+/-]SIZE　　查找比 SIZE 要大(+)或小(-)的文件。SIZE 的单位有：c(Bytes)、k(1 k＝1 024 Bytes)、M(1 M＝1 024 k)。
- ➢ -perm mode　　　　查找权限完全匹配 mode 的文件。
- ➢ -perm -mode　　　查找权限完全囊括 mode 的文件。
- ➢ -perm /mode　　　查找权限被 mode 完全囊括的文件。

✧ 可以附加的操作(action)：
- ➢ -exec command　　-exec 后可附加其他命令(不支持命令别名)处理查到的结果。
- ➢ -print　　　　　　将结果输出到屏幕上(默认操作)。

提示：关于 find 命令更详尽的选项和参数可参考 man 文档。

常见用法如下。

- ✧ find -name "*book*"　　　　查找名字中包含了 book 的文件。
- ✧ find -user mysql　　　　　　查找名为 mysql 的用户所拥有的文件。
- ✧ find -size 0　　　　　　　　查找大小为 0 的文件。
- ✧ find -type l　　　　　　　　查找类型为符号链接的文件。
- ✧ find /etc -name "*passwd"　　在 /etc 目录下查找名字以"passwd"结尾的文件。
- ✧ find -empty -delete　　　　　将找出的空文件或空目录删除。

使用示例

通过名称查找当前目录下所有的日志文件，再到/var/log/anaconda 目录下查找权限为 0600 的大小在 50 KB 以上的常规文件，并以长格式显示。

```
# find . -name "*.log"
./test1.log
./test2.log
./boot.log
# find /var/log/anaconda/ -type f -size +50k -perm 0600 -exec ls -l {} \;
```

```
    -rw-------. 1  root root   266105  Apr  22  2021  /var/log/anaconda/
storage.log
    -rw-------. 1  root root   3015157 Apr  22  2021  /var/log/anaconda/
journal.log
    …(省略)
    # -exec 后面的 ls -l {}是附加的命令,以\;为结束标志,{}代表 find 命令找到
的结果。以上命令等同于:
    # find /var/log/anaconda/ -type f -size +50k -perm 0600 -ls
    544908   260  -rw-------  1 root root   266105  Apr  22  2021 /var/log/
anaconda/storage.log
    544912 2948  -rw-------  1 root root   3015157 Apr  22  2021 /var/log/
anaconda/journal.log
    …(省略)
```

小结:find 命令功能强大但使用较为复杂,且查找速度较慢、影响硬盘读写效率;而 whereis 命令只查找系统中某些特定目录下的文件,locate 命令则利用数据库来查找文件名及路径,所以这两个文件查找命令的查找速度较快。一般可以先使用 whereis 命令或者 locate 命令进行快速查找,如果找不到,再使用 find 命令。

7. 压缩和打包

压缩文件通常用于网络数据的传输,以提高带宽利用率,并方便用户使用。同样地,对于较大的或较少使用的文件进行压缩,可以节约硬盘空间,使硬盘能容纳更多的数据。Linux 系统中有许多基于不同压缩技术的工具,为帮助辨识,其压缩文件名称通常以 .gz、.Z、.bz2、.xz 等结尾作为相应压缩工具的标识。由于压缩操作通常仅能针对一个文件,因此,将仅支持打包功能的 tar 程序与具有压缩功能的压缩工具进行集成很有必要。这些工具可以帮助用户压缩、打包文件以及实现反向操作。

常见的文件名标识及相应的压缩、打包工具说明见表 2-6。

表 2-6 常见的文件名标识及相应的压缩、打包工具说明

文件名标识	压缩、打包工具说明
*.Z	用 compress 程序压缩(较少使用)
*.zip	用 zip 程序压缩(与 Windows 的 zip 兼容)
*.gz	用 gzip 程序压缩,能替代 compress 并提供比之更高的压缩比,gzip 可以解开用 compress、zip、gzip 等压缩的文件。用 gzip 压缩过的文本文件可直接用 zcat/zmore/zless/zgrep 等工具读取,且用 gzip 压缩过的文件可以在 Windows 系统中被 WinRAR、7zip 等工具解压缩(常用)

续　表

文件名标识	压缩、打包工具说明
*.bz2	用 bzip2 程序压缩,能替代 gzip 并提供比之更高的压缩比,其用法与 gzip 基本相同。用 bzip2 压缩过的文本文件可直接用 bzcat/bzmore/bzless/bzgrep 等工具读取(常用)
*.xz	用 xz 程序压缩,能提供比 bzip2 更高的压缩比,其用法与 gzip、bzip2 基本相同。用 xz 压缩过的文本文件可直接用 xcat/xmore/xless/xgrep 等工具读取(常用)
*.tar	用 tar 程序打包,无压缩功能
*.tar.gz 或 *.tgz	用 tar 程序打包后经 gzip 程序压缩
*.tar.bz2	用 tar 程序打包后经 bzip2 程序压缩
*.tar.xz	用 tar 程序打包后经 xz 程序压缩

(1) 压缩工具——gzip/bzip2/xz

gzip 命令的语法格式如下。

```
gzip [-cdfklrtv[NUM]] [文件或目录]
```

主要选项和参数如下。

- -c，--stdout　　　将压缩产生的数据输出(默认到屏幕上),原文件保持不变。
- -d，--decompress　解压缩。
- -f，--force　　　强行压缩,不管文件名是否存在以及该文件是否为符号链接。
- -k，--keep　　　保留原始文件而不删除。
- -l，--list　　　列出压缩后的文件的相关信息。
- -r，--recursive　递归处理指定目录下的所有文件及目录。
- -t，--test　　　检验压缩文件的一致性,看看文件有无错误。
- -v，--verbose　　显示压缩比等详细信息。
- -[NUM]　　　　代表压缩等级的数字,1 最快但压缩比最低;9 最慢但压缩比最高。

注意:使用 gzip 压缩完成后默认不保留原文件,bzip2、xz 等工具也一样。

除了生成的压缩文件名不同外,bzip2、xz 命令的语法格式及选项、参数与 gzip 命令基本相同。压缩比率越高的,压缩时间也相对更久。

使用示例

示例 1:使用 gzip 工具压缩、查看和解压缩文本文件/etc/services。

用gzip把文本文件services压缩为services.gz
gzip -v /etc/services
/etc/services:	 79.4% -- replaced with /etc/services.gz
用zcat和head读取压缩文件services.gz前十行
zcat /etc/services.gz|head
/etc/services:
$ Id: services,v 1.49 2017/08/18 12:43:23 ovasik Exp $
…(省略)
解压缩文件services.gz为原文件services
gzip -d /etc/services.gz
以最佳压缩比压缩文件services并生成新文件services.gz,保留原文件不变
gzip -9 -c /etc/services > /etc/services.gz
用zgrep读取压缩文件中含'http'关键字的行
zgrep -n 'http' /etc/services.gz
14:#		http://www.iana.org/assignments/port-numbers
87:http	80/tcp	 www www-http	# WorldWideWeb HTTP
88:http	80/udp	 www www-http	# HyperText Transfer Protocol
…(省略)
```

**示例2**：分别使用gzip、bzip2、xz对文件/etc/services进行压缩,比较各压缩文件的大小。

```
使用gzip压缩,压缩比为79.4%
gzip -cv /etc/services>./services.gz
/etc/services:	 79.4%
使用bzip2压缩,压缩比为81.32%
bzip2 -cv /etc/services>./services.bz2
/etc/services: 5.353:1, 1.495 bits/byte, 81.32% saved, 692252 in, 129328 out.
使用xz压缩,压缩比达到84.7%
xz -cv /etc/services > ./services.xz
/etc/services (1/1)
  100 %	 103.4 KiB / 676.0 KiB = 0.153
# ll services*		// 比较三个压缩文件的大小
-rw-r--r--. 1 root root 104K Sep 8 23:54 services.xz

```
-rw-r--r--.   1   root root    127K    Sep   8   22:50     services.bz2
-rw-r--r--.   1   root root    140K    Sep   8   22:50     services.gz
# bzcat services.bz2 | head -3    // 用 bzcat 输出 services.bz2 的前三行内容
# /etc/services:
# $ Id: services,v 1.49 2017/08/18 12:43:23 ovasik Exp $
# xz -l services.xz              // 列出压缩文件 services.xz 的信息
Strms  Blocks   Compressed   Uncompressed   Ratio   Check   Filename
  1      1       103.4 KiB    676.0 KiB      0.153   CRC64   services.xz
# bzip2 -d services.bz2       // 将 services.bz2 解压缩成为文件 services
```

(2) 打包工具——tar

前面所述的压缩工具也可以压缩目录,但仅限于对目录内所有文件分别进行压缩的操作。最好的方式是:先使用 tar 命令把多个文件或目录打包成一个大的文件,再配合使用压缩工具针对该文件进行压缩,类似于 Windows 系统中使用的压缩软件 WinRAR、7zip 等。

tar 命令的语法格式如下。

① 打包和压缩:

```
tar [-z|-j|-J] [cv] [-f 待建立的文件名] [FILE…]
```

② 查看文件名:

```
tar [-z|-j|-J] [tv] [-f 已有的 tar 文件名]
```

③ 解压和解包:

```
tar [-z|-j|-J] [xv] [-f 已有的 tar 文件名] [-C 目录]
```

主要选项和参数如下。

- -c　　　　　　建立打包文件,可搭配-v 查看被打包的文件名[FILE…]。
- -x　　　　　　解压或解包(提取文件),可以搭配-C 使解压或解包到指定目录。
- -t　　　　　　列出打包文件的内容(即查看该 tar 包中有哪些文件名)。
- -z　　　　　　同时支持使用 gzip 进行压缩或解压。
- -j　　　　　　同时支持使用 bzip2 进行压缩或解压。

- -J   同时支持使用 xz 进行压缩或解压。
- -v   在操作过程中显示正在处理的文件名。
- -f tar 文件名   -f 后面须接待处理的文件名,可以把-f 单独写一个选项。
- -C 目录   用于指定要解压缩到的位置。

说明：tar 命令通常和压缩命令配合起来使用,选项-z、-j、-J 分别对应 gzip、bzip2、xz 这三个压缩工具,当指定了压缩选项后,tar 就会启动相应的压缩工具来做压缩或者解压操作,并通过管道与压缩工具传输数据。

常见用法如下。

- tar cf ball.tar dir1   把目录 dir1 及其下所有内容打包。
- tar tf ball.tar   列出包中的内容。
- tar xf ball.tar   解包到当前目录。
- tar czf ball.tar.gz dir1   打包后用 gzip 压缩,等效于 tar cf dir1 | gzip > ball.tar.gz。
- tar cjf ball.tar.bz2 dir1   打包后用 bzip2 压缩。
- tar cJf ball.tar.xz dir1   打包后用 xz 压缩。
- tar xf ball.tar -C /tmp   解包到/tmp 目录下(默认到当前目录下)。
- tar xvf ball.tar   -v 显示解包过程。

使用示例

使用 tar 命令将多个相近的文件打包并压缩为一个大的文件,查询该文件内包含的文件的名称,并将其解压缩解包到指定的目录下。

```
# touch test1.log test2.log test3.log
test1.log
test2.log
test3.log
# 将当前目录下所有.log 文件打包并压缩成为 log.tat.gz
# tar -zcvf log.tar.gz *.log
test1.log
test2.log
test3.log
# ls *tar*                    // 列出该压缩文件
log.tar.gz
# tar -tvf log.tar.gz         // 列出文件 log.tat.gz 包含的所有文件的名称
-rw-r--r--  root/root  0  2019-09-09 00:40  test1.log
-rw-r--r--  root/root  0  2019-09-09 00:40  test2.log
```

```
-rw-r--r--   root/root   0   2019-09-09 00:40   test3.log
# mkdir log
# 将文件 log.tat.gz 解压缩并解包到指定目录 log 下
# tar -zxf log.tar.gz -C log/
# ls log                         //.log 文件已被提取到 log 目录下
test1.log   test2.log   test3.log
```

8. 建立链接——ln 命令

ln 命令可以为特定的文件建立同步链接。当需要在不同的目录用到相同的文件时，如果在每一个目录下都放一个相同的拷贝，会重复占用磁盘空间，且操作繁琐。这时可以只在某个固定的目录下放置该文件，然后使用 ln 命令将该文件链接（link）到其他目录下即可。

Linux 系统的链接分为符号链接和硬链接两种，见表 2-7 所示。

表 2-7 符号链接和硬链接

符号链接（symbolic link）	硬链接（hard link）
以访问路径的形式存在，类似于快捷方式	以文件副本的形式存在，但不占用实际空间
删除源文件后，链接失效，无法访问源文件	删除源文件后，硬链接不受影响
可以对目录进行链接	不可以对目录进行链接
可以跨文件系统	不可以跨文件系统

ln 命令在不带参数的情况下，默认创建的是硬链接。

ln 命令的语法格式如下。

```
ln [options] [-s] [SourceFile] [TargetFile]
```

主要选项和参数如下。

- -f，--force   强制执行，若目标文件已存在则删除。
- -i，--interactive 交互模式，所目标文件已存在则提示用户是否覆盖。
- -s，--symbolic   建立的是符号链接（默认建立的是硬链接）。

使用示例

创建链接，并在删除和恢复源文件后观察链接的变化情况，如图 2-5 所示。

```
[root@openEuler ~]# cp /etc/passwd .
[root@openEuler ~]# ln -s passwd passwd.s          在当前目录下建立一个源文件和两个链接
[root@openEuler ~]# ln passwd passwd.h
[root@openEuler ~]# ll
total 16K
-rw-------. 1 root root 1.5K Apr 22  2021 anaconda-ks.cfg
-rw-r--r--. 1 root root 3.9K Apr 24  2021 leep库函数文档q
-rw-r--r--. 2 root root 2.0K Sep  9 01:22 passwd           硬链接与源文件是
-rw-r--r--. 2 root root 2.0K Sep  9 01:22 passwd.h         同一个文件
lrwxrwxrwx. 1 root root    6 Sep  9 01:22 passwd.s -> passwd
[root@openEuler ~]# rm -f passwd                           符号链接，是一个
[root@openEuler ~]# ll                                     指向源文件的路径
total 12K
-rw-------. 1 root root 1.5K Apr 22  2021 anaconda-ks.cfg
-rw-r--r--. 1 root root 3.9K Apr 24  2021 leep库函数文档q
-rw-r--r--. 1 root root 2.0K Sep  9 01:22 passwd.h
lrwxrwxrwx. 1 root root    6 Sep  9 01:22 passwd.s -> passwd
[root@openEuler ~]# cp /etc/passwd .
[root@openEuler ~]# ll
total 16K
-rw-------. 1 root root 1.5K Apr 22  2021 anaconda-ks.cfg
-rw-r--r--. 1 root root 3.9K Apr 24  2021 leep库函数文档q
-rw-r--r--. 1 root root 2.0K Sep  9 01:23 passwd            新的passwd文件与passwd.h
-rw-r--r--. 1 root root 2.0K Sep  9 01:22 passwd.h          是两个不同的文件
lrwxrwxrwx. 1 root root    6 Sep  9 01:22 passwd.s -> passwd
[root@openEuler ~]#
```

图 2-5 链接的操作

2.3 VIM 编辑器

2.3.1 VIM 编辑器简介

文本编辑器主要用来编写和查看文本文件。Linux 中常见 CLI 模式下的文本编辑器有 VI/VIM、nano、emacs 等。VI 是 visual interface 的缩写，它是标准的 UNIX 文本编辑器，也是 Linux 和 UNIX 默认的文本编辑器。VIM 是 VI 的加强版，VIM 比 VI 增加多次撤销和重做、语法加亮、代码加亮等功能，且其代码补完、编译及错误跳转等方便编程的功能特别丰富，在程序员中被广泛使用，和 emacs 并列成为类 UNIX 系统用户最喜欢的文本编辑器。openEuler 21.09 LTS 系统安装后默认没有安装 VIM，需要手动安装。

尽管在 Linux 上也有很多图形界面的编辑器（如 gedit、kedit 等）可用，但 VI/VIM 在系统和服务器管理中的功能和高效率是那些图形界面的编辑器所无法比拟的。

2.3.2 VIM 的工作模式

1. VIM 的工作模式

VIM 编辑器主要有如下四种工作模式。

- 正常模式(Normal Mode)：是默认工作模式。通过命令控制光标移动,字符、字或行的删除,移动复制某区段等。
- 插入模式(Insert Mode)：仅在插入模式下可以输入字符。在底端显示 INSERT,可以与正常模式相互切换。
- 可视模式(Visual Mode)：相当于高亮选取一些文本后的正常模式。在底端显示 VISUAL,可以与正常模式相互切换。
- 命令模式(Command Mode)：通过在末行输入命令,将文件保存或退出 VIM,也可以设置编辑环境,如查找字符串、列出行号等,还可以在不退出 VIM 的情况下使用(调用)shell 命令处理其他事务等。

2. 工作模式的切换

vim 命令的语法格式如下。
编辑指定文件：

```
vim [options] [filename]…
```

从标准输入 (standard input,stdin) 读取文本：

```
vim [options] -
```

主要选项和参数如下。
- -c   打开文件前先执行指定的命令。
- -R   以只读方式打开,但可以强制保存。
- -M   以只读方式打开,不可以强制保存。
- +num   从第 num 行开始。

在系统提示符后输入"vim [文件名]",即可启动 VIM,默认进入正常模式。如下所示：

```
# vim filename
~
~
~
~
"filename" [New File]
# 如果 filename 文件存在,则会打开文件并显示文件内容;如果 filename 文件不存在,vim 会在下面提示 [New File],并且会在第一次保存时创建该文件。
```

在正常模式下,使用表 2-8 中所列的命令均可切换到插入模式,按[ESC]键返回正常模式。

表 2-8 正常模式下切换到插入模式

命 令	作 用
a	在光标后插入
A	在当前行尾插入
i	在光标前插入
I	在当前行首插入
o	在当前行之下新开一行
O	在当前行之上新开一行

在正常模式下,使用表 2-9 中所列的命令均可切换到可视模式,命令结束后或按[ESC]键返回正常模式。

表 2-9 正常模式下切换到可视模式

命 令	作 用
v	切换到可视模式
V	切换到可视行模式
[Ctrl+V]	切换到可视块模式

在正常模式下,按[:]键可以切换到命令模式,结束命令后或按[ESC]键返回正常模式。在命令模式下,使用表 2-10 中所列的命令可以退出 VIM 编辑器。

表 2-10 在命令模式下退出 VIM 编辑器

命 令	作 用
wq	保存文件,退出 VIM,等同于在正常模式下直接输入 ZZ
wq!	强制保存并退出 VIM
w	保存文件,不退出 VIM
q	如未对文件进行过操作,直接退出 VIM
q!	不保存,强制退出 VIM

VIM 仅支持从正常模式切换到其他三种模式。VIM 四种模式之间的切换如图 2-6 所示。

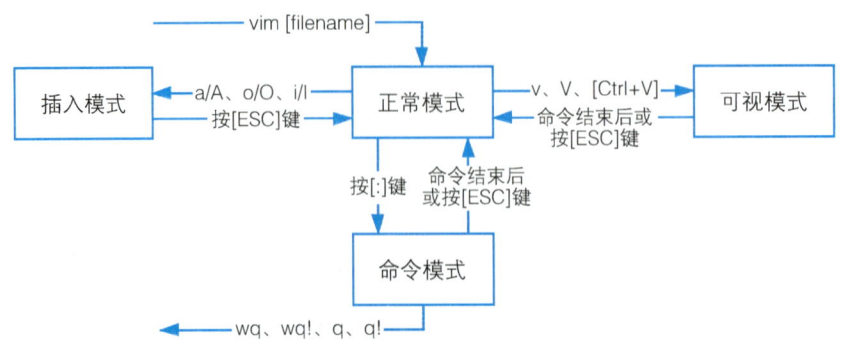

图 2-6 VIM 四种模式之间的切换

2.3.3 使用 VIM 处理文本

以下命令均为在正常模式或在命令模式（命令前带有":"）下执行的。

1. 文件读写

VIM 编辑器可以方便地把指定内容读取并写入文件，具体命令见表 2-11。

表 2-11 文件读写

命　　令	作　　用
:r 文件名	读取指定文件的内容并将其插入光标所在行下面
:1,10w 文件名	将第 1—10 行写入指定文件中（如文件存在，则 w 后接！强制覆盖；反之则新建文件）
:1,$w 文件名	将第 1 到最后一行写入指定文件中（如文件存在，则 w 后接！强制覆盖；反之则新建文件）
:1,10w >>文件名	将第 1—10 行追加到指定文件末尾
:e 文件名	将指定文件读入缓冲区
:w	将缓冲区回写入指定文件
:e!	不保存本次修改，强制重新读取当前编辑的初始文件
:w! 文件名	将缓冲区强制覆盖已存在的文件
!! 命令	插入命令的执行结果到当前文档（例如，在正常模式下输入!! ls -l，末行会显示：.! ls -l，回车后该命令执行的结果文本被自动插入当前光标位置）

2. 光标定位

VIM 编辑器除使用键盘上的方向键以外,还提供了更多用于定位光标的命令/操作,见表 2-12。

表 2-12 光标定位

命令/操作	作　　用
h	光标左移一个字符
j 或[Ctrl+N]	光标下移一行
k 或[Ctrl+P]	光标上移一行
l 或[Space]	光标右移一个字符
-	光标移动到上一行开始
+ 或[Enter]	光标移动到下一行开始
0	光标移动到当前行开始
$	光标移动到当前行末尾
w 或 W	光标移动到下一字(即 word)开始
b 或 B	光标移动到当前字开始
e 或 E	光标移动到当前字末尾
H	光标移动到当前屏幕的第一行
M	光标移动到当前屏幕的中间一行
L	光标移动到当前屏幕的最后一行
G	光标移动到文档最后一行
1G 或 gg	光标移动到文档第一行
nG 或 ngg	光标移动到文档的第 n 行
:n+[Enter]	
z+[Enter]	将当前行设置为屏幕第一行
z-	将当前行设置为屏幕最后一行
nH	光标移动到当前屏幕的第 n 行
nL	光标移动到当前屏幕的倒数第 n 行
fa	光标向前移动到当前行的指定字符 a 处
Fa	光标向后移动到当前行的指定字符 a 处

3. 翻页

VIM 编辑器可以使用快捷键方便地翻页，具体操作见表 2-13。

表 2-13 翻页

操 作	作 用
[Ctrl+U]	往前翻半屏
[Ctrl+D]	往后翻半屏
[Ctrl+B]	往前翻一屏
[Ctrl+F]	往后翻一屏
[Ctrl+E]	屏幕往前滚一行
[Ctrl+Y]	屏幕往后滚一行

4. 替换文本

VIM 编辑器的替换文本命令见表 2-14。

表 2-14 替换文本

命 令	作 用
ra	替换光标前所指的一个字符为指定字符 a
R[STRING]	替换从当前光标处开始的字符序列为指定字符序列[STRING]
cb	删除当前字中从开始到光标之前的所有字符，并直接切换到插入模式
ce 或 cw	删除当前字中从光标处到字尾的所有字符，并直接切换到插入模式
c$ 或 C	删除当前字中从光标处到行末的所有字符，并直接切换到插入模式
CC	删除当前行，并直接切换到插入模式

5. 删除文本

VIM 编辑器的删除文本命令见表 2-15。

表 2-15 删除文本

命 令	作 用
x	删除当前光标处的一个字符
dw	删除从当前光标处到下一个字开始间的所有字符
dnw 或 ndw	删除从当前光标处开始的 n 个字（n 为一个数值）

续 表

命　　令	作　　用
d $ 或 D	删除从当前光标处到行尾的所有字符
dd	删除当前行
dnd 或 ndd	删除从当前行开始的 n 行（n 为一个数值）

6. 查找与替换文本

VIM 编辑器的查找与替换文本命令见表 2-16。

表 2-16　查找与替换文本

命　　令	作　　用
/	向前查找指定字符串
?	向后查找指定字符串
n	按原方向查找下一个
N	按反方向查找下一个
:s/old/new	替换当前行的第一个 old 为 new（old 代表要查找的字符串，new 代表要替换的字符串，以下同）
:s/old/new/g	替换当前行所有的 old 为 new。不加 g 则只替换每行第一个 old
:1,10s/old/new/gi	替换第 1—10 行所有 old 为 new，不区分大小写。不加 i 表示区分大小写
:1,$s/old/new/g	替换整个文档中所有的 old 为 new
:%s/old/new/g	
:.,+5s/old/new/g	替换当前行到后 5 行的所有的 old 为 new
:.,-5s/old/new/gc	替换当前行到前 5 行的所有的 old 为 new，并在每次替换前询问用户

7. 复制与粘贴文本

VIM 编辑器的复制与粘贴文本命令见表 2-17。

表 2-17　复制与粘贴文本

命　　令	作　　用
yw	复制当前字从光标处到下一字之间的内容到通用缓冲区
ynw 或 nyw	复制当前光标开始的 n 个字到通用缓冲区（n 为一个数值）

续 表

命　令	作　用
y $	复制当前光标到本行末的所有内容到通用缓冲区
yy 或 Y	复制当前整行到通用缓存区
p	面向行的数据：将通用缓存区粘贴到当前行的下面； 面向字的数据：将通用缓存区粘贴到当前光标右侧
P	面向行的数据：将通用缓存区粘贴到当前行的上面； 面向字的数据：将通用缓存区粘贴到当前光标左侧

8. 撤销与重做

VIM 编辑器的撤销与重做命令见表 2-18。

表 2-18　撤销与重做

命　令	作　用
u	撤销最后一次改变
U	撤销当前行自从光标定位在上面开始的所有改变
. 或 [Ctrl+R]	重做最后一次被"撤销"的改变

9. 其他功能

VIM 编辑器提供了很多诸如文本排序、段落设置等高级功能，见表 2-19。

表 2-19　VIM 高级功能

命令/操作	作　用
:.=	显示当前行号
:=	显示当前文档的总行数
[Ctrl+G]	显示当前文档的信息
:set	显示 VIM 编辑器的部分设置项
:set all	显示 VIM 编辑器的全部设置项
:set ignorecase	设定查找时不区分大小写
:set noic	设定查找时区分大小写
:set nu	设置显示行号
:set nonu	设置取消显示行号

本章总结

本章介绍了 Linux 命令的基础知识，包括系统使用的界面、语法格式、一些实用的操作技巧和如何使用系统帮助文档。还详细介绍了系统登录/退出、电源管理等命令的用法。接着介绍了 Linux 文件系统的概念、类型和树形目录结构以及文件管理涉及的操作命令。最后介绍了 VIM 文本编辑器的使用。本章知识点涉及命令详细说明如下所列。

知识点	命令	说明
系统登录/退出	login	登录系统
	last	显示近期用户或终端的登录情况
	su	不同的用户之间切换
	exit	退回到上一个用户或回到登录界面
电源管理	shutdown	主要用于关机、重启、警告
	reboot	系统重启
	halt	仅关闭系统，屏幕可能会保留系统已经停止的信息
	poweroff	关闭系统，且不提供额外的电力，屏幕空白
目录相关操作	cd	用于切换工作目录
	pwd	用于打印出当前的工作目录
	mkdir	新建目录
	rmdir	删除空的目录
	ls	列出目录的内容或者文件的信息
	cp	复制文件或目录
	rm	删除文件或者目录
	mv	移动文件或目录
	cat	读取文件的全部内容或者将几个文件合并为一个文件
	more	查看文件
	less	按页显示文件内容
	head	显示文件的开头

续 表

知识点	命　　令	说　　明
目录相关操作	tail	显示文件的末尾
	touch	修改文件时间戳或新建文件
	which	文件查找
	whereis	文件查找
	locate	快速查找文件
	find	在指定目录下查找文件
	gzip	压缩文件
	tar	打包文件
	vim	编写和查看文本文件

本章习题

一、选择题

1. 符号链接设备文件的属性位是_____，普通文件的属性位是_____。
2. 用_____符号将输出重定向内容覆盖原文。
3. _____命令可复制文件或目录；_____命令可删除空目录。
4. 删除一个用户的命令是_____；添加一个用户的命令是_____。
5. _____命令可删除文件或目录，其主要差别就是是否使用递归开关 -r 或-R。
6. 显示目录内容的命令有_____。
7. 查看文件内容的命令有_____。
8. cat 命令的功能有_____。
9. 为文件建立在其他路径中的访问方法（链接）的命令是_____，链接有两种：_____和_____。
10. gzip 命令的功能是_____。
11. 使用 tar 命令时，应该记住的两个选项组合分别是_____和_____，它们的功能分别是_____和_____。
12. VIM 拥有 4 种编辑模式：_____、_____、_____和_____。
13. 在 VIM 的输入模式下按_____键会回到命令模式。
14. 在 VIM 的正常模式中，要进入输入模式，可以按_____键、_____键或_____键。

二、选择题

1. 以下说法正确的是（　　）。
   A. Linux 命令是不区分大小写的
   B. Linux 操作系统的文件系统类型是 NTFS
   C. Linux 内核代码是开源的
   D. Linux 操作系统有多个根目录

2. Linux 操作系统的根目录是（　　）。
   A. /   B. C:\
   C. /home   D. root

3. 使用 VIM 编辑只读文件时，强制存盘并退出的命令是（　　）。
   A. :w!   B. :q!
   C. :wq!   D. :e!

4. 使用（　　）命令把两个文件合并成一个文件。
   A. cat   B. grep
   C. awk   D. cut

5. 对于命令 $ cat name test1 test2＞name，说法正确的是（　　）。
   A. 将 test1 test2 合并到 name 中
   B. 命令错误，不能将输出重定向到输入文件中
   C. 当 name 文件为空的时候命令正确
   D. 命令错误，应该为 $ cat name test1 test2＞＞name

6. 在 VIM 中，（　　）命令从光标所在行的第一个非空白字符前面开始插入文本。
   A. i   B. I
   C. a   D. S

7. 若要列出 /etc 目录下所有以 vsftpd 开头的文件，以下命令中能实现的是（　　）。
   A. ls /etc |grep vsftpd   B. ls /etc/vsftpd
   C. find /etc vsftpd   D. ll /etc/vsftpd *

8. 假设当前处于的正常模式，现要进入插入模式，以下快捷键中，无法实现是（　　）。
   A. I   B. A
   C. O   D. l

9. 目前处于 VIM 的插入模式，若要切换到正常模式，以下操作方法中正确的是（　　）。
   A. 按[Esc]键   B. 按[Esc]键，然后按[:]键
   C. 直接按[:]键   D. 直接按[Shift＋:]组合键

10. 以下命令中，不能用来查看文本文件内容的命令是（　　）。
    A. less   B. cat
    C. tail   D. ls

11. 在 Linux 中，系统管理员状态下的提示符是（　　）。

A. $
B. #
C. %
D. >

12. 删除文件的命令为（　　）。
    A. mkdir
    B. rmdir
    C. mv
    D. rm

13. 建立一个新文件可以使用的命令为（　　）。
    A. chmod
    B. more
    C. cp
    D. touch

14. 退出 less 命令使用（　　）参数。
    A. i
    B. a
    C. q
    D. o

15. 命令行的自动补齐功能要用到（　　）键。
    A. ［tab］
    B. ［Del］
    C. ［Alt］
    D. ［Shift］

16. （　　）命令解压缩 tar 文件。
    A. tar -czvf filename.tgz
    B. tar -xzvf filename.tgz
    C. tar -tzvf filename.tgz
    D. tar -dzvf filename.tgz

三、操作题

1. 按照以下要求完成相应操作。
   (1) 在/root 下创建目录 exp；
   (2) 在目录 exp 中创建空白文件 testfile；
   (3) 将/root 下 install.log 文件（文件内容为：Hello World！#$*setup**）复制到 exp 下，并重新命名为 install_bak.log；
   (4) 在/usr 下创建目录 bk；
   (5) 在 bk 目录下创建子目录 new；
   (6) 将目录 exp 下所有内容复制到目录 bk 的下级子目录 new 下；
   (7) 在目录 bk 下建立子目录 movdec，将 bk/new/exp 下的文件 testfile 移到 movdec 里；
   (8) 将目录名 movdec 重命名为 movie；
   (9) 删除非空目录 movie；
   (10) 显示 exp 下文件 install_bak.log 的内容，并显示换行符、行号、特殊字符；
   (11) 在 install_bak.log 中查找 setup 所在行；
   (12) /etc 下查找文件 passwd。

第 3 章 用户和权限管理

本章导读

Linux 系统上往往有多个用户同时在工作，需要保障好每个用户的隐私权。在所有的 Linux 用户中，root 是最为特殊的，它具有至高无上的权利，因此被称为"超级用户"。组的最基本的功能就是组织用户以及设置统一的权利权限。因此，用户和组的功能是一种健全而易用的安全防护方式。无论如何，用户和组的概念以及两者之间的关系，在 Linux 世界里是相当的重要的，它使得 Linux 多用户、多任务环境变得更容易管理。

本章主要讲述 openEuler 中用户、组和权限管理的相关内容。通过本章节的学习，您将能够了解 openEuler 中用户和组的基础概念。在了解相关知识点之后，会结合文件权限管理的相关知识，使您能熟练掌握文件权限的相关配置和具体操作，以及文件的访问控制。

学完本课程后，您将能够

- 掌握用户和组的基础概念
- 掌握文件权限的相关配置及操作命令
- 掌握文件访问的特殊控制方法

本章主要内容包括

- 管理用户和组
- 文件权限管理
- 其他权限管理

3.1 用户和组的基础概念

3.1.1 用户的基础概念

Linux 是一个多用户的操作系统，所有要使用系统资源的用户需要先向系统管理员申请一个账号,之后以此账号进入系统;可以在系统上建立多个用户,而多个用户可以在同一时间内登录至同一系统执行不同的任务,并不会相互影响。

1. 用户及 UID

用户是能够获取系统资源的权限的最小集合。每个用户都会分配一个唯一标识符,称为 UID(user id)。系统通过 UID 来区分不同用户及其所属的类别,而不是通过用户名。

id 命令用于查看 UID 和 GID(用户组标识符,组的概念将在下节介绍)。

id 命令的语法格式如下。

> id [option] [user_name]

主要选项和参数如下。

- ◇ -u,--user　　只输出有效 UID。
- ◇ -g,--group　　只输出有效 GID。

2. 用户分类

Linux 系统根据 UID 将用户分为以下类别。

- 超级用户(root 用户、根用户):UID 为 0,拥有系统的完全控制权,是系统里最危险的用户,甚至可以在系统正常运行时删除所有文件系统,造成无法挽回的灾难。
- 普通用户(一般用户):UID 在 1000~60000 之间,系统默认从 1000 开始编号,其访问系统的权限受限。普通用户可以访问和修改自己目录下的文件,也可以访问经过授权的文件。
- 虚拟用户(系统用户):UID 在 1~999 之间,主要为方便系统管理、保障系统运行而设立,其最大特点是不提供密码登录系统。

注意:为适应系统管理的需要,root 可以超越任何用户和组来对文件或目录进行读取、修改、删除(在系统正常的许可范围内);执行、终止可执行文件;添加、创建、移除硬件设备等;也可以对文件和目录的属主和权限进行修改,因此在使用中要非常谨慎。

3.1.2　组的基础概念

有时需要让多个用户具有相同的权限,比如查看、修改某一个文件的权限,一种方法是分别对多个用户进行文件访问授权,如果有 10 个用户的话,就需要授权 10 次,显然这种方法不太合理;另一种方法是建立一个组,让这个组具有查看、修改此文件的权限,然后将所有需要访问此文件的用户放入这个组中,那么所有用户就具有了和组一样的权限。

1. 组及 GID

组是具有相同特征用户的逻辑集合。通过组的形式使得具有相同特征的多个用户能够拥有相同的权限,在很大程度上简化了管理工作。每个组都会分配一个唯一标识符,称为 GID(group id)。系统通过 GID 来区分不同组及其所属的类别,而不是通过组名。

2. 组分类

Linux 系统根据 GID 将组分为以下类别。

- 超级用户组(root 组):GID 为 0,具有超级用户。
- 普通组(一般组):GID 在 1000~60000 之间,可以加入多个用户。
- 虚拟组(系统组):系统预留 GID 在 1~999 之间,一般加入虚拟用户(系统用户)。

3. 用户和组的关系

- 一对一:一个用户存在于一个组中,作为该组中的唯一成员。
- 一对多:一个用户存在于多个组中,该用户具有多个组的权限。
- 多对一:多个用户存在于一个组中,这些用户都继承该组的权限。

4. 主要组、私有组和附加组

每一个用户都有且仅有一个**主要组(有效组)**,用户创建的文件默认属于其主要组。在创建用户时,可以为其指定主要组;否则,默认情况下系统会为该用户创建一个同名且 GID 与 UID 相同的组,叫作该用户的**私有组(基本组)**,此时,用户的主要组就是其私有组。

当一个用户属于多个组时,除了主要组以外的所有的组都叫作**附加组**。

注意:当把其他用户加入私有组中,私有组就变成了普通组。

查看用户 test 的 /etc/passwd、/etc/group、/etc/gshadow 的相关内容以及 test 的身份信息:

```
# grep test /etc/passwd /etc/group /etc/gshadow
/etc/passwd:test:x:1000:1000:test:/home/test:/bin/bash
/etc/group:test:x:1000:
/etc/gshadow:test:!::
# id test                    // 用户 test 的主要组就是其私有组
uid=1000(test) gid=1000(test) groups=1000(test)
```

可以看出,用户 test 目前仅属于其私有组 test,该组默认成为用户 test 的主要组(有效组)。下面新建一个 network 组,并把用户 test 加入该组,命令如下。

```
# groupadd network              // 新建组 network
# usermod -G network test       // 将 test 加入 network 组
# id test                       // 从 groups 看出 test 的附加组变化
uid=1000(test) gid=1000(test) groups=1000(test),1001(network)
```

其中,gid 所指的组即为主要组。此时尽管 test 加入了 network 组,但主要组不变。

可以用命令 newgrp 改变当前用户的主要组。下面试着改变用户 test 的主要组并验证。

```
# su - test                      // 改变用户身份为 test
Last login: Sat Sep  7 09:40:04 CST 2019 on tty2
…(省略)
$ newgrp network                 // 改变用户 test 的主要组为 network
Welcome to 4.19.90-2012.5.0.0054.oe1.x86_64
…(省略)
$ id                             // 从 gid 看出 test 的主要组已改变
uid = 1000(test)      gid = 1001(network)      groups = 1001(network),
1000(test) context = unconfined_u:unconfined_r:unconfined_t:s0-s0:c0.c1023
```

Linux 把用户账户信息、加密的用户账户信息、组账户信息和加密的组账户信息分别存放在不同的配置文件中。下面来解析这些配置文件的属性和内容。

3.2 与用户和组管理有关的配置文件

openEuler 下涉及到用户管理的配置文件有：用户账户信息文件/etc/passwd、用户密码文件/etc/shadow；涉及到组管理的配置文件有：组账户信息文件/etc/group、组密码文件/etc/gshadow。还有一个涉及所有新建账户的默认设置的配置文件/etc/login.defs。

3.2.1 用户账户信息文件/etc/passwd

Linux 系统把用户账户及其相关信息（密码除外）存放在配置文件/etc/passwd 中,该文件的预设属性是"-rw-r--r--"。

```
# ll /etc/passwd
-rw-r--r--. 1 root root 2.0K Apr 22  2021 /etc/passwd
# tail -2 /et67c/passwd
tcpdump:x:72:72::/:/sbin/nologin              // 系统用户 tcpdump
test:x:1000:1000:test:/home/test:/bin/bash    // 普通用户 test
```

可以看出,/etc/passwd 文件中保存着系统中所有用户的主要信息,每一行由 7 个字段构成（以":"分隔）,用于定义一个用户账户各个方面的相关属性,各字段序号及其含义见表 3-1 所示。

表 3-1 /etc/passwd 文件各字段序号及其含义

字段序号	字 段 含 义
1	用户名。可以使用大小写字母、数字、减号（不建议使用，尤其不要放在首位）、点（不建议使用，尤其不要放在首位）以及下划线，其他字符不合法
2	用户密码。由于/etc/passwd 文件允许所有用户读取，基于安全考虑，此处用 x 标识用户密码，加密后的密码可以查看对应的/etc/shadow 文件
3	用户 UID。用来对用户进行识别，从而判断用户类型。如果把 test 的 UID 设为 0，则系统会认为 test 和 root 为同一个用户账户
4	用户所属主要组 GID。该字段对应着/etc/group 文件中的一条记录
5	用户备注信息。该字段没有实际意义，主要记录该用户的一些属性，例如姓名、电话、地址等
6	用户家目录。即用户登录时所在目录。root 的家目录是/root，普通用户的家目录是/home/username。若想让普通用户 test 默认登录在/data 目录下，可以修改/etc/passwd 文件中 test 那一行中的该字段为/data
7	用户默认 shell。该字段设置用户登录后要启动的 shell 程序，用来将用户下达的命令传达给内核

注意：Linux 中的 Shell 是建立在内核基础上的面向用户的命令接口，表现为一个用户登录的界面。Linux 的 Shell 有很多种，包括 sh、csh、ksh、tcsh、bash 等，而 openEuler 的 Shell 默认是 bash。若将 Shell 设置为"/sbin/nologin"等则属于特殊的 Shell，表示不允许该用户登录，通常用于系统用户。

3.2.2 用户密码文件/etc/shadow

Linux 系统将用户密码（加密的）及其相关的信息单独保存在配置文件/etc/shadow 中，该文件又称为"影子文件"，其预设属性是"----------"，实际上只有超级用户具有读权限，其他用户均无任何权限，从而保证了用户密码等信息的安全性。

```
# ll /etc/shadow
----------. 1 root root 1.1K Apr 22  2021 /etc/shadow
# tail -2 /etc/shadow
tcpdump:!:18739:::::: 
test:$6$OUbTvVnYlJwjXyx8$07qv0UW9eXGLHuaZx09uylZrgWo0xsJP5PoVpvda47hFIWDbOVLxACL/Vdg6Pq/l/4HKZxAPhr3JAFe7nwHJM.:0:99999:7:::
```

可以看出，shadow 文件中保存着系统中所有用户的与密码和时效有关的信息，每一行由 9 个字段构成(以":"分隔),用于定义一个用户的密码及其相关属性,各字段序号及其含义见表 3-2 所示。

表 3-2 /etc/shadow 文件各字段序号及其含义

字段序号	字　段　含　义
1	用户名。与文件/etc/passwd 中的用户名相对应
2	加密的用户密码。该字段的值有以下几种情况。 ● 字符串:代表加密过的密码,开头为 \$6\$,是用 SHA-512 加密的;开头为 \$1\$,是用 MD5 加密的;开头为 \$2\$,是用 Blowfish 加密的;开头为 \$5\$,是用 SHA-256 加密的。 ● ＊:代表账户被锁定。 ● ！！:表示此密码已过期。 ● ！:设置该用户不能登录系统
3	密码最近更改的日期
4	密码最小生存期(天数)。如果设置为 0,则表示随时可以更改
5	密码最大生存期(天数)。强制用户定期更改密码,提高系统的安全性
6	密码需要更改前的警告天数。当用户密码快要过期时,发出警告信息提醒用户更改密码
7	密码过期后的宽限期(天数)。若是密码过期后在设置的宽限天数内仍未更改密码,则禁用该用户
8	用户过期日期。用户在过期后将不再是一个合法用户,无法登录系统
9	保留字段。目前为空,以备将来发展之用

注意:在安装系统时,默认会自动开启 shadow 保护。若是发现未启用 shadow 保护,可以通过 pwconv 命令来启用,也可通过 pwunconv 命令来取消 shadow 保护(仅允许超级用户执行)。/etc/shadow 由 pwconv 命令根据/etc/passwd 中的数据自动产生。

用户经常会忘记自己的用户密码,此时可以通过 root 账户来解决这个问题,它可以在不知道密码的情况下,重新设置指定账户的密码(以 root 身份执行 passwd 命令)。

但是若忘记了 root 用户的密码,就需要重新启动进入单用户模式,系统会提供对应的 bash 接口,此时可以利用 passwd 命令来修改 root 的密码,也可以通过挂载根目录的形式来修改/etc/shadow,从而将 root 密码清空,这个方式使得 root 不需要密码就可以登录,建议在登录成功后立即设置 root 的密码。

3.2.3　组账户信息文件/etc/group

Linux 系统把组账户及其相关信息(密码除外)存放在配置文件/etc/group 中,该文件的预设属性是"-rw-r--r--"。

```
# ll /etc/group
-rw-r--r--. 1 root root 894 Sep 11 05:00 /etc/group
# tail -2 /etc/group
sysgroup1:x:983:
sysgroup2:x:200:
```

可以看出，group 文件中保存着系统中所有组的主要信息，每一行由 4 个字段构成（以":"分隔），用于定义一个组账户各个方面的相关属性，各字段序号及其含义见表 3-3 所示。

表 3-3 /etc/group 文件各字段序号及其含义

字段序号	字段含义
1	组名。可以使用大小写字母、数字、减号（不建议使用，尤其不要放在首位）、点（不建议使用，尤其不要放在首位）以及下划线，其他字符不合法
2	组密码。由于 /etc/group 文件允许所有用户读取，基于安全考虑，此处用 x 标识组密码，加密后的密码可以查看对应的 /etc/gshadow 文件
3	组 GID。用来对组进行识别，从而判断组的类型
4	组中用户列表。列出组中包含的所有用户。但如果该组是某个用户的私有组或主要组，则该用户不会显示在此字段中

注意：组密码主要用来指定组管理员，目前很少使用组密码功能。

3.2.4 组密码文件 /etc/gshadow

Linux 系统将组密码（加密的）及其相关的信息单独保存在配置文件"/etc/gshadow"中，其预设属性是"----------"，实际上只有超级用户具有读权限，其他用户均无任何权限，从而保证了组密码及其相关信息的安全性。

```
# ll /etc/shadow
----------. 1 root root 1.1K Apr 22  2021 /etc/shadow
# tail -2 /etc/shadow
tcpdump:!:18739:::::: 
test:$6$OUbTvVnYlJwjXyx8$O7qv0UW9eXGLHuaZx09uylZrgWo0xsJP5PoVpvda47hFIWDbOVLxACL/Vdg6Pq/l/4HKZxAPhr3JAFe7nwHJM.::0:99999:7:::
```

可以看出，gshadow 文件中保存着系统中所有组的与密码和时效有关的信息，每一行由 4 个字段构成（以":"分隔），用于定义一个组的密码及其相关属性，各字段序号及其含义见表 3-4 所示。

表 3-4 /etc/gshadow 文件各字段序号及其含义

字段序号	字 段 含 义
1	组名。与文件/etc/group 中的组名相对应
2	加密的组密码。通常情况下不设置组密码,该字段可以设置为空或者"!","!"指的是该组没有组密码,也不设组管理员
3	组管理员账户。该字段可以为空,如需设置多个管理员,应以","分隔
4	组中用户列表。与/etc/group 文件中的第四个字段具有相同的含义

注意:系统中的账号可能非常多,root 用户如果没有时间进行用户的组调整,这时可以指定组的管理员。如有用户需要加入或退出某组,可以由该组的管理员替代 root 执行。目前很少使用组管理员功能。如需赋予某用户调整某个组的权限,可以使用 sudo 命令代替。

3.2.5 新建账户配置文件/etc/login.defs

为什么在创建一个用户时,会自动创建其主目录、分配 UID 和 GID 并设置密码策略呢? 其实奥妙就在文件/etc/login.defs 中,下面就来对该文件的内容进行分析。

```
# cat /etc/login.defs
# * REQUIRED *
#   Directory where mailboxes reside, _or_ name of file, relative to the
#   home directory.  If you _do_ define both, MAIL_DIR takes precedence.
#   QMAIL_DIR is for Qmail
#
#QMAIL_DIR   Maildir
MAIL_DIR    /var/spool/mail        // 建立用户的同时为其建立邮件目录
#MAIL_FILE   .mail
# Password aging controls:
#
#   PASS_MAX_DAYS Maximum number of days a password may be used.
#   PASS_MIN_DAYS Minimum number of days allowed between password changes.
#   PASS_MIN_LEN Minimum acceptable password length.
#   PASS_WARN_AGE Number of days warning given before a password expires.
#
PASS_MAX_DAYS   99999              // 密码最大生存期,默认 99999 天为无期限
```

```
PASS_MIN_DAYS 0                  // 密码最小生存期,默认 0 天为随时可更改
PASS_MIN_LEN 5                   // 安全密码的最小长度,默认是 5 个字符
PASS_WARN_AGE 7                  // 密码过期前几天警告用户,默认是 7 天
#
# Min/max values for automatic uid selection in useradd
#
UID_MIN              1000        // 新建用户的默认最小 UID 是 1000
UID_MAX              60000       // 新建用户的默认最大 UID 是 60000
# System accounts
SYS_UID_MIN          201         // 系统用户的默认最小 UID 是 201
SYS_UID_MAX          999         // 系统用户的默认最大 UID 是 999
#
# Min/max values for automatic gid selection in groupadd
#
GID_MIN              1000        // 新建组的默认最小 GID 是 1000
GID_MAX              60000       // 新建组的默认最大 GID 是 60000
# System accounts
SYS_GID_MIN          201         // 系统组的默认最小 GID 是 201
SYS_GID_MAX          999         // 系统组的默认最大 GID 是 999
#
# If useradd should create home directories for users by default
# On RH systems, we do. This option is overridden with the -m flag on
# useradd command line.
#
CREATE_HOME yes                  // 是否在新建用户时为其建立家目录
# The permission mask is initialized to this value. If not specified,
# the permission mask will be initialized to 022.
UMASK                077         // 普通用户家目录的权限掩码,默认是 077
# This enables userdel to remove user groups if no members exist.
#
# 在删除用户时,如果所属的用户组没有成员时,把该用户组也一并删除
USERGROUPS_ENAB yes
# Use SHA512 to encrypt password.
ENCRYPT_METHOD SHA512
ALWAYS_SET_PATH = yes
LOG_UNKFAIL_ENAB no
```

注意：目录的初始权限是 777，减去此文件中设置的权限掩码，就得到了普通用户家目录的初始权限为 700。

3.3 与用户和组管理有关的命令

3.3.1 管理用户

用户和用户组管理是系统安全管理的重要组成部分。通过操作命令行能够对用户文件进行添加、修改、删除等操作。

1. 创建用户

useradd 命令用来创建用户账户，并将相关信息保存在/etc/passwd 文件中。

useradd 命令的语法格式如下。

```
useradd [options] username
```

主要选项和参数（配置文件/etc/login.defs 也影响着新建用户的属性）如下。

- -u，--uid UID　　　　　　　　　指定用户的 UID，该值必须唯一，且大于 999。
- -g，--gid GROUP　　　　　　　指定用户的主要组（必须存在），可以是组名或者 GID。
- -G，--groups GROUPS　　　　指定用户的附加组（必须存在），相应修改/etc/group 内容。
- -d，--home-dir HOME_DIR　　指定并自动创建用户的家目录，默认为/home/username。
- -o，--non-unique　　　　　　　配合-u 属性，允许 UID 重复。
- -s，--shell SHELL　　　　　　　指定用户登录后使用的 Shell 程序，默认为"/bin/bash"。
- -D，--defaults　　　　　　　　 显示或更改默认配置。
- -m，--create-home　　　　　　若家目录不存在，则创建它。
- -M，--no-create-home　　　　 不创建家目录。
- -r，--system　　　　　　　　　创建系统账户，默认不创建对应的家目录。

常见用法如下。

- useradd -D　　　　　　　　　 显示创建用户所使用的默认值。
- useradd -D -g 500　　　　　　修改创建用户所使用的默认值。
- useradd user1　　　　　　　　创建名为 user1 的用户。
- useradd -m user1　　　　　　 创建时给用户创建家目录。
- useradd -M user1　　　　　　 创建时不创建用户的家目录。

- useradd -d / user1　　　　　指定新用户的家目录为根目录。
- useradd -u 501 user1　　　　指定新用户的 UID。
- useradd -g g1 user1　　　　　指定新用户的 GID，该组必须先存在。
- useradd -G g1,g2,g3 user1　　把用户加到 g1、g2、g3 三个附加组里。
- useradd -o -u 100 user1-o　　允许 UID 重复。
- useradd -s /bin/python user1　使用指定的 Shell 程序。

使用示例

创建一个名为 Hawking 的用户，并作为 network 组的成员。

```
# useradd -g network Hawking    // 添加用户 Hawking,设置其主要组为 network
# passwd Hawking                // 设置用户 Hawking 的登录密码
# tail -1 /etc/passwd           // 检查是否成功、正确地建立了新用户 Hawking
Hawking:x:1002:1001::/home/Hawking:/bin/bash
```

2. 修改用户

usermod 命令用来修改用户的属性，并将相关信息保存在/etc/passwd 文件中。
usermod 命令的语法格式如下。

```
usermod [options] username
```

主要选项和参数如下。
- -c，--comment COMMENT　　　修改用户账户的备注文字。
- -o，--non-unique　　　　　　　配合-u 属性，允许 UID 重复。
- -m，--move-home　　　　　　　将家目录内容移动至新的位置（仅与-d 选项配合使用）。
- -e，--expiredate EXPIRE_DATE　设置账户到期日期，格式为：YYYY-MM-DD。
- -f，--inactive INACTIVE　　　　修改在密码过期后多少天即关闭该账号。
- -l，--login NEW_LOGIN　　　　修改用户账户名称。
- -L，--lock　　　　　　　　　　锁定用户账户，相当于在 shadow 密码栏首位添加"!"。
- -U，--unlock　　　　　　　　　解锁用户账户，相当于在 shadow 密码栏首位删除"!"。

usermod 命令的-u、-g、-G、-d、-s 等其他选项的含义可参考 useradd 命令的说明。

使用示例

将用户 zyc1 的 UID 更改为 1008，用户名更改为 petcat，家目录更改为"/home/

petcat"，设置密码在 2021 年 9 月 6 日失效，验证完成后，暂时锁定 petcat。

```
# usermod -u 1008 -l petcat -md /home/petcat -e "2021-09-06" zyc1
# 验证用户 zyc1 的属性发生的变化
# tail -1 /etc/passwd
petcat:x:1008:1001::/home/petcat:/bin/bash
# 验证用户 petcat 的密码失效日期：
# grep petcat /etc/shadow
petcat:$6$2F/6.nwEOUiq6Kmr$hf4LrBeIxfzsNBjRrQdPLSMgK2Zw/GSDITQ/
j3Fs/OiTYREH0ibivDel63LXWcmRA04w6TSS1YpUIvs1HeeH81:18150:0:99999:7:::18876:
# usermod -L petcat
# 锁定 petcat 后，验证 shadow 文件发生的变化（在密码栏首位添加"！"）
# grep petcat /etc/shadow
petcat:!$6$2F/6.nwEOUiq6Kmr$hf4LrBeIxfzsNBjRrQdPLSMgK2Zw/GSDITQ/
j3Fs/OiTYREH0ibivDel63LXWcmRA04w6TSS1YpUIvs1HeeH81:18150:0:99999:7:::18876:
```

3. 删除用户

userdel 命令用于删除指定的用户，并将相关信息保存在/etc/passwd 文件中。该命令还会自动删除与用户相关的文件和目录，实际上是对系统的用户账户文件进行了修改。

userdel 命令的语法格式如下。

```
userdel [options] username
```

主要选项和参数如下。

- -r, --remove   将用户的家目录和邮箱目录包括其中的所有内容一并删除。
- -f, --force   强制删除与用户相关的所有文件，即使文件不属于该用户。

注意：不建议直接删除已经进入系统的用户，如需强制删除，应使用-f 选项。如使用不带任何选项参数的 userdel 命令，则仅仅会删除用户账号，而不删除相关文件和目录。

使用示例

将用户 petcat 完整地删除。

```
# userdel -r petcat
# grep petcat /etc/passwd          // 用户账户 petcat 已删除
# ll -d /home/petcat               // 相应的家目录已不存在
ls: cannot access '/home/petcat': No such file or directory
```

4. 用户密码管理

passwd 命令用来设置用户的密码,以及查看和设置密码时效等属性,并将相关信息保存在/etc/shadow 文件中。要使用建立的用户,必须先设置密码才能登录系统。此外,基于安全考虑,建议定期更换特定用户的密码。只有 root 用户才有权设置指定账户的密码,普通用户只能设置自己账户的密码。passwd 命令行操作需要在 root 权限下进行。

passwd 命令的语法格式如下。

```
passwd [options] username
```

主要选项和参数如下。

- -n, --maximum=DAYS   设置密码的最小生存期。
- -x, --maximum=DAYS   设置密码的最大生存期。
- -w, --warning=DAYS   设置用户在密码过期前多少天收到警告信息。
- -i, --inactive=DAYS   设置密码过期多少天后禁用账户。
- -d, --delete   删除用户密码,如密码被锁定,则解除锁定。
- -S, --status   显示用户的密码状态。
- -f, --force   强制执行。
- -k, --keep-tokens   保留即将过期的用户,使该用户账户在期满后仍能使用。
- -e, --expire   使用户的密码过期。
- -l, --lock   锁定用户密码,相当于在 shadow 密码栏首位添加"!!"。
- -u, --unlock   解锁用户密码,相当于在 shadow 密码栏首位删除"!!"。

注意:不论是用户账户被锁定,还是其密码被锁定,都将导致该用户暂时不能登录系统。

使用示例

设置用户 zyc1 的密码,锁定和解锁该用户的密码,最后删除密码。全程仔细观察用户密码的状态和/etc/shadow 文件的变化。

```
# useradd zyc1
# grep zyc1 /etc/shadow            // 用户 zyc1 未设置密码
zyc1:!:18150:0:99999:7:::
# passwd zyc1                      // 设置 zyc1 的密码
Changing password for user zyc1.
New password:
BAD PASSWORD: The password is shorter than 8 characters
```

Retype new password:

passwd: all authentication tokens updated successfully.

＃grep zyc1 /etc/shadow　　　　// 验证 zyc1 密码设置成功

zyc1：6Rd5jTn6urK7t8uAu$ur8DpYCQ96lkYGuS9e418Y46Xf3HPFIlBSvjZ0ln9TpVN.LlSGXypHhdMP/Q1T0j9/bAAIodZVrsZUWrGLTZ1/:18150:0:99999:7:::

＃passwd -l zyc1　　　　　　// 锁定 zyc1 的密码

Locking password for user zyc1.

passwd: Success

＃passwd -S zyc1　　　　　　// 密码状态显示为 LK 和 Locked

zyc1 LK 2019-09-11 0 99999 7 -1 (Password locked.)

＃grep zyc1 /etc/shadow　　　　// 密码栏首位添加了"!!"

zyc1:!!6Rd5jTn6urK7t8uAu$ur8DpYCQ96lkYGuS9e418Y46Xf3HPFIlBSvjZ0ln9TpVN.LlSGXypHhdMP/Q1T0j9/bAAIodZVrsZUWrGLTZ1/:18150:0:99999:7:::

＃passwd -u zyc1　　　　　　// 解锁 zyc1 的密码

Unlocking password for user zyc1.

passwd: Success

＃grep zyc1 /etc/shadow　　　　// 密码栏首位的"!!"消失

zyc1:6Rd5jTn6urK7t8uAu$ur8DpYCQ96lkYGuS9e418Y46Xf3HPFIlBSvjZ0ln9TpVN.LlSGXypHhdMP/Q1T0j9/bAAIodZVrsZUWrGLTZ1/:18150:0:99999:7:::

＃passwd -S zyc1　　　　　　// 密码状态显示为 PS 和 set

zyc1 PS 2019-09-11 0 99999 7 -1 (Password set, SHA512 crypt.)

＃passwd -d zyc1　　　　　　// 删除 zyc1 的密码

Removing password for user zyc1.

passwd: Success

＃passwd -S zyc1　　　　　　// 密码状态显示为 NP 和 Empty

zyc1 NP 2019-09-11 0 99999 7 -1 (Empty password.)

＃grep zyc1 /etc/shadow　　　　// 密码栏为空，此时用户不能登录

zyc1::18150:0:99999:7:::

3.3.2 管理组

随着用户的不断增多，对于用户权限的把控变得复杂繁重，对于系统的安全管理也会产生负面影响，组的加入方便了用户的权限管理。每个用户至少属于一个组。通过操作命令行能够对组进行创建、修改、删除以及设置组管理员和管理组等操作。

1. 创建组

groupadd 命令用来创建组账户，并将相关信息保存在 /etc/group 文件中。

groupadd 命令的语法格式如下。

```
groupadd [options] groupname
```

主要选项和参数(配置文件/etc/login.defs 也影响着新建组的属性)如下。
- -f，--force   如果组已存在，则成功退出。
- -g，--gid GID   指定组的 GID。
- -o，--non-unique   允许使用重复的 GID。
- -p，--password PASSWORD   为组设置此加密过的密码为 PASSWORD。
- -r，--system   创建系统组。

2. 修改组

groupmod 命令用来更改组的名称或组的 GID 值，并将相关信息保存在/etc/group 文件中。

groupmod 命令的语法格式如下。

```
groupmod [options] groupname
```

主要选项和参数如下。
- -n，--new-name NEW_GROUP   修改组的名称为 NEW_GROUP。

groupmod 命令的-g、-o、-p 等其他选项的含义可参考 groupadd 命令的说明。

使用示例

创建一个名为 sg 的系统用户，然后将其所属的系统组 sg 的名称更改为 sgnew，再将其 GID 更改为 102。

```
# useradd -r sg                    // 创建系统用户 sg 及其所属的组
# id sg                            // 系统组 sg 的 GID 为 982
uid=983(sg) gid=982(sg) groups=982(sg)
# groupmod -g 102 -n sgnew sg      // 按要求更改用户 sg 的属性
# grep sgnew /etc/group            // 查看用户 sgnew 的属性
sgnew:x:102:
```

3. 删除组

groupdel 命令可用来删除组，并将相关信息保存在/etc/group 文件中。
groupdel 命令的语法格式如下。

```
groupdel [options] groupname
```

主要选项和参数如下。

- -f, --force 　　　　　　即便是用户的主要组也删除。

注意：默认情况下，无法直接删除用户归属的主要组。应先删除其中以该组作为主要组的所有用户，再删除该主要组本身。

4. 设置组管理员和管理组

gpasswd 命令可以用来设置组的密码、组的管理员，以及管理组（在组中加入或移除用户），并将相关信息保存在 /etc/group 文件和 /etc/gpasswd 文件中。

gpasswd 命令的语法格式如下。

```
gpasswd [options] groupname
```

主要选项和参数如下。

- -a, --add USER   　　向组中加入用户 USER（仅 root 和组管理员可执行）。
- -d, --delete USER   　从组中移除用户 USER（仅 root 和组管理员可执行）。
- -M, --members USER,…   　设置组的成员列表。
- -A, --administrators ADMIN,… 设置组的管理员列表（组管理员不一定属于该组）。
- -r, --remove-password   　删除组的密码。
- -R, --restrict   　将对组的访问权限限制为其成员。

提示：将用户加入某个组，可以使用命令 usermod -G groupname_listusername，也可以使用命令 gpasswd -a username groupname。

使用示例

用户 teacher 是 network 组中的成员，请将用户 test 设置为 network 组的管理员，然后以 test 的身份将用户 zyc1 加入 network 组，并从该组中移除用户 teacher。

```
# gpasswd -A test network            // 设置 test 为组管理员
# su - test                          // 以 test 身份管理组
Last login: Tue Sep 10 21:54:11 CST 2019 on pts/0
…（省略）
$gpasswd -a zyc1 network             // 将用户加入 network 组
Adding user zyc1 to group network
$gpasswd -d teacher network          // 将用户移除 network 组
Removing user teacher from group network
```

```
$grep network /etc/group        // 验证 network 组中的用户
systemd-network:x:192:
network:x:1001:zyc1
$id zyc1                        // 验证 zyc1 所属的组
uid=1005(zyc1) gid=1005(zyc1) groups=1005(zyc1),1001(network)
$id teacher                     // 验证 teacher 所属的组
uid=1004(teacher) gid=1004(teacher) groups=1004(teacher)
```

3.4 文件权限管理

在 Linux 系统中，每个文件或目录都具有特定的访问权限、所有权（所属用户及所属组）等属性，通过设定这些属性可以限制什么用户、什么组可以对特定的文件执行什么样的操作，以保证系统的安全。这是学习 Linux 的一个相当重要的关卡。当屏幕前面出现类似"Permission deny"的提示信息时，大多是因为上述属性的设置错误。

3.4.1 解读文件属性

最常用于查看文件属性详细信息的命令是"ls -l"。以文件 a 属性和目录 b 属性的详细信息为例，如图 3-1 所示，每一行由 7 个字段构成，请观察其中第 1 个字段和第 3、4 个字段。

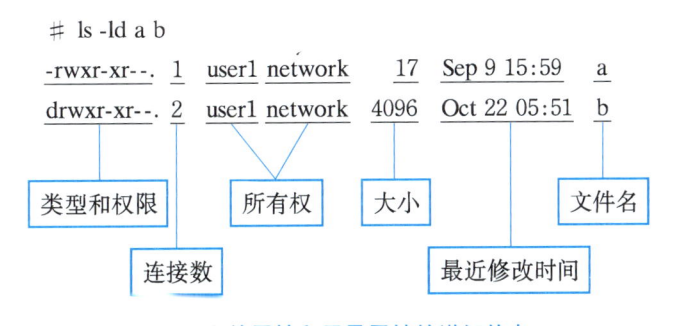

```
# ls -ld a b
-rwxr-xr--.  1  user1  network    17  Sep 9 15:59   a
drwxr-xr--.  2  user1  network  4096  Oct 22 05:51  b
```

图 3-1 文件属性和目录属性的详细信息

现在来解释第 1 个字段和第 3、4 个字段的具体含义。

1. 文件的类型

第 1 个字段代表文件的类型和权限，该属性由 10 个字符组成。

该字段的第 1 个字符用于标识文件的类型。在 Linux 中有 7 种文件类型，其标识字符及说明见表 3-5：

表 3-5 Linux 中文件类型的标识字符及说明

标识字符	说　　明
-	普通文件。除去其他六种类型文件
d	目录文件
b	块设备文件。即硬盘、内存等可供随机存取的设备
c	字符设备文件。即键盘、鼠标等串行端口的一次性读取设备
l	符号链接文件。指向另一个文件(link file)
p	命名管道文件(pipe)
s	套接字文件(socket)

注意：建议用命令"file"来查看文件类型的详细信息。

2．文件的权限

第 1 个字段的第 2~10 个字符表示文件的权限。这 9 个字符以每三个为一组,第一组确定文件所有者的权限,第二组确定文件所属组中用户的权限,第三组确定其他用户的权限。

每一组几乎是由 r、w、x 三项依序排列的组合。其中 r(read)代表读权限,w(write)代表写权限,x(execute)代表执行权限。如果不具备某项权限,则在相应位上置"-"。

例如,建立一个文件,其默认的属性为"-rw-r--r--",则说明该文件是普通文件,其所有者对其可读、可写,但不可执行,而其他用户对其仅能读取。

目录的权限与文件的权限各自有不同的含义,具体说明如下。

(1) 普通权限

- 读权限(read)
  - 针对文件,具有读取文件实际内容的权限。
  - 针对目录,具有读取目录结构列表的权限。
- 写权限(write)
  - 针对文件,具有增加或修改文件内容的权限。
  - 针对目录,具有创建、修改、删除或移动目录内文件的权限。
- 执行权限(execute)
  - 针对文件,具有执行文件的权限。
  - 针对目录,具有进入目录的权限。

(2) 特殊权限

特殊权限会拥有一些"特权",因而用户若无特殊需求,不应该启用这些权限,避免安全方面出现严重漏洞,造成黑客入侵,甚至系统崩溃。特殊权限有以下三种。

- s 或 S(SUID,Set UID)：设在第一组权限的可执行权限位上(s 表示该文件可执行,S 表示该文件不可执行)。用户在执行具备 SUID 位的文件的过程中,能得到该文件的所有者能使用的全部系统资源。此类文件经常被黑客利用,以 SUID 配上 root 账号拥有者,无声无息地在系统中开扇后门,供日后进出系统使用。
- s 或 S(SGID,Set GID):设在第二组权限的可执行权限位上(s 表示该文件/目录可执行,S 表示该文件/目录不可执行)。若 SGID 设置在文件上,其效果与 SUID 相同,只不过将文件所有者换成用户组,用户再执行具备 SGID 位的文件的过程中,能得到该文件的所属组能使用的全部系统资源;若 SGID 设置在目录上,则意味着此目录树中的所有文件和目录的所属组都将变成此目录所属的组。
- t 或 T(sticky bit,粘滞位):设在第三组权限的可执行权限位上(t 表示该文件可执行,T 表示该文件不可执行)。典型的例子是/tmp 和 /var/tmp 目录。对于在具备粘滞位的目录下的文件,只能由文件所有者或 root 删除,其他用户都不能删除之。

3. 文件的所有权

第 3 个字段和第 4 个字段分别表示文件所属的用户和所属的组,即文件的所有权。

例如,已知 network 的成员有:user1、user2、user3。从图 3-1 中的示例可以看出,文件 a 的所有者为 user1,所属组为 network。用户 user1 对文件 a 具有可读、可写、可执行的权限;同属于 network 组的其他用户 user2、user3 对文件 a 不能写;至于所有其他用户对文件 a 则仅能读取。而目录 b 的所有者为 user1,所属的组为 network。用户 user1 可以在该目录中进行任何操作;同属于 network 组的其他用户也可以进入该目录进行操作,但是不能在该目录下进行写入的操作;至于所有其他用户则不能进入该目录,也无法写入该目录,只能读取该目录的内容。

3.4.2 设置文件的权限

1. 用 chmod 命令设置文件的权限

Linux 的文件调用权限分为三级:文件所有者、组及其他,通过 chmod 命令可以控制文件被何人调用。该命令仅限于文件所有者和 root 用户使用。

chmod 命令的语法格式如下。

```
chmod [options] MODE FILE
```

主要选项和参数如下。

参数 MODE 为要设置的权限值,可以用字母或者数字来表示。

以字母表示的 MODE 形如"[操作对象]<操作符>[权限]",具体说明如下。

- ◇ 操作对象:
  - ➢ u   用户 user,表示文件或目录的所有者。
  - ➢ g   用户组 group,表示文件或目录的所属组。
  - ➢ o   其他用户 other。
  - ➢ a   所有用户 all。

◆ 操作符：
  ➢ +　　添加权限。
  ➢ -　　去除权限。
  ➢ =　　给定权限。
◆ 权限：
  ➢ r　　read，读权限，对应数字 4。
  ➢ w　　write，写权限，对应数字 2。
  ➢ x　　execute，执行权限，对应数字 1。
  ➢ -　　没有授予任何权限，在 r、w、x 的位置处显示为"-"，对应数字 0。
  ➢ s 或 S　　SUID 位，在第一组的 x 位显示为"s"或"S"，对应在首位添加数字 4。
  ➢ s 或 S　　SGID 位，在第二组的 x 位显示为"s"或"S"，对应在首位添加数字 2。
  ➢ t 或 T　　sticky 位，在第三组的 x 位显示为"t"或"T"，对应在首位添加数字 1。

以数字表示的 MODE 仅由 3～4 位数字组成。首位预留给特殊权限，是全部特殊权限位对应数字之和；后面三个数字分别代表三个权限位组中所有普通权限位对应数字之和。将文件权限值由字母表示转换为数字表示见表 3-6。

表 3-6　将文件权限值由字母表示转换为数字表示

字母表示	转换过程	数字表示
rwxrwxr-x	(000)(421)(421)(401)	0775 或 775
rwsr-xr-x	(400)(421)(401)(401)	4755
rw-rwsr-T	(021)(420)(421)(401)	3675
rw-r--r--	(000)(420)(400)(400)	0644 或 644

使用示例

示例 1：开放文件 a 所有的权限，允许任何人对其执行任何操作。

```
# ll a                         // 修改权限前先查看测试文件 a 的权限
-rw-r--r--. 1 root petcat    0   Oct 22 05:53    a
# chmod 777 a                  // 更改权限，参数使用数字模式
# ll a
-rwxrwxrwx. 1 root petcat    0   Oct 22 05:53    a
```

编写 Shell 脚本时，由于新建文件的属性默认是"-rw-r--r--"，因此首先需要将其转变为可执行文件，并且不希望被其他人修改。通常的做法是：设置文件的属性为"-rwxr-xr-x",相当于数字类型为[4+2+1][4+0+1][4+0+1],即755,因此可以使用命令"chmod 755 filename"。

示例2： 使用操作符"=",将文件a的权限更改为"-rwxr-xr--"。

```
# chmod u=rwx,g=rx,o=r a       // 更改权限,参数使用字母模式
# ll a
-rwxr-xr--. 1 root petcat  0   Oct 22 05:53   a
```

如果在更改文件权限时不清楚其原先的设置,则可以借助操作符"+"或者"-"。

示例3： 允许所有人写文件a,但不允许除所有者之外的其他人执行该文件。

```
# ll a
-rwxr-xr--. 1 root petcat  0   Oct 22 05:53   a
# chmod a+w,go-x a             // 更改权限,参数使用字母模式
# ll a
-rwxrw-rw-. 1 root petcat  0   Oct 22 05:53   a
```

2. 用chown命令改变文件的属主和属组

Linux下的所有文件都有其所有者,通过chown命令可以将特定文件的所有者更改为指定的用户或组。该命令仅限于root用户使用。

chown命令的语法格式如下。

```
chown [options] [OWNER][:[GROUP]] FILE
```

主要选项和参数如下。
- -c，--changes   显示更改部分的信息。
- -R，--recursive 递归处理指定的目录。
- -v，--verbose   显示详细的处理信息。

注意： 要保证指定的用户名存在于文件"/etc/passwd"中,并且其所属组名存在于文件"/etc/group"中。此外,如果要改变整个目录树,则应加上选项"-R"。

使用示例

示例1： 以root身份建立目录b,并在其中建立测试文件b_a,要求修改整个目录树的所有权关系,使其所有者变为petcat用户,所属的组变为petcat组。

```
# mkdir b
# touch b/b_a
# chown -R petcat:petcat b     // 递归更改目录b的所有权
```

```
# ll -d b                          // 目录 b 自身的所有权关系已发生改变
ddrwxr-xr-x. 2 petcat petcat 4096 Oct 22 05:56 b
# ll b                             // 目录 b 中文件的所有权关系也已改变
total 4
-rw-r--r--. 1 petcat petcat 0 Oct 22 05:56 b_a
```

需要改变文件所有关系的最常见的场景,就是当用户把文件复制给其他人时,如果不改变目标文件的所有者,则默认属于执行复制操作的用户,从而很可能导致该文件无法被其他人使用。

示例 2: 把用户 petcat 的文件 .bash_profile 复制给用户 teacher。

```
# cp /home/petcat/.bash_profile /home/teacher
# ls -al /home/{petcat,teacher}/.*profile
-rw-r--r--. 1 petcat petcat  176  Aug 29 2021   /home/petcat/.bash_profile
-rw-r--r--. 1 root   root    176  Oct 22 06:02  /home/teacher/.profile
# chown teacher:teacher /home/teacher/.profile
# ls -al /home/teacher/.profile
-rw-r--r--.  1 teacher teacher 176 Oct 22 06:02 /home/teacher/.profile
```

需要说明的是,尽管"cp"默认将目标文件的所有者改成执行命令的用户及用户组,但该命令还提供了选项"-p",可以将原文件内容及其属性(包括权限和所有关系)一起复制。

3. 用 chgrp 命令改变文件的属组

通过 chgrp 命令可以对文件或目录的所属组进行更改。该命令仅限于 root 用户使用。

chgrp 命令的语法格式如下。

```
chgrp [options] GROUP FILE
```

chgrp 命令的主要选项和参数与 chown 命令相同,如-c、-R、-v 等。

💡 **使用示例**

以 root 身份建立文件 a,将其所属的组更改为 petcat。

```
# touch a                      // 所建文件 a 属于 root 用户和 root 组
# chgrp petcat a               // 修改文件 a 所属的组
# ls -l a                      // 查看文件 a 的属组已改变为 petcat
-rw-r--r--. 1 root petcat 0 Oct 22 05:53 a
```

```
# chgrp none a            // 设置文件 a 属于一个不存在的组 none
chgrp: invalid group 'none'   // 报错
```

4. 用 umask 命令预设权限掩码

在 linux 下创建一个文件或目录之后可以通过 chmod 命令对其进行权限设置,来达到给当前用户、用户组中的用户以及其他用户分配不同的访问权限的目的。而新创建的文件或目录本身也有自己的默认权限,该默认权限就是由权限掩码(umask)所确定的。权限掩码是由 3 个八进制的数字所组成,表示创建的文件或目录的默认权限中不需要的权限。

通过 umask 命令可以查看或更改权限掩码的预设值。该命令可以被 root 用户和普通用户使用。

umask 命令的语法格式如下。

```
umask [-p] [-S] [MODE]
```

主要选项和参数如下。
- -p   在结果中显示命令名称。
- -S   设置以文字形式输出权限掩码。

常见 umask 值及与之对应的文件权限和目录权限见表 3-7。

表 3-7 常见 umask 值及与之对应的文件权限和目录权限

umask 值	文件权限	目录权限
022	644	755
027	640	750
002	664	775
006	660	771

使用示例

修改文件权限掩码为 022。

```
# umask                // 查看初始的 umask 值
0077
# umask 022            // 更改 umask 值为 022
# umask                // 确认修改成功
0022
```

3.4.3 设置文件的 ACL

1. 访问控制列表 ACL(access control list)

常用权限的操作命令 chmod、chown、chgrp 及 umask 已经可以对文件权限进行修改,那么为什么还会出现访问控制列表 ACL?

在没有 ACL 技术之前,Linux 系统对文件的权限控制仅可划分文件的属主、属组、其他用户三类。随着技术的发展,传统的文件权限控制已经无法适应复杂场景下的权限控制需求,比如说一个部门(对应组 group)存在有多名员工(用户 user1、user2、user3⋯),对于部门内不同职责的员工,会为其赋予不同的权限,如为 user1 赋予可读可写权限,为 user2 赋予只读权限,不为 user03 赋予任何权限,等等。由于这些员工属于同一部门,按照前述的设置权限的方法,就无法为这些员工进行权限的细化。

因此,ACL 技术应运而生,使用 ACL 可以为文件提供更精细的权限设置——针对单一用户或组来设置特定的权限,即除了可以为文件的属主、属组、其他用户这三类对象分配权限外,还可以针对额外用户、额外组分配权限。

注意:使用 ACL 必须要由文件系统支持,目前绝大多数的文件系统都支持,比如 ext3/ext4、xfs/zfs 等。

2. ACL 相关命令

在 Linux 中可以通过 ACL 来管理某个文件及其特定的用户和用户组权限。设置文件的 ACL,只需掌握如下三个命令。

- getfacl:获取文件的 ACL。
- setfacl:设置文件的 ACL。chmod 根据文件所有者、所属组及其他用户三级权限进行权限分配,而 setfacl 则可以针对每一个文件或目录进行更加精准的权限分配。
- chacl:更改文件的 ACL。与 chmod 相似,但是更为强大精细,通过 chmod 可以控制文件被何人调用,但若是某一用户的文件只想给特定的用户看时,则需要 chacl 出场完成该需求。

(1) getacl 命令

getacl 命令的语法格式如下。

```
getfacl [-aceEsRLPtpndvh] file ⋯
```

主要选项和参数如下。

- ◇ -a, --access　　　　仅显示文件访问控制列表。
- ◇ -d, --default　　　　仅显示默认的访问控制列表。
- ◇ -c, --omit-header　　不显示注释表头。
- ◇ -e, --all-effective　　显示所有的有效权限。
- ◇ -E, --no-effective　　显示无效权限。

- -s，--skip-base   跳过只有基条目(base entries)的文件。
- -R，--recursive   递归显示子目录。
- -L，--logical   逻辑遍历(跟随符号链接)。
- -P，--physical   物理遍历(不跟随符号链接)。
- -t，--tabular   使用制表符分隔的输出格式。
- -n，--numeric   显示数字的用户/组标识。
- -p，--absolute-names   不去除路径前的"/"符号。
- -v，--version   显示版本并退出。

使用示例

通过 getfacl 查看文件 file1 的所有有效权限。

```
# getfacl -e file1
# file: file1
# owner: root
# group: root
user::rw-
group::r--
other::r--
```

（2）setfacl 命令

setfacl 命令的语法格式如下。

```
setfacl [-bkndRLP] { -m|-M|-x|-X … } file …
```

主要选项和参数如下。
- -m，--modify=acl   修改指定文件的 ACL，不能和 -x 混合使用。
- -x，--remove=acl   删除后续参数。
- -b，--remove-all   删除所有 ACL 参数。
- -k，--remove-default   移除预设的 ACL 参数。
- -R，--recursive   递归设置目录的 ACL 参数。
- -d，--default   预设目录的 ACL 参数。

使用示例

使用 setfacl 为文件 file1 添加用户 test 的读写权限，再通过 getfacl 查看。

```
# setfacl -m u:test:rw file1
# getfacl -e file1
```

```
# file: file1
# owner: root
# group: root
user::rw-
user:test:rw-            #effective:rw-
group::r--               #effective:r--
mask::rw-
other::r--
```

(3) chacl 命令

chacl 命令的语法格式和常见用法如下。

```
chacl acl pathname …
```

```
chacl -r acl pathname …
```

```
chacl -d dacl pathname …
```

```
chacl -b acl dacl pathname …
```

```
chacl [R / D / B / l] pathname …
```

主要选项和参数如下。

- -r   递归修改文件和目录的 ACL 权限。
- -d   设置目录的默认 ACL 权限，在此目录下新建的文件或目录都会继承其 ACL 权限。
- -b   同时设置文件 ACL 权限和目录默认 ACL 权限。
- -R   仅删除文件的 ACL 权限。
- -D   仅删除目录的 ACL 权限，是-d 的反向操作。
- -B   删除文件 ACL 权限和目录默认 ACL 权限，是-b 的反向操作。
- -l   列出文件和目录的 ACL 权限。

参数 acl 是一个可以被 acl_from_txt 程序分析出各用户权限的字符串，以逗号分隔为多个片段，每个片段的形式都是"tag:name:perm"。其中，tag 可以是 u、g、o、m（掩码）；name 是字符或 ID 形式的用户名或组名，如省略，则默认指文件的属主或属组；perm 是指派给用户或组的权限，它通常是由"rwx"组成的一个字符串。

> **使用示例**

删除并修改文件 file1 上的 ACL 权限。

```
# 列出文件 file1 和目录/etc 的 ACL 权限
# chacl -l file1 /etc/
file1 [u::rw-,u:test:rw-,g::r--,m::rw-,o::r--]
/etc/ [u::rwx,g::r-x,o::r-x]
# 修改文件 file1 的 ACL 权限
# chacl u::rwx,g::r-x,o:::--x,u:test:rw-,m::--- file1
# chacl -l file1             // 确认文件 file1 的 ACL 的修改结果
file1 [u::rwx,u:test:rw-,g::r-x,m::---,o::--x]
# chacl -B file1             // 删除文件 file1 的 ACL 权限
# chacl -l file1             // 文件 file1 的 ACL 权限已被清除
file1 [u::rwx,g::r-x,o::--x]
# 修改文件 file1 的权限
# chacl -r u::rwx,g::r-x,o::r-x file1
# chacl -l file1             // 文件 file1 权限变更为 755
file1 [u::rwx,g::r-x,o::r-x]
```

3.5 基本的安全性问题

用户通常需要先输入账号和密码,通过系统的验证之后,用户才能进入 Linux 系统。本节围绕一些基本的安全性问题探讨解决的途径。

3.5.1 密码及账户安全

1. 密码安全

早期的 Linux 将加密后的密码存放在"/etc/passwd"文件中,由于 passwd 文件能被所有用户读取,考虑到普通用户可以利用现成的密码破译工具通过穷举法猜测出存放的密码等情况,后来应对的措施是将 passwd 文件中原有的密码字段转移到影子文件 /etc/shadow 中,该文件默认仅允许超级用户读取。系统将用户在登录时输入的密码进行计算,并与 shadow 文件中的对应部分相比较,符合则允许登录,不符则拒绝用户登录。

尽管 shadow 文件中保存的是利用加密算法加密后的密码,但仍存在被暴力破解的

思政教学
任务单

树立网络安全观

可能。如果在相当长的一段时期内不需要添加新的用户和修改用户密码，建议使用 chatter 命令为 shadow 文件添加不可更改的只读属性。

```
# chattr +i /etc/shadow        // 为 shadow 文件添加只读属性
```

使用 lsattr 命令可以直接查看 chattr 命令添加文件上的属性。

```
# lsattr /etc/shadow
----i---------e----- /etc/shadow
```

这样，连 root 自身都无法修改此文件。在必要时，应临时去掉此属性。

```
# chattr -i /etc/shadow        // 取消 shadow 的只读属性
# lsattr /etc/shadow
--------------e----- /etc/shadow
```

chatter 命令的语法格式如下。

```
chattr [-pRVf] [-+=aAcCdDeijPsStTuF] [-v version] files…
```

有时候可能不希望对文件进行完全的限制，比如允许用户对文件进行追加的访问，这样就可以添加新的内容，但不能删除或更改原有的内容，此时可以通过 chattr 命令的"+a"选项实现；如果要对一个目录中的所有文件添加同样的限制，可以使用"-R"选项。

2. 账户安全

(1) 禁止用户登录系统

一台服务器上往往同时开启多种服务，这些服务默认使用系统中的账户进行认证，因此任何一种服务的漏洞导致的用户密码泄露都会危及整个系统的安全性。一种简单有效的解决方案是：只允许服务账户连接相应的服务器，而禁止登录系统。下面列举几种实现方法。

- 使账户无效
  - 在"/etc/passwd"文件中的用户名字段前加"#"。
- 锁定账户
  - 将"/etc/shadow"文件中的密码字段前加"!"。
  - 使用命令 usermod -L 锁定用户账户。
- 锁定密码
  - 将"/etc/shadow"文件中的密码字段前加"!!"。
  - 使用命令 passwd -l 锁定用户密码。

- 改变登录的 Shell
  - 在"/etc/passwd"文件中设置用户的 Shell 为"/sbin/nologin"或"/bin/false"等。
  - 使用命令 usermod -s 改变用户登录的 Shell。
- 设置账户或密码已经过期
  - 设置"/etc/shadow"文件中的密码失效日期为一个较早的日期。
  - 使用命令 usermod -e 改变用户密码的失效日期。

注意：如果用户没有密码，则会被禁止登录远程系统。因此，可以将"/etc/shadow"文件中特定用户的密码字段设置为空，或者使用 passwd -d 命令删除用户的密码，以此来禁止该用户登录远程系统，如下所示。

```
# grep test /etc/shadow         // 查看 shadow 文件中用户 test 的密码信息
test:$6$OUbTvVnYlJwjXyx8$O7qv0UW9eXGLHuaZx09uylZrgWo0xsJP5PoVpvda47h
FIWDbOVLxACL/Vdg6Pq/l/4HKZxAPhr3JAFe7nwHJM.:18149:0:99999:7:::
# passwd -d test                 // 删除用户 test 的密码
Removing password for user test.
passwd: Success
# 观察 passwd 文件和 shadow 文件中用户 test 的密码字段的变化
# grep test /etc/passwd  /etc/shadow
test:x:1000:1000:test:/home/test:/bin/bash
test::18151:0:99999:7:::
```

（2）限制 root 账户远程登录

计算机安全系统建立在身份验证机制上。如果 root 账户密码被盗，系统将会受到侵害，尤其在网络环境中，后果更不堪设想。因此限制 root 账户远程登录，对保证计算机系统的安全，具有实际意义。

使用示例

限制 root 通过 SSH 远程登录。修改配置文件"/etc/ssh/sshd_config"，查找到"#PermitRootLogin yes"这一行，将"yes"修改为"no"，如图 3-2 所示。

保存 sshd_config 文件，然后重启 SSH 服务。

```
# systemctl restart sshd.service
```

在客户端尝试以 root 账户登录到远程主机时，会发现系统显示"Access denied"，说明 root 账户远程登录失败，已经无法登录远程主机了，如图 3-3 所示。

（3）限制 root 账户可登录的终端

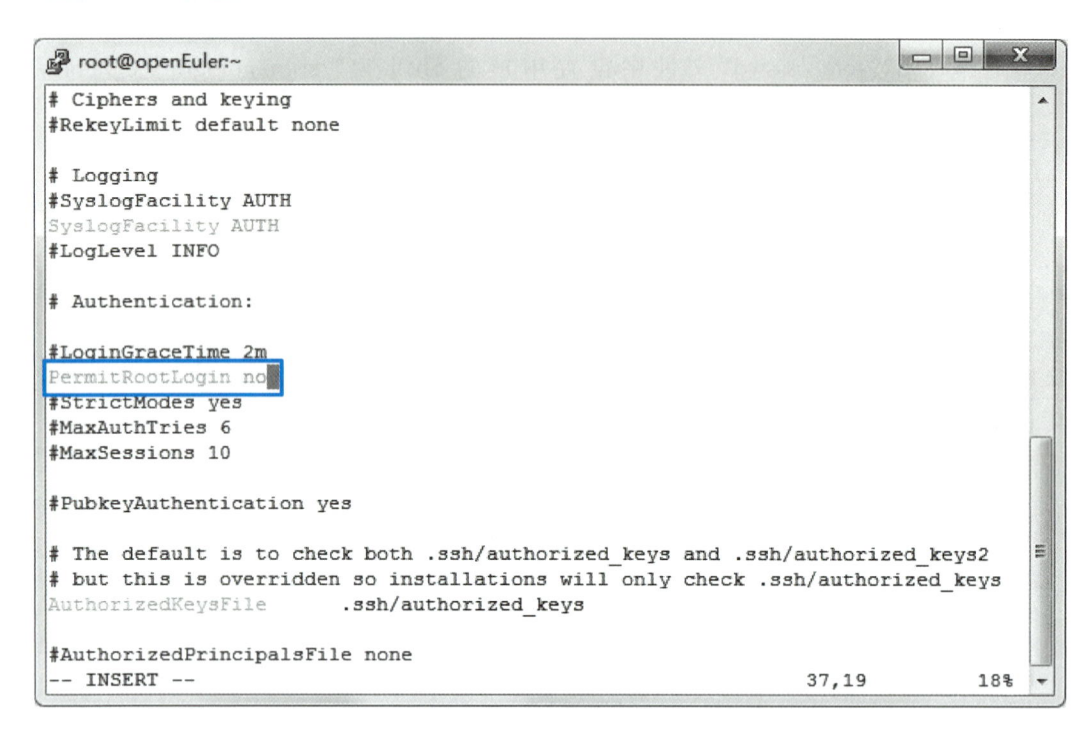

图 3‑2　修改配置文件"etc/ssh/sshd_config"

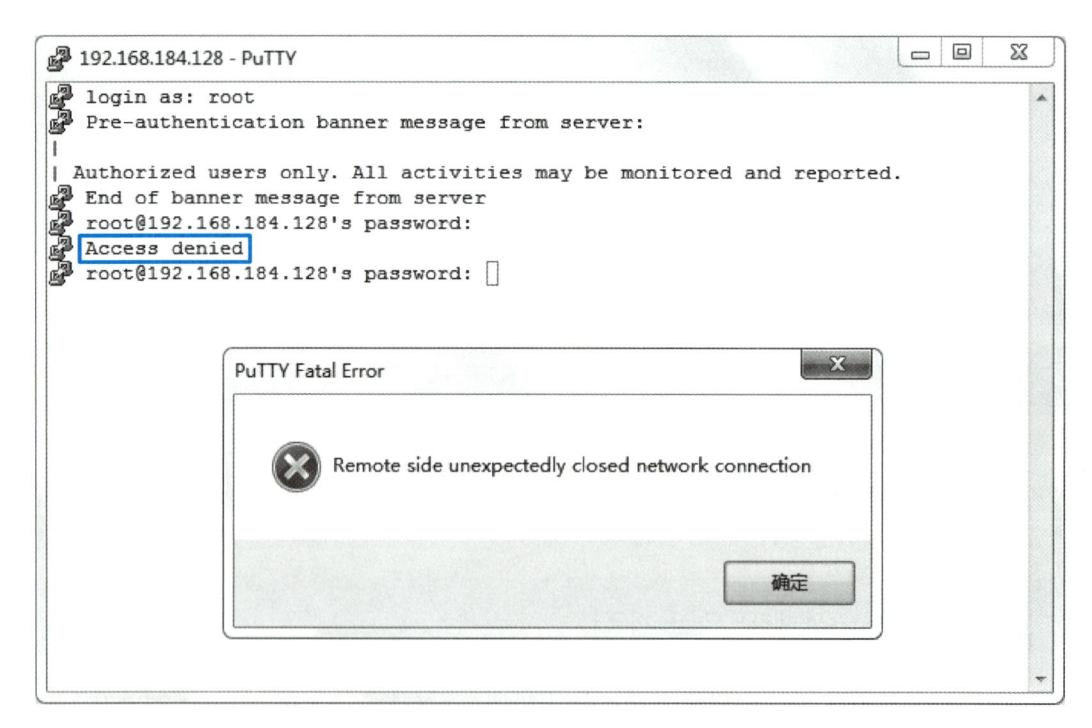

图 3‑3　root 账户远程登录失败

Linux 中最重要的账户就是超级用户,它拥有系统管理的最高权限,因而容易被黑客利用来破坏系统安全。因此应严格限制 root 账户只能在某一个终端登录。解决方案如下。

编辑"/etc/securetty"文件,增加允许 root 登录的终端(每个终端占用一行),也可以在禁止 root 账户登录的终端名前面添加"♯"。如果不想限制并允许 root 账户从任何位置登录,则可以删除这个文件,或者将该文件更名。如下所示的设置,将限制 root 账户仅可以从 tty1、tty2 登录。

```
tty1
tty2
```

(4) 删除不必要的系统账户

Linux 系统中默认内建了很多系统账户,如果它们的密码遭到破解,那么黑客也就获得了对系统的部分管理权限。因此,建议定期清理掉一些不必要的系统账户,如 lp、shutdown、halt、news、uucp、operator、games、gopher 等。

采取逐个删除的办法非常麻烦,可以通过脚本来实现。在一个文本文件中编辑以下行。

```
♯!/bin/bash
userdel lp
groupdel lp
userdel shutdown
groupdel shutdown
…(省略)
```

保存该文本文件并为之赋予执行权限,然后以"./脚本文件名"的方式执行即可。

3.5.2 使用 PAM 模块

Linux 中许多服务自身无认证功能。Linux 统一把这个任务交给一个中间的认证代理机构——PAM(pluggable authentication modules,插入式认证模块)来完成。PAM 是一套可以被其他程序调用的认证机制,无论什么程序,都可以使用 PAM 来做身份认证。PAM 采用封闭包的方式,将所有与身份认证有关的逻辑全部隐藏在模块内,其认证机制如图 3-4 所示。

PAM 的工作流程大致如下。

(1) 当用户访问一个启用 PAM 的服务时(例如访问/usr/bin/passwd 并要求输入密码),服务程序首先将调用 PAM 模块进行认证(不同服务对应不同的 PAM 模块)。

(2) PAM 模块在"/etc/pam.d/"目录下寻找对应的服务配置文件(一般是与服务程

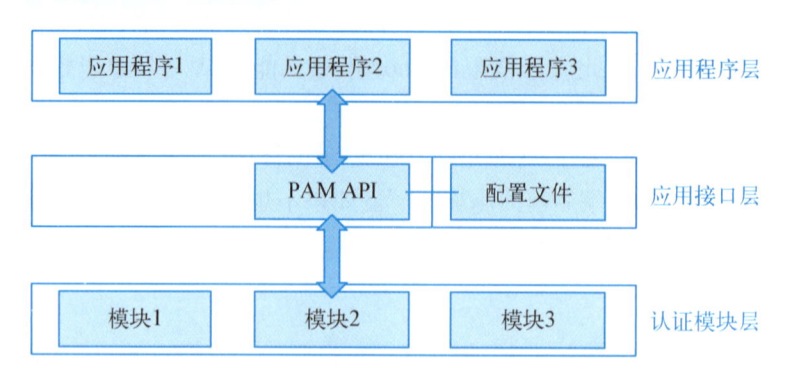

图 3-4 PAM 认证机制

序同名的一个文件,该文件专门定义了特定的服务需要使用哪些模块以及如何使用),然后,服务程序根据 PAM 内的设置,引用相关的 PAM 模块逐步进行认证分析。

(3) PAM 将认证结果(成功、失败或其他信息)返回给服务程序,服务程序根据收到的结果决定下一步操作。

通过上述 PAM 的工作流程可以看出,"/etc/pam.d"目录下的服务配置文件至关重要。如果要改变 PAM 的认证方法和要求,应首先改变与之对应的服务配置文件。

PAM 还有很多安全功能:它可以将传统的 DES 加密方法改写为其他功能更强的加密方法,以确保用户密码不会轻易地遭人破译;它可以设定每个用户使用计算机资源的上限;它甚至可以设定用户的上机时间和地点。Linux 系统管理员只需花费几小时去安装和设定 PAM,就能大大提高 Linux 系统的安全性,把很多攻击阻挡在系统之外。

典型案例 禁止普通用户通过 su 命令切换为 root 用户身份

尽管能禁止 root 从其他终端登录,但远程用户仍然有机会使用命令"/bin/su -"来切换为 root 用户身份。编辑 PAM 服务配置文件"/etc/pam.d/su",找到"auth"部分,第 19 行表示 wheel 组中的用户无需密码认证即可使用 su 命令切换为其他用户身份,该行默认未启用,请把行首的注释符取消。第 21 行表示只有 wheel 组中的成员才能使用 su 命令切换为其他用户身份,保持该行不变。

```
# vim /etc/pam.d/su
…(省略)
16 # %PAM-1.0
17 auth          sufficient      pam_rootok.so
18 # Uncomment the following line to implicitly trust users in the "wheel" group.
19 #auth         sufficient      pam_wheel.so trust use_uid
```

```
    20 ♯ Uncomment the following line to require a user to be in the "wheel"
group.
    21 auth              required              pam_wheel.so use_uid
    22 auth              substack              system-auth
    23 auth              include               postlogin
…(省略)
```

若希望用户 zyc 能切换为 root 用户身份,则必须将 zyc 账户加入 wheel 组,可以使用以下命令。

```
♯ gpasswd -a zyc wheel          // 或者:♯ usermod -a -G wheel zyc
♯ usermod -aG wheel zyc
] grep wheel /etc/group
wheel:x:10:user1,user2,zyc      // zyc 账户已被加入了 wheel 组中
```

验证用户 zyc 可以使用 su 命令切换为 root 用户身份,且无需输入密码:

```
[root@openEuler ~]♯ su - zyc    // 从 root 切换到 zyc
…(省略)
[zyc@openEuler ~]$ su - root    // 再尝试从 zyc 切换到 root,参数 root 可省略
Last login: Fri Sep 20 04:12:26 CST 2019 on tty1
…(省略)
[root@openEuler ~]♯              // 无需输入 root 的密码,直接切换成功
```

3.5.3 设置严格的权限

对文件或目录设置权限能够有效保证敏感数据的机密性。原则是:将文件或目录的权限设置到最严格,然后基于需要逐一放开。

一个全局可写的文件往往是病毒和木马的攻击目标,即使不被攻击,也可能被不断写入直到将硬盘填满,从而影响服务器的正常运行。特别地,若此类文件是可执行的,在执行过程中将会有很高的风险,因此应坚决杜绝服务器上存在此类公共文件。

另外,用户在执行设置了 SUID(第 1 个三位组中的"x"位被改为"s")的程序时,会暂时获得该程序的属主的权限,如果其属主等级较高(尤其是属主为 root 的情况),实际上提升了该程序执行者的权限,若此时执行了非法命令,将威胁到系统安全。

典型案例

案例 1: 每个用户都允许执行 passwd 命令来设置自己的密码,但是 passwd 程序仅限

于超级用户执行,因此,文件/usr/bin/passwd 默认设置了 SUID 位。

```
# ll /usr/bin/passwd
-rwsr-xr-x. 1 root root 31K Dec 8 2020 /usr/bin/passwd
```

案例 2: 每个用户都可以运行 su 命令来切换到其他用户。

```
# ll /bin/su
-rwsr-xr-x. 1 root root 71K Dec 17 2020 /bin/su
```

如果系统中存在的上述几种易被攻击的目标,无异于隐匿在系统中的定时炸弹,管理者需要经常检查并及时应对。下面是定位和处理此类文件的方法。

(1) 查找有 SUID 的文件,并且把它们的名字保存在"/root/sticky.files"中。

```
# find / -type f -perm -4000 2> /dev/null > /root/sticky.files
```

(2) 查找全局可写的文件,把它们的名字保存在"/root/world.writalbe.files"中。

```
# find / -type f -perm -2 > /root/world.writalbe.files
```

(3) 查看"/root/sticky.files"和"/root/world.writable.files"中有哪些文件。建议使用 rm 命令删除不需要的文件,或者使用 chmod 命令去掉 SUID 位。

```
# chmod u-s file                // 去掉文件 file 的 SUID 位
```

3.5.4 用户身份的切换

一般情况下以普通用户身份使用 Linux 系统,但是在更改系统文件或者执行某些管理命令时,都需要借助超级用户的权限才能进行,此时可以临时将普通用户切换为超级用户身份。

在切换用户身份时,通常用到以下三种命令。
- su:仅切换到 root 用户身份,但 Shell 环境仍为普通用户,是不完整的切换。
- su -:用户身份和 Shell 环境都会切换为 root 用户身份,是完整的切换。
- sudo:临时提升普通用户的权限,使普通用户可以执行超级用户才能执行的命令。

1. su/su -命令

su/su -命令的语法格式如下。

```
su [options] [-] [<user> [<argument>…]]
```

主要选项和参数如下。

- -m、-p，--preserve-environment　　使用当前的环境设置,不读取新用户的配置文件。
- -s，--shell <shell>　　指定要执行的 Shell(bash、csh、tcsh 等)。
- -c，--command <command>　　仅以<user>身份执行一次<command>。
- -f，--fast　　不需要读启动脚本(仅用于 csh 或 tcsh)。

使用示例

切换到 root 身份执行 ls 命令,完成后返回原用户。

```
$ su -c ls - root
Password:
anaconda-ks.cfg    file2    file4    sticky.files    world.writable.files
…(省略)
$
```

使用 su 命令来切换用户身份很方便,但是在多人共用 Linux 主机的环境下,每个人都需要知道 root 的密码才能切换为 root 身份,这是很不妥当的。通过 sudo 可以解决这个问题。

2. sudo 命令

(1) sudo 简介

sudo 是一个允许超级用户让普通用户执行一些或者全部的 root 命令的工具,因此 sudo 不是对 shell 的一个代替,它是面向每一个命令的。它具有以下几点特性。

- sudo 能够限制用户只在某台主机上运行某些命令。
- sudo 提供了丰富的日志,详细地记录了每个用户干了什么。它能够将日志传到中心主机或者日志服务器。
- sudo 使用时间戳文件来执行类似的"检票"系统。当用户调用 sudo 并且输入它的密码时,用户获得了一张有效期为 5 分钟的票(这个值可以在编译 sudo 时改变)。
- sudo 的配置文件是/etc/sudoers(权限为 0440),它允许系统管理员集中地管理用户的使用权限和使用的主机。

默认仅有 root 用户可以执行 sudo,不过在安装系统的过程中,如果勾选了"让此用户成为管理员"选项,则该普通用户也是可以使用 sudo 的。sudo 的执行流程如下。

① 系统首先在/etc/sudoers 文件中查找该用户是否被允许执行 sudo。

② 若允许用户执行 sudo，则让用户输入自己的密码（root 执行 sudo 时无需输入密码，若要切换的用户身份与执行者身份相同，也无需输入密码）。

③ 若密码输入正确，便开始执行 sudo 后面接的命令。

sudo 命令的语法格式如下。

```
sudo [options] <command>
```

主要选项和参数如下。

- -l，--list　　　　　　　　列出自己（sudo 的执行者）的权限。
- -v，--validate　　　　　　默认用户在第一次执行 sudo 时或是在 5 分钟内没有再执行 sudo 时会被要求输入密码验证，这个选项是自动重新做一次确认。
- -k，--reset-timestamp　　强迫用户下一次执行 sudo 时问密码（不论是否超过 5 分钟）。
- -b，--background　　　　将＜command＞放在后台执行，不用影响当前的 Shell。
- -p，--prompt = prompt　 更改问密码的提示语，其中 %u 会代换为用户名称，%h 会代换为主机名称。
- -u，--user = user　　　　指定欲切换到的用户身份（默认切换到 root 用户身份），后面接的 user 可以是用户名或者 UID 的形式。
- -s，--shel　　　　　　　　将执行环境变量 SHELL 的值设置为目标用户的登录 Shell。
- -H，--set-home　　　　　将环境变量 HOME 的值设置为目标用户的家目录。
- ＜command＞　　　　　 要以目标用户身份执行的命令。

使用示例

以系统用户 sshd 的身份在 /tmp 下面创建一个文件。

```
# sudo -u sshd touch /tmp/mysshd
# ll /tmp/mysshd
-rw-r--r--. 1 sshd sshd 0 Sep 19 06:02 /tmp/mysshd
# 注意新文件 mysshd 的属主和属组都是 sshd，而不是 root
```

注意：系统账户无法用 su - 的形式去切换（因为系统账户的 Shell 是 /sbin/nologin）。

（2）配置 sudo

执行 sudo 的重点就在于文件 "/etc/sudoers" 中的设置值。该文件内容有一定的规范，不建议直接使用 VIM，而是通过 visudo 命令来进行编辑。

使用示例

示例 1： 设置用户 test 可以使用 root 的所有命令。

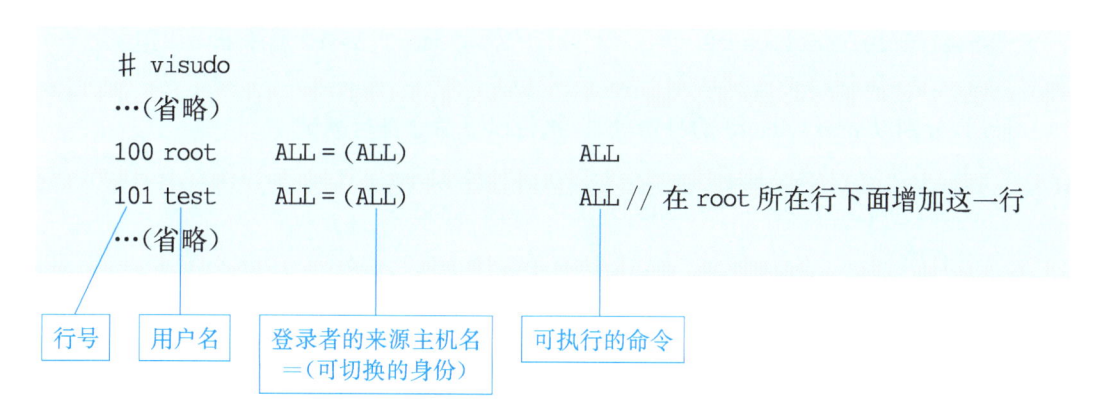

```
# visudo
…(省略)
100 root      ALL=(ALL)      ALL
101 test      ALL=(ALL)      ALL   // 在 root 所在行下面增加这一行
…(省略)
```

- 行号
- 用户名
- 登录者的来源主机名 =(可切换的身份)
- 可执行的命令

文件修改后保存退出，然后以 test 用户登录，执行以下命令进行测试。

```
[test@openEuler ~]$ tail -1 /etc/shadow   // 以 test 身份不能查看 shadow
tail: cannot open '/etc/shadow' for reading: Permission denied
[test@openEuler ~]$ sudo tail -1 /etc/shadow
We trust you have received the usual lecture from the local System
Administrator. It usually boils down to these three things:
# 以下几条仅仅是一些警告和说明：
    #1) Respect the privacy of others.
    #2) Think before you type.
    #3) With great power comes great responsibility.
[sudo] password for test:         // 此处输入 test 自己的密码
zyc1:!:18150:0:99999:7:::          // 以 root 身份可以查看 shadow
```

示例 2： 建立三个普通用户 user1、user2、user3，使 user1 和 user2 具备系统管最高权限。

```
# visudo
…(省略)
108 %wheel    ALL=(ALL)     ALL    // 以 % 开头表示这是一个组
…(省略)
```

请确认文件中有且启用了以上 %wheel 这一行，该设置意味着任何加入 wheel 组的用户，都能够使用 sudo 切换到任何身份来操作任何命令。接着将 user1、user2 加入 wheel 组。

```
# usermod -a -G wheel user1
# usermod -a -G wheel user2
# grep wheel /etc/group
wheel:x:10:user1,user2              // user1、user2 属于 wheel 组
```

最后，分别以 user1、user3 的身份登录，执行以下命令进行测试。

```
[user1@openEuler ~]$ sudo tail -1 /etc/shadow
…（省略）
[sudo] password for user1:          // 此处输入 user1 自己的密码
user3:!:18157:0:99999:7:::          // 可以查看 shadow
[user3@openEuler ~]$ sudo tail -1 /etc/shadow
…（省略）
[sudo] password for user3:          // 此处输入 user3 自己的密码
user3 is not in the sudoers file.   This incident will be reported.
# 出错信息，提示 user3 不在 sudoers 文件中
```

示例 3：使用户 user3 仅能执行设置普通用户密码的任务，而不是全部的系统管理任务。

```
# visudo
…（省略）
100 root     ALL = (ALL)     ALL
101 test     ALL = (ALL)     ALL
# 增加以下一行，使 user3 可以切换为 root 来执行 passwd 命令（命令务必写绝对路径）：
102 user3    ALL = (root)    ! /usr/bin/passwd,! /usr/bin/passwd root, /usr/bin/passwd [A-Za-z]*
…（省略）
```

以 user3 的身份登录，执行以下命令进行测试。

```
[user3@openEuler ~]$ sudo passwd user1   // user3 尝试修改 user1 的密码
[sudo] password for user3:               // 此处输入 user3 自己的密码
Changing password for user user1.        // 修改 user1 的密码成功
New password:
```

```
BAD PASSWORD: The password is shorter than 8 characters
Retype new password:
passwd: all authentication tokens updated successfully.
```

最后,user1 可以以重新设置的密码登录系统。

3.6 用户之间的信息传递

Linux 主机上同时有哪些登录用户？他们的具体情况是什么？用户之间如何开展交流？本节将解决这些在日常管理中经常遇到的问题。

3.6.1 查询用户登录情况

1. last、lastlog 命令

last 命令用于查询系统在建立以后到目前为止所有登录用户的信息,lastlog 命令用于查询每一个用户最近一次登录的时间,这两个命令在第二章中已有介绍,它们执行后的结果如下所示。

```
# last
test    pts/1      192.168.184.1    Thu Sep 19 07:32    still logged in
user1   pts/3      192.168.184.1    Thu Sep 19 07:25 - 09:27  (02:01)
user3   pts/2      192.168.184.1    Thu Sep 19 07:06 - 09:25  (02:18)
user3   tty1                        Thu Sep 19 07:06    still logged in
root    pts/0      192.168.184.1    Thu Sep 19 05:23 - 06:36  (01:12)
root    tty1                        Thu Sep 19 05:19 - 06:37  (01:18)
Reboot  system boot  4.19.90-2012.5.0  Thu Sep 19 05:17  still running
root    tty1                        Thu Sep 19 03:26 - crash  (01:51)
root    tty2                        Thu Sep 12 17:58 - crash (6 + 09:26)
root    pts/0      192.168.184.1    Thu Sep 12 17:47 - crash (6 + 09:37)
…(省略)
# lastlog
Username    Port    From             Latest
root        pts/4   192.168.184.1    Thu Sep 19 09:20:28 + 0800 2019
bin                                  ** Never logged in **
daemon                               ** Never logged in **
```

```
…（省略）
sysgroup1                         ** Never logged in **
teacher                           ** Never logged in **
zyc1                              ** Never logged in **
user1       pts/3   192.168.184.1   Thu Sep 19 07:25:45 +0800 2019
user2                             ** Never logged in **
user3       pts/2   192.168.184.1   Thu Sep 19 07:06:22 +0800 2019
```

2. w、who 命令

w、who 命令用于查询目前已登录系统的用户的信息，这两个命令在第二章中已有介绍，它们执行后的结果如下所示。

```
# w                  // 列出系统运行状态及所有在线用户的详细登录信息
09:43:16 up  4:25,  3 users,  load average: 0.00, 0.00, 0.00
USER     TTY     LOGIN@   IDLE   JCPU    PCPU    WHAT
user3    tty1    07:06    2:37m  0.03s   0.03s   -bash
root     pts/4   09:20    1.00s  0.04s   0.01s   w
test     pts/5   09:20    10:48  0.02s   0.02s   -bash
# who                // 列出当前所有在线用户的登录信息
user3    tty1    2019-09-19 07:06
root     pts/4   2019-09-19 09:20 (192.168.184.1)
test     pts/5   2019-09-19 09:20 (192.168.184.1)
```

3.6.2 用户之间的对话

1. write 命令

write 命令用于直接将消息发送给接收者。

write 命令的语法格式如下。

```
write 接收者账户 [接收者所在终端]
```

使用 write 命令定点发送消息示例如图 3-5 所示，可以看出用户 root 向在终端 pts/0 上登录的用户 test 发送了一段消息。

2. wall 命令

write 命令是针对某一个用户定点发送消息，wall 命令则用于向所有在线用户（包括发送者自己）广播消息。

wall 命令的语法格式如下。

图 3-5　使用 write 命令定点发送消息示例

wall "要广播发送的消息文本"

使用 wall 命令广播消息示例如图 3-6 所示，可以看出用户 root 在终端 pts/4 上向所

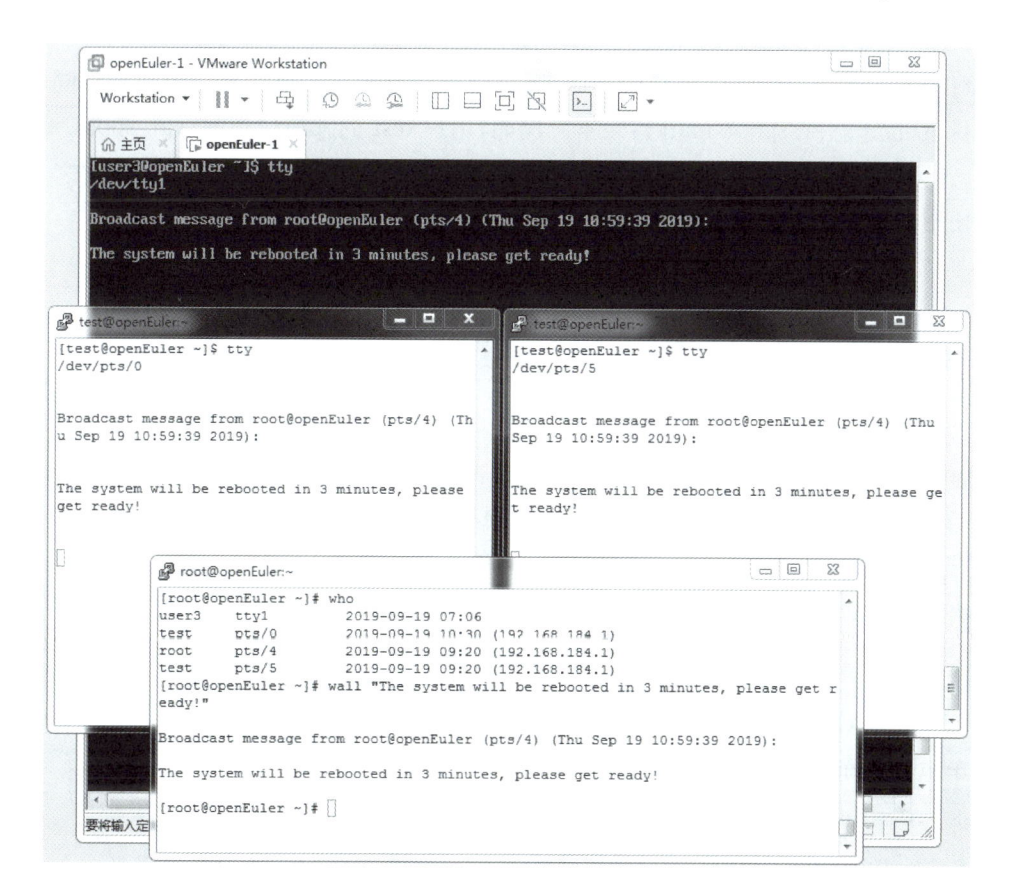

图 3-6　使用 wall 命令广播消息示例

有在线用户发出一条系统即将重启的警告消息,所有在线用户包括 root 用户自己都会立刻收到这一条消息。

3. mesg 命令

mesg 命令用于打开或关闭接收任何用户消息的功能。

mesg 命令的语法格式如下。

```
mesg [y | n]
```

如果 mesg 命令不带任何参数,则表示查看当前用户的 mesg 状态。

```
[test@openEuler ~]$ mesg       // 查看当前 test 用户的 mesg 状态
is y                            // 可以接收任何消息(y 是默认值)
```

3.6.3 收发邮件

如果要给当前不在线的用户或者给非本机用户发送信息,可以采用邮件的形式。

1. 用户邮箱

每个 Linux 用户在创建账户的同时,系统会自动为其在本地建立一个与用户同名的邮箱目录,位于/var/spool/mail 目录下。例如,用户 test 的邮箱目录为/var/spool/mail/test。

使用 ls 命令查看系统为哪些用户建立了邮箱。

```
# ls /var/spool/mail              // 查看系统为哪些用户建立了邮箱
rpc  sysgroup1  teacher  test  test1  user1  user2  user3  zyc1
```

2. 收发邮件

openEuler 默认不安装邮件客户端,因此在收发邮件前,首先要把相关软件包安装起来,如安装 mail 软件包。mail 软件包安装完毕后就可以直接使用 mail 命令来接收和发送邮件,指定的用户即为收信人。该命令还有许多内部命令。

mail 命令的语法格式如下。

```
mail [-s <subject>] <username@host>
```

主要选项和参数如下。

✧ -s <subject>　　　指定邮件的主题。
✧ <username@host>　指定收件人。

如果 mail 命令给本机用户发送邮件,可以省略参数"@host"。

> **使用示例**

示例 1：以 root 身份给用户 test 发送一封主题为"my dear"的邮件。

```
# mail -s "my dear" test      // 发送邮件给 test
Hello,test                    // 开始写邮件正文
I'm so glad to visit your family next week,
now I'm
ready                         // 按[Ctrl+D]组合键退出邮件正文的输入
EOT                           // 提示 EOT (end of text),表示该邮件内容输入完毕
#
```

示例 2：以上的输入出错后无法退回上一行修改,可以采用以下的方式解决。

```
# mail -s "my dear" test < file1   // 将 file1 的内容作为邮件正文发送给 test
# ls -a | mail -s "my dear" test   // 将命令执行的结果作为邮件正文发给 test
```

示例 3：以用户 test 的身份接收自己的邮件。

```
$ mail
…(省略)                       // 此处列出 test 所有邮件的列表,依序编号
&                             // 等待用户输入 mail 子命令,可以用? 查看
# mail 的子命令有很多,h N 表示列出第 N 封邮件的标头;d N 表示删除第 N 封邮件;
s N FILE 表示将第 N 封邮件存储为文件 FILE;x 或 exit 为直接退出;q 为完成操
作后退出
```

本章总结

本章主要介绍了 openEuler 中用户和组的基础概念以及具体添加用户和组的命令及方式,之后介绍了文件权限的相关概念,了解到了常见的读权限、写权限及执行权限的相关概念,并学习了如何针对文件或目录进行权限的修改,最后学习了文件权限中的一些特殊权限,包括 setfacl、getfacl 及 chacl,以及访问控制列表 ACL,并结合相关参数及示例演示,熟悉了如何使用相关命令来对文件或目录进行对应的权限修改。本章知识点涉及命令及重要配置文件详细说明如下所列。

知识点	命令/重要配置文件	说　　明
相关配置文件	/etc/passwd	用户账户信息文件，保存系统中所有用户的主要信息
	/etc/shadow	用户密码文件，保存用户密码（加密的）及其相关的信息
	/etc/group	组账户信息文件，保存系统中所有组的主要信息
	/etc/gshadow	组密码文件，保存组密码（加密的）及其相关的信息
	/etc/login.defs	新建账户配置文件
用户管理	useradd	创建用户账户
	usermod	修改用户的属性
	userdel	删除指定用户
	passwd	用户密码管理
组管理	groupadd	创建组账户
	groupmod	修改组名或组 GID
	groupdel	删除组
	gpasswd	管理组
文件权限管理	chmod	设置文件权限
	chown	修改文件的属主或属组
	chgrp	修改文件的属组，仅限于 root 用户使用
	umask	预设文件或目录的权限掩码
	getfacl	获取文件的 ACL
	setfacl	设置文件的 ACL
	chacl	更改文件的 ACL

本章习题

一、填空题

1. 建立用户账号的命令是_____。
2. 设定账号密码的命令是_____。

3. 更改用户密码过期信息的命令是_____。
4. 创建一个新组的命令是_____。
5. 当查看/etc/passwd 文件的时候，发现所有用户信息中都包含一个 x，这里 x 代表_____。
6. 改变文件或目录的读写和执行权限的命令是_____。
7. 指定在创建文件或目录时预设权限掩码的命令是_____。
8. 改变文件或目录所有权的命令是_____。

二、选择题

1. 以下用于保存用户账号信息的是(　　)文件。
   A．/etc/users　　　　　　　　B．/etc/gshadow
   C．/etc/shadow　　　　　　　D．/etc/fstab
2. 以下对 Linux 的用户账号的描述，不正确的是(　　)。
   A．Linux 的用户账号和对应的口令均存放在 passwd 文件中
   B．passwd 文件只有系统管理员才有权存取
   C．Linux 的用户账号必须设置了口令后才能登录系统
   D．Linux 的用户口令存放在 shadow 文件中，每个用户对它都有读的权限
3. 为了临时让用户 tom 登录系统，可采用的方法是(　　)。
   A．修改用户 tom 的登录 Shell 环境
   B．删除用户 tom 的主目录
   C．修改用户 tom 的账号到期日期
   D．将文件/etc/passwd 中用户名 tom 的一行前加入"#"
4. 新建用户使用 useradd 命令。如果要指定用户的主目录，需要使用(　　)选项。
   A．-g　　　　　　　　　　　B．-d
   C．-u　　　　　　　　　　　D．-s
5. usermod 命令无法实现的操作是(　　)。
   A．账号重命名　　　　　　　B．删除指定的账号和对应的主目录
   C．加锁与解锁用户账号　　　D．对用户口令进行加锁或解锁
6. 为了保证系统的安全，现在的 Linux 系统一般将/etc/passwd 码文件加密后保存为(　　)文件。
   A．/etc/group　　　　　　　　B．/etc/netgroup
   C．/etc/libsafe.notify　　　　D．/etc/shadow
7. 当用 root 登录时，(　　)命令可以改变用户 tom 的密码。
   A．su tom　　　　　　　　　B．change password tom
   C．password tom　　　　　　D．passwd tom
8. 所有用户登录的默认配置文件是(　　)。

A. /etc/profile　　　　　　　　B. /etc/login.defs

C. /etc/.login　　　　　　　　D. /etc/.logout

9. 如果为系统添加了一个名为 tom 的用户,则在默认的情况下,tom 所属的用户组是(　　)。

A. user　　　　　　　　　　　B. group

C. tom　　　　　　　　　　　D. root

10. 以下关于用户组的描述,不正确的是(　　)。

A. 要删除一个用户的私有用户组,必须先删除该用户账号

B. 可以将用户添加到指定的用户组,也可以将用户从某用户组中移除

C. 用户组管理员可以进行用户账号的创建、设置或修改账号密码等一切与用户和组相关的操作

D. 只有 root 用户才有权创建用户和用户组

11. 某文件的组外成员的权限为只读,所有者有全部权限,组内的权限为读与写,则该文件的权限为(　　)。

A. 467　　　　　　　　　　　B. 674

C. 476　　　　　　　　　　　D. 764

12. Linux 三种权限中只允许进入目录的权限是(　　)。

A. r 可读　　　　　　　　　　B. w 可写

C. x 可执行　　　　　　　　　D. 都不是

13. 在 openEuler 中,默认情况下,以下哪个 UID 隶属于普通用户?(　　)

A. 0　　　　　　　　　　　　B. 200

C. 800　　　　　　　　　　　D. 1200

14. 以下哪一个命令可以用来查看用户和组相关联文件中的信息?(　　)

A. cat　　　　　　　　　　　B. chmod

C. clear　　　　　　　　　　D. chage

三、操作题

1. 创建指定用户和组,具体要求如下。

   (1) 增加 usergrp 组,GID 号为 6000。

   (2) 新增 user1 用户,UID 号为 6000,密码为空,并将其附属组加入 usergrp 组中。

   (3) 新增 user2 用户,密码为 password,将用户的附属组加入 root 组和 usergrp 组。用户的主目录为/user2 目录。

   (4) 新增 user3 用户,不为用户建立并初始化宿主目录,用户不允许登录到系统的 Shell。

2. 设置用户的密码期限,具体要求如下。

   (1) 设置 user1 用户,在下次登录时必须强制更改密码。

（2）设置 user2 用户，密码 30 天必须更改密码，账号在 2022 年 12 月 31 日过期。
3. 新建目录/var/www/user1，并设置如下权限。
   （1）将此目录的所有者设置为 user1，并设置读写执行权限。
   （2）将此目录的组设置为 usergrp，并设置读执行权限。
   （3）将其他用户的权限设置为只读。
4. 创建/test 目录，在此目录中任何用户都可以创建文件或目录，但只有用户自身和 root 用户可以删除用户所创建的文件或目录。

第 4 章　软件与服务管理

▶▶▶ 本章导读

　　Linux 操作系统的设计目标就是为多用户同时提供服务。在一台 Linux 服务器上往往同时运行着大量的系统服务和应用服务,而这些服务大多需要通过安装相应的软件来提供,并且需要使用特定的工具进行软件管理。

　　本章介绍了二进制包和源代码包的区别以及源代码包的安装过程,重点讲述 openEuler 中安装 RPM 软件包的两种方式——RPM 安装、DNF 安装的相关概念,并通过具体的操作命令实现 RPM 软件包的安装、查询、升级、校验、卸载等功能。最后,介绍了 systemd 管理服务的概念以及操作方式。

▶▶▶ 学完本课程后,您将能够

- ◇ 掌握 RPM 的概念及操作命令
- ◇ 掌握 DNF 的概念及操作命令
- ◇ 掌握源码安装的概念及操作命令
- ◇ 掌握 systemd 管理服务的概念及操作命令

▶▶▶ 本章主要内容包括

- ◇ 使用 RPM 管理软件(安装、查询、升级、卸载等)
- ◇ 使用 DNF 管理软件
- ◇ 安装源代码包
- ◇ 使用 systemd 管理服务

4.1 管理软件包

4.1.1 软件包管理概述

Linux 软件包可分为两类:二进制包和源代码包。相应地,常用应用软件的安装方式也有两种,一种为使用二进制包安装,一种为编译安装(源代码安装)。

源代码包需要用户自行编译后再安装,然而不是每个用户都会编译源代码,为降低软件管理的难度,二进制包应运而生。二进制包是厂商在系统上将源代码编译形成的可执行文件,发布给用户后可以直接安装。二进制包的安装方式类似 Windows 下软件安装的方式。在安装二进制包的时候,会将与该二进制包相关的信息写入特定数据库中,因此可以方便地进行安装、卸载、升级、验证等操作,类似于 Windows 下的"卸载与更改程序"功能。

- 对于二进制包,不同的平台使得软件包的打包格式及管理工具不尽相同。例如,RedHat/CentOS、openLinux、openEuler 等发行版本采用的是 RPM 软件包,使用 RPM 管理器以及 YUM/DNF 源等方式来管理;Debian、Ubuntu 等发行版采用的是 deb 软件包,使用 DPKG 管理器以及 APT 源的方式来管理。此外,FreeBSD 采用 ports、txz 软件包,使用 make、pkg 工具来管理。
- 对于源代码包,常见的有 tgz 包,使用编译安装的方式。

注意:RPM 和 DPKG 是 Linux 最常见的两种二进制软件包安装方式和软件管理机制。这两种软件管理机制的对比见表 4-1。

表 4-1 RPM 软件管理机制和 DPKG 软件管理机制的对比

发行版代表	软件管理机制	使用命令	在线升级功能(命令)
Red Hat / Fedora	RPM	rpm、rpmbuild	YUM/DNF(yum/dnf)
Debian / Ubuntu	DPKG	dpkg	APT(apt-get)

说明:DPKG 软件管理机制最早由 Debian Linux 社区开发,大多衍生于 Debian 的 Linux 发行版都使用 DPKG 软件管理机制来管理 deb 软件,是当下非常流行的一种管理方式;RPM 软件管理机制最早由 Red Hat 公司开发,非常便捷,是安装软件的首选方式,大多数 Linux 发行版都采用该机制来管理 RPM 软件。下面就 RPM 软件包的管理做具体介绍。

4.1.2 RPM 软件包

RPM 的全名是 Red Hat Package Manager,是以一种数据库记录的方式来将用户所需要的软件(必须是预先编译并打包成 RPM 机制的文件,即 RPM 软件包)安装到用户

Linux 系统的一套软件管理机制，可以用来管理应用程序来进行安装、卸载和维护等操作。RPM 软件包一般是具有.rpm 扩展名的文件，其命名格式如图 4-1 所示。

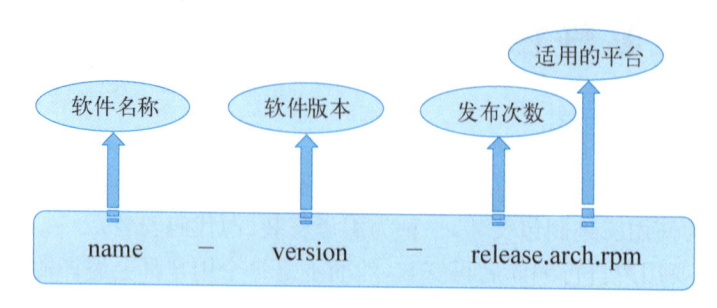

```
软件名称   软件版本   发布次数   适用的平台
   ↑          ↑          ↑          ↑
 name    —  version  —  release.arch.rpm
```

图 4-1　RPM 软件包的命名格式

因此，从 rpm 文件的名称中可以了解到这个软件的名称、版本信息、编译发布的次数、适用的平台（处理器架构）等。对文件名中每一部分的具体解读如下。

- 软件名称：注意要和软件包名称相区别，不同的管理命令要求使用的参数会不同。
- 软件版本：一般写成"主版本．次版本"的形式，例如"3.2"。在软件的主版本的框架下修改部分源代码所发布的新版本，就是次版本。
- 发布次数：即编译的次数。在同一版的软件中，有时出于解决 bug 或加固安全的需要，会打上小的补丁或者重设一些编译参数，之后重新编译并打包为 rpm 文件，因此有了在特定版本下的发布次数。
- 适用平台：一般写成"操作系统．CPU 架构"的形式，例如"el7.x86_64""oe1.noarch"。说明该软件在什么样的操作系统平台和处理器架构能够安装。noarch 表示没有任何硬件等级上的限制。

当用户在安装 RPM 软件包时，RPM 会先查询该软件包里默认数据库记录中所依赖的其他软件包，如果所依赖的其他软件包已安装，则可以安装该软件包，否则不予安装。在安装的同时，该软件的信息会全部写入本机的 RPM 软件数据库中，以便之后进行升级、查询、校验、卸载等操作。

RPM 软件管理机制的优势如下。

- RPM 软件包内含已编译并打包过的程序与配置文件等数据，软件的传输与安装简单便捷。
- RPM 软件包在被安装之前，会先检查系统的硬盘容量、操作系统版本、硬件等，可避免安装错误。
- RPM 软件包自带软件的版本信息和用途说明、软件的依赖属性、软件所含文件等信息，便于了解软件及查询其依赖属性。
- RPM 软件管理机制使得在管理软件的过程中会使用 Linux 主机上的 RPM 软件数据库来记录软件的相关参数，便于软件的安装、升级、查询、校验或卸载。

RPM 软件管理机制的劣势如下。

- 软件的安装环境必须与其打包环境相一致或相当。不同的 Linux 发行版之间，甚至在同一发行版的不同版本之间，RPM 文件不能兼容使用。这个问题可以用 SRPM 解决：SRPM 软件包文件以 .src.rpm 为后缀名，一般随 RPM 软件包一同发布，是一种特殊形式的源代码包，需要编译为 RPM 文件后再安装。

- 具有很强的依赖关系。例如，安装、卸载软件时需要先处理好具有依赖关系的软件，否则无法进行；尤其是卸载软件时要特别小心，如果先删除了具有依赖关系的底层软件，会导致其他软件无法正常使用，如果删除的是最底层的软件，则会给整个系统的运行造成威胁。

其实几乎所有的软件管理机制都会面临软件依赖的问题，包括在 Window 下面也大量存在此问题。软件依赖的根源在于软件通常会发布函数库以实现部分功能在不同软件之间的共享。

要解决 RPM 机制面临的软件依赖问题，可以利用 RPM 文件中自带的记录依赖性的数据，将相互依赖的软件建立一份清单。在安装软件包时前，先了解这份清单中的软件有哪些还未安装，则需在安装时一并安装起来。

4.1.3　使用 RPM 工具管理软件

1. rpm 命令

rpm 命令常用于安装、删除、升级、查询和校验等场景，只能以 root 身份使用。rpm 命令的使用比较简单，其中最为强大和最值得推荐的就是它的查询功能。如果仅仅是安装、升级、卸载操作，更值得学习和推荐的其实是 YUM/DNF。

rpm 命令的语法格式如下。

```
rpm [options] <软件包名称>|<软件名称>|<软件包内的文件名称>
```

主要选项和参数如下。

- -i，--install　　　　　　　　　安装指定的软件包。
- -v，--verbose　　　　　　　　　显示详细的安装过程。
- -h，--hash　　　　　　　　　　使用 hush 记号"#"来显示安装进度。
- -F，--freshen=<packagefile>+　　更新软件（如存在旧版则更新，否则不执行任何操作）。
- -U，--upgrade=<packagefile>+　　升级软件（如存在旧版则更新，否则执行全新安装）。
- -e，--erase=<package>+　　　　卸载指定的软件。
- -q，--query　　　　　　　　　 查询系统是否已安装指定的软件包。
- -a，--all　　　　　　　　　　　查询或校验系统已安装的所有软件。
- -f，--file　　　　　　　　　　　查询或校验文件所属的软件包。
- -p，--package　　　　　　　　 查询或校验一个软件包文件。
- -c，--configfiles　　　　　　　　显示所有的配置文件。

- --force 即使覆盖已存在的软件,也强制安装。
- --nodeps 即使该软件包所依赖的其他软件未安装,也强制安装。
- -V,--verify 校验指定的软件在安装后发生的改变。

2. 安装软件

RPM 软件包的安装过程如下。

(1) 检查安装环境是否符合 RPM 文件内记录的设置参数。例如,如果在用户的环境中找不到所依赖的软件包,则无法进行安装。

(2) 安装环境检查合格后,开始安装软件。

(3) 安装完成后,该软件相关的信息被写入本机/var/lib/rpm 目录下的 RPM 数据库文件。

注意:/var/lib/rpm 目录下的数据非常重要,记录了本地已安装的所有 RPM 软件的相关信息,这些信息将用于相关软件后续的升级、查询、校验、卸载等操作,一定不要删除。

rpm 命令安装软件的常见用法如下。

- rpm -i <example.rpm> 安装指定的软件包(必要选项)。
- rpm -iv <example.rpm> 安装时显示软件包的详细信息。
- rpm -ivh <example.rpm> 安装时显示安装进度和软件包的详细信息(常用)。

使用示例

示例 1:假设 openEuler 的安装光盘已挂载在/mnt 目录下,请使用该光盘安装软件 gcc(Linux 下著名的 C 编译器)。

```
# rpm -ivh /mnt/Packages/gcc-7.3.0-20190804.35.oe1.x86_64.rpm
warning: /mnt/Packages/gcc-7.3.0-20190804.35.oe1.x86_64.rpm: Header V3 RSA/SHA1 Signature, key ID b25e7f66: NOKEY
Verifying…        ################################# [100%]
Preparing…        ################################# [100%]
        package gcc-7.3.0-20190804.35.oe1.x86_64 is already installed
```

示例 2:安装软件 samba(网络文件服务器)。

```
# cd /mnt/Packages/
# rpm -ivh samba-4.11.12-3.oe1.x86_64.rpm
# 无法执行安装命令,软件 samba 存在以下的依赖关系:
…(省略)

# 经过若干次尝试,发现 samba 软件包依赖于其他 3 个软件包,建议将这 4 个软件包一并安装
```

```
# rpm -ivh samba-4.11.12-3.oe1.x86_64.rpm \
samba-common-tools-4.11.12-3.oe1.x86_64.rpm \
samba-help-4.11.12-3.oe1.x86_64.rpm \
samba-libs-4.11.12-3.oe1.x86_64.rpm
warning: samba-4.11.12-3.oe1.x86_64.rpm: Header V3 RSA/SHA1 Signature, key ID b25e7f66: NOKEY
Verifying…            ################################[100%]
Preparing…            ################################[100%]
Updating / installing…
  1:samba-libs-4.11.12-3.oe1        ################[ 25%]
  2:samba-common-tools-4.11.12-3.oe1 ################[ 50%]
  3:samba-help-4.11.12-3.oe1        ################[ 75%]
  4:samba-4.11.12-3.oe1             ################[100%]

# rpm -q samba
samba-4.11.12-3.oe1.x86_64
```

如果在安装过程中发生问题，或预知会发生问题，仍执意安装的话，可以使用--nodeps（忽略依赖性而强制安装）、--force（强制安装，不管该软件是否安装过）等选项。注意，尽量解决问题再安装，而不是使用强制安装法，否则安装好的软件很可能无法正常使用。

示例 3：直接通过网络上的特定地址安装软件，示例如下。

```
# rpm -ivh http://website.name/path/example.rpm
```

3. 升级与更新软件

rpm 命令升级与更新软件的常见用法如下。
- rpm -U ＜example.rpm＞　　升级指定的软件包（必要选项）。
- rpm -Uvh ＜example.rpm＞　升级时显示升级进度和软件包的详细信息（常用）。
- rpm -F ＜example.rpm＞　　更新指定的软件包（必要选项）。
- rpm -Fvh ＜example.rpm＞　更新时显示更新进度和软件包的详细信息（常用）。

4. 卸载软件

rpm 命令卸载软件的常见用法如下。
- rpm -e ＜example＞　　　　卸载指定的软件（必要选项）。
- rpm -e -nodeps ＜example＞　不检测依赖性直接卸载指定的软件。
- rpm -e -allmatches ＜example＞　批量卸载同名的软件（不论存在多少个版本）。

注意事项如下。

- RPM 软件卸载时需要慎重考虑软件之间的依赖性,卸载的顺序应与安装的顺序相反,不要先卸载底层的软件。
- RPM 软件卸载时,若不考虑软件包的依赖性,可以使用"--nodeps"(不检测依赖性)来强制卸载,但可能会导致其他软件无法正常使用,故一般情况下不建议使用。
- 如果需要卸载的软件存在多个版本,可以使用 allmatches 命令进行批量卸载。

使用示例

尝试卸载软件 pam。

```
# rpm -qa|grep gcc          // 列出与 gcc 有关的软件名称
libgcc-7.3.0-20190804.35.oe1.x86_64
gcc-7.3.0-20190804.35.oe1.x86_64

# rpm -e gcc                // 尝试直接卸载 gcc
error: Failed dependencies: // 有其他软件依赖 gcc,故不能先卸载 gcc
    gcc is needed by (installed) systemtap-devel-4.3-1.oe1.x86_64
    gcc is needed by (installed) dkms-2.6.1-6.oe1.noarch

# rpm -e --nodeps gcc       // 忽略其他软件包,强制卸载 gcc(不建议使用)
```

5. 查询软件

对于已安装的软件,RPM 查询的是 /var/lib/rpm 目录下的数据库文件,相对方便和快捷;对于未安装的软件,RPM 只能查询 RPM 软件包文件中自带的数据。

rpm 命令查询软件的常见用法如下。

- rpm -q <example>   查询指定的软件是否已被安装(必要选项)。
- rpm -qa   列出已安装的软件包。
- rpm -qf <file>   查询指定的文件属于哪个软件包。
- rpm -ql <example>   列出已安装软件中的文件列表和完整目录。
- rpm -qi <example>   列出已安装软件详细信息(开发商、版本、说明等)。
- rpm -qil <example>   列出已安装软件的信息及其中包含的文件。
- rpm -qc <example>   列出已安装软件的所有配置文件。
- rpm -qd <example>   列出已安装软件的所有说明文件(帮助文档)。
- rpm -qR <example>   列出与已安装软件有关的依赖软件所含的文件。
- rpm -qp <example.rpm>   查询指定软件包内的信息,而非已安装软件的信息。
- rpm -qilp <example.rpm> 列出未安装的软件包的信息及其中包含的文件。

使用示例

示例 1：查询当前系统中所有安装的软件包。

```
# rpm -qa
wget-1.20.3-2.oe1.x86_64
libgusb-0.3.4-1.oe1.x86_64
python3-firewall-0.6.6-2.oe1.noarch
net-tools-2.0-0.54.oe1.x86_64
```

示例 2：查询当前系统中是否安装了 gcc、pam 这两个软件。

```
# rpm -q gcc pam
gcc-7.3.0-20190804.35.oe1.x86_64
pam-1.4.0-3.oe1.x86_64
```

示例 3：列出当前系统中属于 gcc、pam 这两个软件所提供的所有文件和目录。

```
# rpm -ql gcc pam
/usr/bin/c89
/usr/bin/c99
/usr/bin/cc
/usr/bin/gcc
…（省略）
```

示例 4：列出关于软件 gcc 的详细说明。

```
# rpm -qi gcc
Name         : gcc                                // 软件名称
Version      : 7.3.0                              // 软件版本
Release      : 20190804.35.oe1                    // 发布的版本
Architecture : x86_64                             // 编译时所针对的硬件架构
Install Date : Thu 22 Apr 2021 07:40:07 PM CST    // 安装到当前系统的时间
Group        : Development/Languages              // 软件所在的软件组
Size         : 52093629                           // 软件的大小
License      : GPLv3+ and GPLv3+ with exceptions and GPLv2+ with exceptions and LGPLv2+ and BSD         // 发布的授权方式
```

```
Signature        : RSA/SHA1, Tue 08 Dec 2020 11:05:09 AM CST，Key ID
d557065eb25e7f66                                // 软件包的数字签名
Source RPM       : gcc-7.3.0-20190804.35.oe1.src.rpm    // SRPM 的文件名
Build Date       : Tue 08 Dec 2020 10:46:35 AM CST    // 编译打包的时间
Build Host       : ecs-obsworker-202              // 在哪一台主机上编译的
Packager         : http://openeuler.org
Vendor           : http://openeuler.org
Summary          : Various compilers (C, C++, Objective-C, Java, …)
Description      :                               // 以下为更详细的描述
Python combines remarkable power with very clear syntax. It has modules,
classes, exceptions, very high level dynamic data types, and dynamic
typing. There are interfaces to many system calls and libraries, as well
as to various windowing systems. New built-in modules are easily written
in C or C++ (or other languages, depending on the chosen implementation).
Python is also usable as an extension language for applications written
in other languages that need easy-to-use scripting or automation interfaces.

This package Provides python version 3.
```

示例 5：分别列出软件 gcc 所有的配置文件和说明文件。

```
# rpm -qc gcc
# rpm -qd gcc
/usr/share/info/gcc.info.gz
/usr/share/info/gccinstall.info.gz
/usr/share/info/gccint.info.gz
/usr/share/man/man1/gcc.1.gz
/usr/share/man/man1/gcov.1.gz
```

示例 6：列出安装软件 gcc 所需要的全部文件。

```
# rpm -qR gcc
/bin/sh
/bin/sh
/bin/sh
binutils >= 2.20.51.0.2-12
```

```
cpp = 7.3.0-20190804.35.oe1
glibc >= 2.16
glibc-devel >= 2.2.90-12
libc.so.6()(64bit)
…(省略)
```

示例 7： 查询常用命令 ls 是由哪个软件包提供的。

```
# whereis ls
ls: /usr/bin/ls
```

```
# rpm -qf /usr/bin/ls
coreutils-8.32-1.oe1.x86_64
```

示例 8： 查询安装软件包 coreutils 所依赖的全部文件。

```
# rpm -qRp /mnt/Packages/coreutils-8.32-1.oe1.x86_64.rpm
warning: /mnt/Packages/coreutils-8.32-1.oe1.x86_64.rpm: Header V3 RSA/SHA1 Signature, key ID b25e7f66: NOKEY
/bin/sh
/bin/sh
/sbin/install-info
…(省略)
```

注意：在查询本机已安装的 RPM 软件的相关信息时，只需要写软件名称，因为可以直接从/var/lib/rpm 目录下的 RPM 数据库去查询；如果相关软件没有被安装，则只能查询 RPM 文件，这时需要写出 RPM 软件包文件的完整名称(包括路径)。

6. 软件校验

RPM 软件校验的原理是将当前 Linux 系统环境下已安装的文件与/var/lib/rpm 目录下的数据库文件进行对比。如果用户不小心误删除或修改了某个软件的文件，可以通过校验的方式来了解相关软件中的文件发生了哪些变化。

如果没有发生变化，则不显示任何信息；如果发生变化，校验的结果一般显示如下。

```
SM5DLUGTP    [c|d|g|l|r]    <filename>
```

"SM5DLUGTP"中的每个字符代表该文件发生了某一类变化，如果没有发生变化，则相应的位置显示"."。"c|d|g|l|r"中的任意一个字符标识一种文件类型，不属于这几类的则不显示任何字符。

rpm 命令进行软件校验的常见用法如下。
- rpm -V <example>　　　　校验指定的软件,无变化则不显示(必要选项)。
- rpm -Va　　　　　　　　列出当前系统的软件中所有可能被修改过的文件。
- rpm -Vp <example.rpm>　列出指定的软件包内可能被修改过的文件。
- rpm -Vf <file>　　　　　显示文件 file 是否被修改过。

使用示例

示例 1:检查软件 gcc 与刚安装时相比较是否被修改过。

```
# rpm -V gcc                         // 软件 gcc 从安装到目前为止,未发生变化

# ll /bin/gcc
-rwxr-xr-x. 2 root root 1.2M Dec  8  2020 /bin/gcc
# touch /bin/gcc                     // 更改 gcc 的时间戳
# chmod 770 /bin/gcc                 // 更改 gcc 的权限模式

# rpm -V gcc                         // 再次校验,发现软件 gcc 的变化如下
.M....T.    /usr/bin/gcc             // 显示被修改过的信息类型
```

在本例最后的显示结果中,可以看出文件软件包 gcc 包含的文件 /usr.bin/gcc 发生了一些改变。RPM 校验结果中的文件变化标识字符及其含义见表 4-2,通过查询该表,可以了解字符 M 和字符 T 所代表的含义。

表 4-2　RPM 校验结果中的文件变化标识字符及其含义

文件变化标识字符	含　　义
S(file size differs)	文件的大小发生变化
M(mode differs)	文件的类型或权限模式发生变化
5(MD5 sum differs)	MD5 校验值的内容发生变化(可以理解为文件内容发生变化)
D(device major/minor number mis-match)	设备的主/次代码发生变化
L(readlink path mis-match)	链接(Link)路径发生变化
U(user owership differs)	文件的属主发生变化
G(group owership differs)	文件的属组发生变化
T(mtime differs)	文件的建立时间发生变化
P(capabilitis differs)	功能发生变化

示例 2：修改软件 pam 下某个配置文件的内容，再进行校验。

```
# rpm -qc pam                        // 列出软件 pam 所有的配置文件
…(省略)
/etc/security/pam_env.conf           // 接下来修改该文件的内容
…(省略)

# vim /etc/security/pam_env.conf     // 删除一行注释

# rpm -V pam                         // 检查软件 gcc 的文件发生了哪些变化
# 配置文件 pam_env.conf 的大小、内容、修改时间均发生了变化
S.5….T.   c /etc/security/pam_env.conf
```

在本例最后的显示结果中，可以看出字符"c"代表文件 pam_env.conf 的类型为配置文件。校验结果中的文件类型标识字符及其含义见表 4-3 所示。

表 4-3 RPM 校验结果中的文件类型标识字符及其含义

文件类型标识字符	含 义
c(config file)	配置文件
d(documentation)	数据文件
g(ghost file)	幽灵文件(通常是该文件不被某个软件所包含，较少发生)
l(license file)	许可证文件
r(read me)	自述文件

注意：从校验结果中可以分析出哪些文件的改变是用户或系统本身作出的，哪些文件的改变不是用户所预期的。如果属于后一种情况，则要考虑系统被入侵的风险。一般而言，配置文件的修改是比较正常的，也容易恢复，而二进制程序被修改，就要特别当心了。

4.2 使用 DNF 管理软件

4.2.1 YUM/DNF 概述

1. 关于 YUM

许多 RPM 软件包之间存在相互依赖的复杂关系，在使用 rpm 命令进行安装、删除等

操作时，需要手工查询并一一解决这些依赖关系，非常费时费力，且很容易出错。例如，httpd 软件包的安装就要解决一些依赖关系。

YUM 是一个基于 RPM 包管理的字符前端软件包管理器。YUM 通过分析 RPM 的标头数据后，根据各软件之间的相关性制作出属性依赖时的解决方案，然后通过一次性下载和安装所有依赖的软件包，自动处理软件的依赖属性问题。

YUM 允许从本地或者网络服务器的指定位置自动下载 RPM 包。这些指定的位置就是所谓的软件源(software sources)，即 Linux 发行版免费提供的应用程序安装仓库，有时候也会使用第三方软件源。软件源可以位于网络服务器、光盘、甚至是硬盘上的一个目录。使用 Linux 软件源的优势如下。

- 需要用到一个软件的时候，可以通过工具自动地下载并安装。
- 可以让用户及时获取重要的安全更新，解决安全隐患。
- 可以解决软件依赖的复杂关系，提高软件安装效率。

2. 关于 DNF

Linux 系统的软件管理工具 yum 是基于 RPM 软件包的在线管理工具，可以在指定的服务器建立 YUM 源，通过访问 YUM 源自动下载 RPM 软件包并进行安装。YUM 源可以加入软件源仓库中，实现对软件包的管家式服务，同时能够解决软件包之间的依赖关系，提升了安装效率。

尽管 YUM 的优势很多，但是存在一些长期难以解决的问题，例如 yum 的运行性能差、内存占用过多、依赖解析速度慢等。同时，yum 过度依赖 YUM 源，如果源文件出现问题，yum 相关操作可能会失败。

从 Fedora 22 开始，YUM 已经被移除，被它的改进版——DNF(Dandified YUM)所替代；RHEL 8 提供了基于 Fedora 28 的 DNF 包管理系统 YUM v4。DNF 管理器克服了 YUM 管理器的一些瓶颈，具有以下几个优势。

- DNF 管理器提升了用户体验，改进了内存占用、依赖分析及运行速度等方面的不足。
- 在功能上，DNF 不仅可以实现从指定软件源获取所需软件包，并通过自动处理依赖关系来实现安装、卸载以及更新等 YUM 已有的功能，还可以查询软件包的信息。
- DNF 与 YUM 完全兼容，提供了兼容 YUM 的命令行以及为支持扩展和安装插件所需的 API。

注意：RHEL/CentOS 中使用 yum 命令，Fedora 中使用 dnf 命令。从以下命令的执行结果可以看出，在 openEuler 中，虽然还能使用 yum 命令，但已基本上被 dnf 命令所取代。

```
[root@openEuler yum.repos.d]# ll /bin/yum
lrwxrwxrwx. 1 root root 5 Dec 11  2020 /bin/yum -> dnf-3
[root@openEuler yum.repos.d]# ll /etc/yum.conf
lrwxrwxrwx. 1 root root 12 Dec 11  2020 /etc/yum.conf -> dnf/dnf.conf
```

4.2.2 使用 DNF 管理软件

DNF 需要管理员（root）权限。使用 DNF 管理 RPM 软件包的一般过程如图 4-2 所示：

```
配置DNF                管理软件包/软件包组          更新

修改DNF配置参数          搜索软件包                 检查更新
创建本地软件源仓库        列出软件包/软件包组清单     升级
添加、启用或禁用软件源    显示软件包信息             更新所有包及其依赖
                       下载软件包并安装软件包/软
                       件包组
                       删除软件包/软件包组
```

图 4-2 DNF 管理 RPM 软件的一般过程

1. DNF 配置文件

DNF 的主配置文件是/etc/dnf/dnf.conf，DNF 的客户端配置文件是/etc/yum.repos.d/*.repo。

（1）DNF 主配置文件——/etc/dnf/dnf.conf

在文件/etc/dnf/dnf.conf 中包含一个必须的[main]配置段，用于定义全局参数，还可以包含一个或多个[repository]配置段，用于保存针对具体软件源的信息。该文件默认只有一个[main]配置段，其他的[repository]配置段可以手工添加进去（不建议这样操作，最好是在/etc/yum.repos.d/目录下的.repo 文件中专门定义各个软件源。需要注意的是主配置文件中的[repository]设置会覆盖*.repo 文件中的[repository]设置）。

文件/etc/dnf/dnf.conf 的默认设置如下所示。

```
# cat /etc/dnf/dnf.conf
# 以下为文件内容：
[main]

# 设置是否对该软件仓库中的软件包做 GPG 签名检查，1 表示检查，0 表示不检查
gpgcheck = 1

# 设置在 installonlypkgs 中列出的任何单个软件包可以被同时安装的最大版本数量。默认值为 3，不建议降低此值，0 表示不受限制
```

```
    installonly_limit = 3
```

\# 当依赖软件包(必须是通过 DNF 自动安装而非在用户明确请求下安装)不再被使用时,在 DNF 卸载阶段(dnf remove)将被卸载。仅当该项值为 True(默认值)时,依赖软件包才会被卸载
```
    clean_requirements_on_remove = True
```

\# 在升级软件时总是尝试安装其在软件仓库内的最高版本,如果最高版本无法安装,则提示无法安装的原因并停止安装。默认值为 True
```
    best = True
```

\# 如果设置为 Enabled,表示在解析依赖项后跳过不可用的软件包,即 DNF 将继续运行并禁用由于任何原因无法同步的软件仓库。若要检查软件仓库的不可访问性,请将其与刷新命令行选项结合使用。默认值为 False
```
    skip_if_unavailable = False
```

除了上述默认的设置以外,用户可以在该文件中自行添加以下所列其他重要的设置项。
- cachedir=＜dir＞:设置 DNF 的缓存目录,该目录用于存放下载的 RPM 软件包和数据库文件,默认值是/var/cache/yum。
- keepcache=1 | 0:是否保存缓存。1 为保存,0 为不保存。
- logdir=＜dir＞:设置 DNF 日志文件 dnf.log 存放的位置,默认值是/var/log。
- installonlypkgs=＜package1 package2 … ＞:提供 DNF 可以安装的以空格分隔的软件包列表,但是这些软件包永远不会更新。
- name=＜repository_name＞:设置软件源仓库(repository)的描述字符串。
- baseurl=＜repository_url＞:设置软件源仓库(repository)的地址列表。

更详细的设置参数及其说明请使用 man dnf 和 man dnf.conf 命令进行查询。

(2) DNF 客户端配置文件——/etc/yum.repos.d/＊.repo

在 openEuler 主机的/etc/yum.repos.d 目录下,有一个缺省的 DNF 客户端配置文件 openEuler.repo,该文件由[OS]、[everything]、[EPOL]、[debuginfo]、[source]、[update]六个[repository]配置段组成,每个配置段都指向一个软件源,其中最好认的软件源是 OS(系统默认的软件源)与 update(软件升级版本)。

所有[repository]的设置都遵循如下格式。

```
# cd /etc/yum.repos.d
# vim openEuler.repo
…(省略)
```

```
[OS]                          // 该软件源的 repo id 为 OS,必须是唯一的
name = OS                     // 设置 DNF 源 OS 的描述信息
♯ 以下指定 DNF 源的位置。是最重要的设置。只能有一个 baseurl,值可以是多
个分行的 url:
baseurl = http://repo.openeuler.org/openEuler-20.03-LTS-SP1/OS/$basearch/
enabled = 1                   // 是否启用此 DNF 源。默认启用是 1,禁用是 0
♯ 以下设置是否在安装前检查软件包的 GPG 签名。默认不检查是 0,检查是 1
gpgcheck = 1
♯ 以下指定文件位置,若 gpgcheck = 1,则启用此设置:
gpgkey = http://repo.openeuler.org/openEuler-20.03-LTS-SP1/OS/$basearch/
RPM-GPG-KEY-openEuler
…(省略)
```

用户完全可以参照该模板文件,创建自己的 DNF 软件源仓库文件。

说明:在使用 DNF 之前,每个软件源都需要导入它的 GPG 密钥(一般是名称为 RPM-GPG-KEY* 的文本文件,将它们从各个软件源站点目录下载后,使用"rpm -- import <GPG 密钥文件的 URL>"命令导入 GPG 密钥),DNF 使用 GPG 密钥对软件包进行校验,确保下载包的完整性。

2. 管理 DNF 源

可供 DNF 下载的软件包包括 Linux 发行版本身包含的软件包以及源自一些非官方软件源仓库的软件包,全部是由 Linux 社区维护的,并且大多是自由软件。所有的包都有一个独立的 GPG 签名,主要是为了用户的系统安全。来自新软件源仓库的签名是自动导入并安装的。DNF 仓库支持以下三种地址表达方式。

- ◆ ftp://URL 路径   在 FTP 服务器上,如:ftp://path/to/repo。
- ◆ http://URL 路径   在 HTTP 服务器上,如:http://path/to/repo。
- ◆ file:///本地光盘挂载目录   在本地目录,如:file:///path/to/local/repo。

使用示例

利用 openEuler 安装光盘创建并管理一个本地 DNF 软件源仓库。

(1) 添加软件源

假设已经把 openEuler 的安装光盘挂载到本机的/mnt 目录下,并且支持建立本地 DNF 源。下面建立一个新的软件源仓库。

可以在 /etc/dnf/dnf.conf 文件中添加一个或多个软件源仓库。

```
♯ vim /etc/dnf/dnf.conf
…(省略)
```

```
# 添加软件源仓库：
name = repository_url
name = repository_ur2
…（省略）
```

如果不习惯使用上面的方式，还可以选择在/etc/yum.repos.d/目录下添加".repo"文件，这个操作需要在 root 权限下进行。

```
# dnf config-manager --add-repo repository_url
```

成功执行以上命令后会在/etc/yum.repos.d/目录下生成对应的.repo 文件。

```
[root@openEuler yum.repos.d]# dnf config-manager --add-repo file:///mnt
Adding repo from: file:///mnt
[root@openEuler yum.repos.d]# ls    // 自动生成了 DNF 软件仓库文件 mnt.repo
mnt.repo   openEuler.repo
```

查看文件 mnt.repo 的内容（根据以上 dnf 命令自动生成的）。

```
[root@openEuler yum.repos.d]# cat mnt.repo
# 以下是文件内容：
[mnt]                                            // repo id
name = created by dnf config-manager from file:///mnt
baseurl = file:///mnt
enabled = 1
```

（2）检查软件源

执行以下命令下载仓库中的安装源数据并生成缓存（在/var/cache/dnf 目录下）。

```
# dnf makecache
# 下载本地软件源仓库中的数据成功：
created by dnf config-manager from file:///mnt    98 MB/s | 13 MB   00:00
# 下载 http 服务器上的软件源仓库中的数据失败，因为本机未连接网络：
OS                                                0.0 B/s |  0 B   00:00
Errors during downloading metadata for repository 'OS':
…（省略）
```

之后可以随时使用如下命令来清空缓存。

```
# dnf clean dbcache|all
```

用以下命令可以显示所有的软件源,查看是否创建成功。

```
# dnf repolist all
repo id          repo name                                          status
EPOL             EPOL                                               enabled
OS               OS          新增的软件仓库 mnt.repo 中设置的软件源    enabled
debuginfo        debuginfo                                          enabled
everything       everything                                         enabled
mnt              created by dnf config-manager from file:///mnt     enabled
source           source                                             enabled
update           update                                             disabled
```

注意:以上列表中,mnt 排序在 OS 之后,导致 mnt 在实际操作中将不被使用。可以通过将其他的软件仓库更名的方式,使得当前可用且仅能使用的软件仓库只有 mnt.repo。

```
[root@openEuler yum.repos.d]# ls
abc.repo   mnt.repo   openEuler.repo

[root@openEuler yum.repos.d]# mv openEuler.repo openEuler.repo.bak
[root@openEuler yum.repos.d]# ls
abc.repo   mnt.repo   openEuler.repo.bak   // 目前仅 mnt.repo 可以被使用
```

(3) 启用和禁用软件源

添加好软件源之后,需要在 root 权限下启用软件源(其中的 repository 为新增 .repo 文件的 repo id,即仓库标识),启用命令如下。

```
# dnf config-manager --set-enabled mnt     // 启用 repo id 为 mnt 的软件源
```

如果软件源不再被使用,可以通过命令行禁用该软件源,需要在 root 权限下禁用,禁用命令如下。

```
# dnf config-manager --set-disabled mnt    // 禁用 repo id 为 mnt 的软件源
# dnf repolist mnt
```

```
repo id      repo namestatus
mnt          created by dnf config-manager from file:///mnt  disabled
```

3. 管理软件包/软件包组

前面已经建立了一个本地的软件源仓库,下面可以用 dnf 命令便捷地对软件包/软件包组进行安装、升级、查询、卸载等操作。如果命令中加上选项-y,则表示使用非交互方式。

(1) 搜索软件包

使用 search 命令,可以通过名称、缩写和描述信息来搜索所需 RPM 软件包,格式如下。

```
dnf search <keyword>
```

使用示例

搜索 openjdk 软件包。

```
# dnf search openjdk
Last metadata expiration check: 0:41:13 ago on Sun 22 Sep 2019 01:59:22 AM CST.
================ Name & Summary Matched: openjdk ================
java-1.8.0-openjdk.x86_64 : OpenJDK Runtime Environment 8
java-1.8.0-openjdk-accessibility.x86_64 : OpenJDK 8 accessibility connector
…(省略)
=================== Summary Matched: openjdk ==================
openEuler-latest-release.x86_64 : System information like kernelversion, openeulerversion, gccversion,
                                  : openjdkversion and compile time
```

(2) 列出软件包/软件包组清单

使用 list/grouplist 命令可以列出 RPM 软件包/软件包组的清单,格式如下。

```
dnf list all              // 列出所有已安装和仓库中可用的 RPM 软件包信息
dnf list installed        // 列出所有已安装的 RPM 软件包信息
dnf list available        // 列出所有仓库中可用的 RPM 软件包信息
dnf list <example>…       // 列出指定的 RPM 软件包信息
dnf groups summary        // 列出所有的 RPM 软件包组的摘要信息
```

```
dnf [-v] grouplist          // 列出所有的 RPM 软件包组信息
dnf provides <file>         // 列出指定文件是由哪些 RPM 软件包生成的
```

使用示例

示例 1：分别列出名为 coreutils 和 httpd 的软件包。

```
# dnf list coreutils httpd      // 列出名为 coreutils 和 httpd 的软件包信息
Last metadata expiration check: 0:09:27 ago on Sun 22 Sep 2019 02:49:03 AM CST.
Installed Packages              // 下面列出的软件包 coreutils 是已安装的
coreutils.x86_64        8.32-1.oe1              @anaconda
Available Packages              // 下面列出的软件包 httpd 是还未安装的
httpd.x86_64            2.4.43-4.oe1            mnt
```

示例 2：查看所有软件包组的摘要信息，列出所有软件包组的清单。

```
# dnf groups summary
Last metadata expiration check: 0:30:33 ago on Sun 22 Sep 2019 02:49:03 AM CST.
Installed Groups: 2
Available Groups: 7

# dnf -v grouplist
…(省略)
Completion plugin: Generating completion cache…
Available Environment Groups:
    Minimal Install (minimal-environment)
    Virtualization Host (virtualization-host-environment)
Installed Environment Groups:
    Server (server-product-environment)
Installed Groups:
    Container Management (container-management)
    Headless Management (headless-management)
Available Groups:
    Development Tools (development)
```

　　　　Legacy UNIX Compatibility (legacy-unix)
　　　　Network Servers (network-server)
　　　　Scientific Support (scientific)
　　　　Security Tools (security-tools)
　　　　System Tools (system-tools)
　　　　Smart Card Support (smart-card)

（3）显示软件包/软件包组信息

使用 info/groupinfo 命令可以获取 RPM 软件包/软件包组的详细信息，类似于 rpm -qi 的功能，格式如下。

```
dnf info installed              // 列出所有已安装的 RPM 软件包详细信息
dnf info extras                 // 列出所已安装但不在仓库中的 RPM 软件包详细信息
dnf info updates                // 列出所有仓库中可以更新的 RPM 软件包详细信息
dnf info <example>…             // 获取指定的 RPM 软件包详细信息
dnf [-v] groupinfo <软件包组>…   // 列出指定 RPM 软件包组的详细信息
```

使用示例

示例 1：显示软件包 httpd 的详细信息。

```
# dnf info httpd
Last metadata expiration check: 0:46:55 ago on Sun 22 Sep 2019 02:49:03 AM CST.
Available Packages
Name         : httpd
Version      : 2.4.43
Release      : 4.oe1
Architecture : x86_64
Size         : 1.2 M
Source       : httpd-2.4.43-4.oe1.src.rpm
Repository   : mnt
Summary      : Apache HTTP Server
URL          : https://httpd.apache.org/
```

```
License       : ASL 2.0
Description   : Apache HTTP Server is a powerful and flexible HTTP/1.1
```
compliant web server.

示例2： 分别显示软件包组 Server 和 Development Tools 的详细信息。

```
# dnf groupinfo Server "Development Tools"
Last metadata expiration check: 0:45:01 ago on Sun 22 Sep 2019 02:49:03 AM CST.
Environment Group: Server
Description: An integrated, easy-to-manage server.
no group 'debugging' from environment 'server-product-environment'
Mandatory Groups:
   Container Management
   Core
…（省略）
Last metadata expiration check: 0:53:28 ago on Sun 22 Sep 2019 02:49:03 AM CST.

Group: Development Tools
Description: A basic development environment.
Mandatory Packages:
   autoconf
   automake
…（省略）
```

（4）检查、升级、降级软件包/软件包组

dnf 命令可以检查系统中的软件包/软件包组是否需要更新，并且可对所有需要更新的软件包/软件包组或特定的软件包进行升级。此外，dnf 命令也可以根据需要对软件包/软件包组进行降级。

使用 check-update 命令，可以列出可以升级的 RPM 软件包，格式如下。

```
dnf check-update
```

使用 upgrade、update、downgrade 等命令可以升级、降级 RPM 软件包，格式如下。

```
dnf upgrade                     // 升级所有可以升级的 RPM 软件包
dnf upgrade <example>           // 升级指定的 RPM 软件包
```

```
dnf groupupgrade ＜软件包组＞        // 升级指定的组里面的所有 RPM 软件包
dnf downgrade ＜example＞            // 降级指定的 RPM 软件包
```

(5) 下载、安装、卸载软件包/软件包组

使用 download 命令,可以下载 RPM 软件包,格式如下。

```
dnf download ＜example＞
```

说明：如果需要同时下载未安装的依赖软件包,则加上选项--resolve,命令如下。

```
dnf download --resolve ＜example＞
```

使用 install/groupinstall 等命令,可以安装 RPM 软件包/软件包组,格式如下。

```
dnf [-y] install ＜example＞           // 安装指定的 RPM 软件包,会查询软件
仓库,可能会询问用户是否同时安装依赖或卸载冲突的包,选项-y 表示自动确认
dnf [-y] reinstall ＜example＞         // 重新安装指定的 RPM 软件包
dnf [-y] localinstall ＜example＞      // 安装本地已下载的 RPM 软件包
dnf [-y] groupinstall ＜软件包组＞     // 安装指定的组里面的所有 RPM 软件包
```

说明：可以同时安装多个软件包。在 DNF 的主配置文件/etc/dnf/dnf.conf 中添加设置项 strict＝False,然后运行带有选项"--setopt＝strict＝0"的 dnf 命令进行安装。命令如下。

```
dnf install package_name package_name… --setopt = strict = 0
```

使用 remove/groupremove 等命令可以卸载 RPM 软件包/软件包组,格式如下。

```
dnf [-y] remove ＜example＞            // 卸载指定的 RPM 软件包,会查询软件仓
库,可能会询问用户是否同时卸载依赖的包,选项-y 表示自动确认
dnf [-y] groupremove ＜软件包组＞      // 卸载指定的软件包组里面的所有 RPM
软件包
```

说明：每个软件包组都具有对应的名称和 id,可以通过名称或 id 安装或卸载软件包组。

使用示例

安装软件包组 development,完成后再卸载。

```
# vim mnt.repo
dnf groupinstall development
Created by dnf config-manager from file:///mnt 3.7 MB/s | 3.8 kB    00:00
No match for group package "pkgconf-pkg-config"
No match for group package "huaweijdk-8"
No match for group package "pkgconf-m4"
No match for group package "rpm-sign"
Dependencies resolved.
=========Package Architecture Version Repository Size ============
Installing group/module packages:
Asciidoc noarch 8.6.10-3.oe1 mnt 250 k
…(省略)
Installing dependencies:
adobe-mappings-cmap noarch 20190730-2.oe1 mnt    15 k
…(省略)
Installing Groups:
Development Tools

Transaction Summary
===============================================================
Install   119 Packages


Total size: 167 M
Installed size: 561 M
Is this ok [y/N]:y
Downloading Packages:
Running transaction check
Transaction check succeeded.
Running transaction test
Transaction test succeeded.
Running transaction
  Preparing   :                                                  1/1
  Installing  : urw-base35-fonts-common-20170801-11.oe1.noarch   1/119
  Running scriptlet:    apr-1.7.0-2.oe1.x86_64                   2/119
…(省略)
```

```
Installed:
  adobe-mappings-cmap-20190730-2.oe1.noarch
…(省略)
alsa-lib-1.2.3-1.oe1.x86_64


Complete!
```

检查开发工具软件包组是否安装成功。

```
# dnf grouplist installed
Last metadata expiration check: 0:15:31 ago on Sun 22 Sep 2019 04:27:04 AM CST.
Installed Environment Groups:
   Server
Installed Groups:
   Container Management
   Development Tools
   Headless Management
```

卸载软件包组 development。

```
# dnf -y groupremove development
```

4.3 源代码安装

Linux 中的软件几乎都是经过 GPL 的授权，因此它们几乎都提供或开放源代码，通过源代码安装软件是除了二进制软件包安装外的又一种常用的安装软件的方式。openEuler 中会优先选择二进制包来进行软件安装，但也会存在需要使用源代码安装的场景，比如：RPM 软件包版本太旧，编译参数不适用于当前业务；需要安装的软件无现成 RPM 软件包可用；RPM 软件包缺乏某些特性；需要优化编译参数，提升性能。

4.3.1 源代码安装概述

相对于二进制软件包来说，源代码软件包的移植性较好，用户可以自行修改这些程序代码,以符合特定的安装环境和使用需求。因此,仅需发布一份源代码包,不同用户经过编译即可正常运行,但是其配置和编译过程较为繁琐。

使用源代码安装软件具有以下的优势。

- 在编译过程中可以根据自身需求设置参数进行软件安装,灵活性好。
- 经过本机编译,使得源码安装的软件与本机兼容性最好。

使用源代码安装软件主要有以下问题。

- 用户需自行完成软件的配置及编译,这个过程较为繁琐,还可还能出错。
- 可能由于安装软件过新等问题,导致无对应的依赖包,软件升级较复杂。

下面介绍在源代码安装过程中会用到的几个关键的概念。

1. 可执行文件和编译器

经过编译器加工后产生的二进制程序就是可执行文件。可以用 file 命令查看文件是否为二进制文件:

```
# file /etc/networks
/etc/networks: ASCII text       // 纯文本文件


# 以下文件为可执行的二进制文件,会显示执行文件类别(ELF 64-bit LSB pie executable),同时会说明是否使用动态函数库(interpreter /lib64/ld-linux-x86-64.so.2):
# file /bin/bash
/bin/bash: ELF 64-bit LSB pie executable, x86-64, version 1 (SYSV), dynamically linked, interpreter /lib64/ld-linux-x86-64.so.2, BuildID[sha1]=b7d54cdb79ac2b915e60850a934b2df76f37cd36, for GNU/Linux 3.2.0, stripped


# 以下文件为脚本文件(ASCII text executable)
# file abc.sh
abc.sh: Bourne-Again shell script, ASCII text executable
```

注意:Shell 脚本本身不是二进制文件,但它是依靠例如 bash 这样的 shell 程序去调用已经编译好的 Shell 脚本文件去执行的,故脚本是可执行的。

操作系统真正能识别的只有二进制程序。二进制程序是按照如下的流程产生的。

(1) 首先用户使用文本编辑器编写程序,形成源代码文件(属于纯文本文件)。C 语言的源代码文件通常以 *.c 命名;

(2) 其次通过编译器对编写完成的源代码文件进行编译和链接(可能会利用已经存在的函数库),制作成为操作系统能理解并可以执行的二进制程序。

实际上,在编译过程中会产生名为 *.o 的目标文件,有时候还会在程序中引用、调用其他的外部子程序,或者是利用其他软件提供的函数,这就必须在编译的过程中将该函数库加进去。最终，编译器就可以将所有的程序代码与函数库做链接，以产生正确的可执行文件。

2．函数库

函数类似于子程序，是可以被调用来执行的一段功能代码。例如，Linux 系统提供的一个可供身份认证的模块 PAM，其本质就是一个函数，很多程序在执行时直接引用这个模块的功能来执行认证（而不是重新设计自己的认证机制），还可以将身份确认的数据记录在日志里，便于管理员跟踪。而函数库则是具有一定功能的函数的集合。

也就是说，在设计程序代码时加入要引用的外部函数库（在编译过程中，就要加入此函数库的相关设置），该程序在执行时就可以直接利用相关外部函数的功能了。

Linux 内核也提供了相当多的与内核相关的函数库和外部参数来给开发者使用，这些内核功能在设计硬件驱动程序的时候是相当有用的信息。这些内核相关信息大多放置在/usr/include、/usr/lib、/usr/lib64 里。

3．make 命令与 configure 检测程序

实际上，使用 GCC（Linux 中常用的 C 语言编译器）来进行编译的过程比较复杂，因为一个软件通常是由相当多个程序代码文件组成的。如果使用一般的编译工具，除了对每个主程序和子程序都需要使用一次编译命令之外，还需要写上最终的链接程序，这对于处理既多且大的程序文件而言，是非常困难的。这时可以使用 make 命令的相关功能来简化编译的过程。

通常软件开发者会写一个检测程序（通常命名为 configure）来检测用户的操作环境是否符合该软件的要求，检测程序运行完毕后，就会自动建立名为 Makefile 的规则文件。一般来说，检测程序主要包括以下检测的内容。

- 是否有适合的编译器可以编译此软件的程序代码。
- 是否存在此软件所需要的函数库，或其他需要的依赖软件。
- 系统平台是否适合此软件，包括 Linux 的内核版本。
- 内核的头文件（header include）是否存在（驱动程序必须要的检测）。

make 命令在执行时，默认会在当前目录下查找 Makefile（记录源代码如何编译的详细信息）这个文本文件。make 会自动判别源代码是否经过变动，进而按需来自动更新执行文件。

编译过程示意图如图 4-3 所示。

4．Tarball 软件

一个软件通常由相当数量的源代码文件生成，如果在网络上直接传输、下载是非常耗费带宽资源的。可以通过文件的打包与压缩技术来减少文件的数量和大小。

Tarball 文件就是将软件的所有源代码文件先以 tar 打包，然后再以某种压缩技术来压缩，最终形成的一个打包压缩文件。压缩工具中最常见的就是 gzip，因此 Tarball 文件的扩展名通常为.tar.gz 或者进一步简写为.tgz。近年来，越来越多地使用压缩率更高的 bzip2 或者 xz，故文件扩展名也相应地变成.tar.bz2、.tar.xz。

Tarball 文件解压缩之后，通常生成以下的文件。

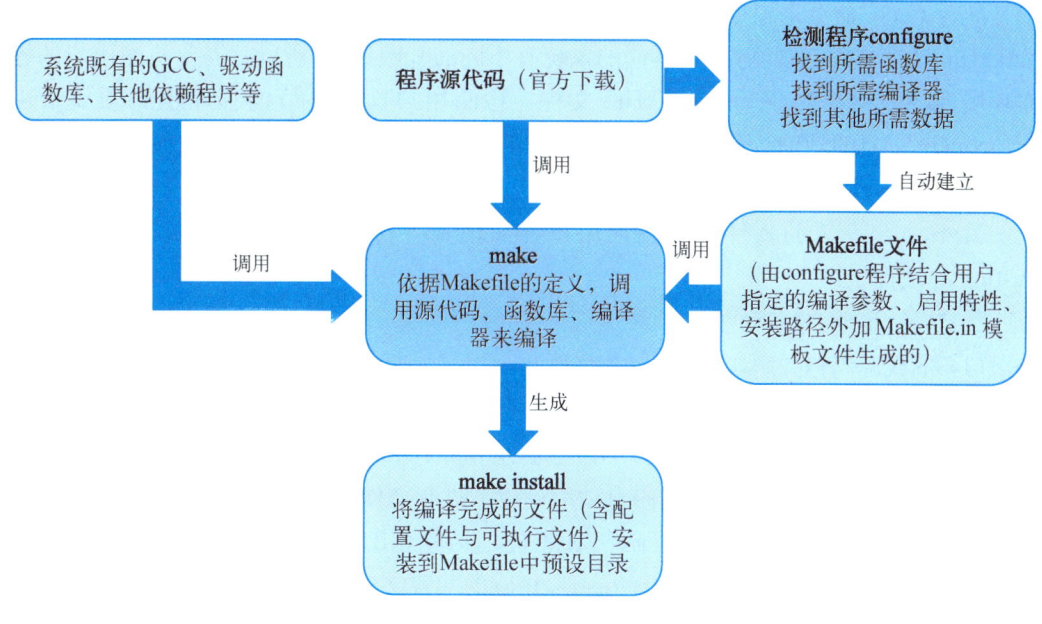

图 4-3　编译过程示意图

- 源代码文件。
- 检测程序文件(通常是 configure)。
- 此软件的简要说明及安装说明(README 或 INSTALL)。

最重要的文件就是 README 或 INSTALL，用户只要能够参考这两个文件，Tarball 软件的安装还是比较简单的。其基本流程如下(以使用 GCC 为例)。

（1）从开发商的官网下载 Tarball 文件。

（2）解开 Tarball 文件。

（3）以 GCC 编译各源代码文件，产生目标文件。

（4）以 GCC 进行函数库、主程、子程序的链接，形成主要的二进制文件和相关的配置文件。

（5）通过得到的二进制文件以及相关的配置文件来将该 Tarball 软件安装到本机。

4.3.2　使用源代码安装软件

1. 准备工作

使用源代码管理软件需要使用以下的基础软件。

（1）GCC 或 CC 等 C 语言编译器

由于 Linux 的软件大多采用 C 语言或者 C++ 开发的，故一定需要准备好 C 语言编译器。在 Linux 的众多编译器中，推荐使用 GNU 的 GCC 这个自由软件编译器。可以使用 DNF 方式安装 Development Tools 软件包组来实现对软件开发工具的安装。

（2）make 及 autoconfig 等工具

make 工具是必须的，因为一般以 Tarball 方式发布的软件中，为简化编译流程，通常都是配合 make 命令来根据目标文件的依赖性而进行编译。但是 make 命令的执行需要 makefile 这个文件的规则,由于不同的系统有不同的基础环境,所以就需要检测用户的操作环境,以便自行建立一个 makefile 文件。检测用户操作环境的程序也必须要借由 autoconfig 工具的辅助。可以使用 DNF 方式安装 Development Tools 软件包组来实现对 make、autoconfig 等工具的安装。

另外,如果安装的软件需要图形用户界面模式支持,一般还需要安装 X Window System 等软件包组。

2. 配置、编译、安装的步骤

(1) 下载源码包并解压(校验包完整性)。

(2) 查看 README 和 INSTALL 文件(记录了软件的安装方法及注意事项)。

(3) 通过执行". /configure"脚本命令创建 makefile 文件。

(4) 通过"make"命令将源代码自动编译成二进制文件。

(5) 通过"make install"安装命令来将上一步编译出来的二进制文件安装到对应的目录中去。默认的安装路径为/usr/local/,相应的配置文件位置为/usr/local/etc 或/usr/local/＊＊＊/etc。

上述步骤说明如下。

- ./configure 这个命令后可接各种不同的参数,这些参数代表需要添加哪些功能。
- 在使用 make 命令时,可以加一个参数变为 make clean,此命令用于清除上一次编译生成的目标文件,可以确保此次编译不会被上一次编译生成的文件所干扰。
- 默认的安装路径可以通过./configure 命令来进行修改。

使用示例

以安装当前最新版本的 python 软件为例,解读源代码软件包安装的整体步骤。

(1) 下载源码软件包并解压(校验包完整性)。

使用 wget(一个从网络上自动下载文件的工具)命令从 python 的官方提供地址下载最新版的 python 源代码包到当前目录下。

```
＃ wget https://www.python.org/ftp/python/3.9.6/Python-3.9.6.tgz
--2021-08-14 00:16:27--  https://www.python.org/ftp/python/3.9.6/Python-3.9.6.tgz
Resolving www.python.org (www.python.org)… 151.101.76.223, 2a04:4e42:12::223
Connecting to www.python.org (www.python.org)|151.101.76.223|:443… connected.
HTTP request sent, awaiting response… 200 OK
```

Length: 25640094 (24M) [application/octet-stream]
Saving to: 'Python-3.9.6.tgz'

Python-3.9.6.tgz 100%[==================>] 24.45M 1.13MB/s in 24s
2021-08-14 00:16:51 (1.00 MB/s) - 'Python-3.9.6.tgz' saved [25640094/25640094]

源代码包是.tgz 文件,将此文件解压缩,产生的源代码目录存放到当前目录下。

tar -zxvf Python-3.9.6.tgz
…(省略)
Python-3.9.6/Objects/complexobject.c
Python-3.9.6/Objects/picklebufobject.c
Python-3.9.6/Objects/odictobject.c
Python-3.9.6/Objects/genobject.c

查看当前目录下生成的有关文件和目录。

ll -d Python*
软件包 Python-3.9.6.tgz 默认解压到当前目录下的同名目录 Python-3.9.6
drwxrwxr-x. 16 test test 4.0K Jun 28 16:57 Python-3.9.6
软件包 Python-3.9.6.tgz 默认下载到当前目录下,后续工作都需要在源代码目录下操作
-rw-r--r--. 1 root root 25M Jun 28 18:20 Python-3.9.6.tgz

(2)进入源码目录,查看 README 文件。

cd Python-3.9.6/
cat README.rst
This is Python version 3.9.6
============================

.. image:: https://travis-ci.org/python/cpython.svg?branch=3.9
   :alt: CPython build status on Travis CI
   :target: https://travis-ci.org/python/cpython
…(省略)
Copyright (c) 2001-2021 Python Software Foundation. All rights reserved.
See the end of this file for further copyright and license information.

```
.. contents::
General Information
-------------------
- Website: https://www.python.org
- Source code: https://github.com/python/cpython
- Issue tracker: https://bugs.python.org
- Documentation: https://docs.python.org
- Developer's Guide: https://devguide.python.org/
…(省略)
```

(3) 执行./configure 命令,生成 makefile 文件。

在源代码目录下执行以下命令:

```
#./configure --prefix=/usr/local/Python    // 把软件包安装到指定的位置
checking build system type… x86_64-pc-linux-gnu
checking host system type… x86_64-pc-linux-gnu
checking for python3.9… no
checking for python3… python3
…(省略)
config.status: creating Modules/ld_so_aix
config.status: creating pyconfig.h
creating Modules/Setup.local
creating Makefile
If you want a release build with all stable optimizations active (PGO, etc),
please run ./configure --enable-optimizations
```

(4) 编译、安装软件

在源代码目录下执行 make 命令进行编译。

```
# make
gcc -pthread -c -Wno-unused-result -Wsign-compare -DNDEBUG -g -fwrapv -O3 -Wall -std=c99 -Wextra -Wno-unused-result -Wno-unused-parameter -Wno-missing-field-initializers -Werror=implicit-function-declaration -fvisibility=hidden -I./Include/internal -I. -I./Include -DPy_BUILD_CORE -o Programs/python.o ./Programs/python.c
```

…（省略）

sed -e " s,@ EXENAME @,/usr/local/Python/bin/python3. 9," < ./Misc/python-config.in >python-config.py

LC_ALL=C sed -e 's,\$(\([A-Za-z0-9_]*\)),\$\{\1\},g' < Misc/python-config.sh >python-config

在源代码目录下执行 make install 命令进行软件的安装。

♯ make install

…（省略）

Installing collected packages: setuptools, pip

　　WARNING: The scripts pip3 and pip3.9 are installed in '/usr/local/Python/bin' which is not on PATH.

　　Consider adding this directory to PATH or, if you prefer to suppress this warning, use --no-warn-script-location.

Successfully installed pip-21.1.3 setuptools-56.0.0

WARNING: Running pip as the 'root' user can result in broken permissions and conflicting behaviour with the system package manager. It is recommended to use a virtual environment instead: https://pip.pypa.io/warnings/venv

注意：在安装时可能会缺乏相关环境组件，可以通过 DNF 工具来进行相关环境组件的下载安装。

4.4　管理系统服务

系统为了实现某些功能必须要提供一些系统服务(service)。而服务的提供一定是对应着程序的运行，所以，通常把为完成某个 service 而需要的后台守护进程叫作这个 service 的 daemon。

有时候不需要把 service 和 daemon 完全区分开来，在类 UNIX 系统中，通常把系统服务就叫作 daemon。而 daemon 的命名方式大多是在相关的 service 名称后面加上"d"。

Linux 系统管理人员希望了解 daemon 所在的位置、功能，掌握启用、管理它们的方式，了解它们打开的端口并能关闭这些端口，尤其是在管理和使用服务器时非常有必要。当前，systemd 已取代了早期的 init，用于管理不同类型的服务，并且替换了原来的"运行级别"。

4.4.1 管理系统服务概述

1. 使用 init 管理服务

早期 Linux 使用 System V(一个纯净的 UNIX 版本)中的 init 脚本程序的方式管理系统服务,init 是系统内核第一个调用的程序(也称为 1 号进程),负责运行系统所需要的所有的本地或网络服务。init 管理机制具有以下特点。

- 所有的服务启动脚本位于/etc/init.d 目录下(均为 bash 脚本程序),服务的启动、关闭、重启、重载、查看状态等的处理方式如下。

```
/etc/init.d/<daemon> start | stop | restart | status | reload
```

- 服务启动的分类。init 服务分为独立服务和非独立服务两大类。
  - 独立服务(stand alone):该服务的 daemon 常驻内存,独立启动,反应速度快。
  - 非独立服务(super daemon):也叫作超级守护进程,由特殊的 xinetd 或 inetd 这两个总管程序提供 socket 对应或端口对应的管理。仅当用户请求某 socket 或端口时,总管程序才会去唤醒相对应的非独立服务程序,否则该服务不会被启动;当用户请求结束时,非独立服务也会被结束。缺点是唤醒服务有一些延迟。
- 服务的依赖性问题。一个服务的启动可能需要该服务所依赖的其他服务的运行。init 在管理员手工处理这些服务时,无法协助唤醒依赖的服务。
- 运行级别的分类。系统启动后,内核主动调用 init 程序,init 程序再根据用户预先定义的运行级别(runlevel)去唤醒相应的服务,从而进入不同的操作环境。Linux 提供从 0 到 6 总共 7 个运行级别,比较重要的是 1(单人维护模式)、3(纯命令行模式)、5(图形界面)这 3 个运行级别。各个运行级别的启动脚本通过/etc/rc.d/rc[0-6]/SXXdaemon 链接到/etc/init.d/<daemon>。链接文件名 SXXdaemon 中,S 代表启动服务,XX 代表启动顺序的数字,在启动时就是根据 SXX 的设置,依序执行所有需要的服务的,同时这也解决了服务依赖性的问题。
- 制定运行级别默认要启动的服务。若要建立上述 SXXdaemon,无需管理员手动建立链接文件,只需通过如下命令来设置默认启动、默认不启动、查看是否默认启动等选项即可。
  - 默认启动特定服务:chkconfig <daemon> on。
  - 默认不启动特定服务:chkconfig <daemon> off。
  - 查看是否默认启动特定服务:chkconfig --list <daemon>。
- 运行级别的切换操作。无需通过手动关闭、开启相关服务来达到切换运行级别的目的,只需要执行命令"init <N>"即可,init 程序会自动分析并完成整体的切换。

从 RHEL 7/CentOS 7 开始,已经不使用 System V 中 init 的开机启动服务流程来管理系统服务了,而改用 systemd 这个启动服务管理机制。但考虑到有些脚本因无法用

systemd 处理,所以 int 仍被保留下来,并可以继续使用。

2. 使用 systemd 管理服务

在 Linux 中,systemd 是与 Sys V 和 LSB 初始化脚本兼容的系统和服务管理器,开启 systemd 服务可以提供基于守护进程的按需启动策略。systemd 服务支持快照和系统状态恢复,维护挂载和自挂载点,使得各服务之间基于从属关系实现更为精细的逻辑控制,具有更高的并行性能。与 init 相比较,systemd 的具体优势体现在如下方面。

- 并行处理所有服务,启动速度更快。与 init 的逐个启动服务脚本相比较,systemd 可以让所有服务同时启动,操作系统的启动速度更快,同样解决了服务依赖性的问题。
- 提供按期启动的能力(按需响应的 on-daemon 启动方式)。与 Sys V 需要 init、chkconfig、service、setup 等命令来协助管理系统服务相比较,systemd 的机制就是仅使用一个 systemd 服务搭配一个 systemctl 管理器来管理系统服务,无需额外命令的支持。此外,systemd 常驻内存,故任何请求都可以立即触发对后续的 daemon 的启动。
- 实现事务性依赖关系管理。systemd 可以自定义服务依赖性的检查,因此可以帮助自动启动服务所依赖的其他服务。
- 按照 daemon 功能分类。systemd 定义每个 daemon 执行脚本为一个服务单位(unit),并将该 unit 按照功能归类到不同的服务类型(type)中,与 init 将服务仅分为独立和非独立两种类型相比较,更方便管理使用。
- 将 daemons 集合成组。与 init 设置不同运行级别相比较,systemd 将许多的功能集合成为一个所谓的 target 项目,每个 target 项目下有很多 daemons,即执行某个 target 就是执行这些 daemons。
- 与 Sys V 初始化脚本兼容。systemd 基本上可以兼容 init 的启动脚本,因此 init 启动脚本也能够通过 systemd 来管理,只是无法支持更高级的 systemd 功能。

尽管 systend 有上述众多的优势,但其有时无法全部替代 init,主要有如下原因。

- init 的 7 个运行级别中仅有 runlevel 1、3、5 这 3 个运行级别能对应到 systemd 的某些 target 类型,并没有全部对应。
- 全部的 systemd 都用 systemctl 管理器进行管理,显得庞大而不如 init 脚本使用灵活。
- systemd 无法检测到用户手动启动而非使用 systemctl 启动的服务,也就无法使用 systemctl 实现进一步的管理。
- systemd 启动过程中,无法与管理员通过标准输入传入信息(没有交互机制)。

3. systemd unit

systemd 服务的开启和监督系统是基于 unit(服务单位)的概念,systemd 将 unit 按照功能分为 service、socket、target、automount/mount、path、timer 等多种类型,服务启动脚本文件扩展名及主要服务功能见表 4-4。

表 4-4 服务启动脚本文件扩展名及主要服务功能

扩展名	类型	主要服务功能
.service	一般服务类型（service unit）	主要是系统服务，包括服务器本身所需要的本地服务以及网络服务等。是最常见的类型，许多网络服务都用这种类型来设计
.socket	内部程序数据交换的 socket 服务（socket unit）	主要用于 IPC（inter-process communication，进程间通信）的数据监听与交换功能。这种类型的服务一般较少用到，作用类似于早期的 xinet 这个超级守护进程
.target	执行环境类型（target unit）	实际上是一组 systemd units 的集合，提供类似于早期的运行级别的执行环境。例如，multi-user.target 就是一些服务的集合，执行这个 target 就等于执行一些 .service 或 .socket 之类的服务
.automount/.mount	文件系统挂载相关的服务（automount unit / mount unit）	文件系统挂载点。用于例如来自网络的自动挂载、NFS 文件系统挂载等与文件系统相关性较高的进程管理
.path	检测特定文件或目录类型（path unit）	在一个文件系统中的文件或目录。某些服务需要检测某些特定的目录来提供队列服务，例如打印服务，要通过检测打印队列目录来启动打印功能
.timer	循环执行的服务（timer unit）	systemd 计时器。这个服务类似于 anacrontab，因为是由 systemd 自动提供，所以比 anacrontab 更有弹性

还有如下所列其他的一些服务单位。

- device unit：内核识别的设备文件。
- scope unit：外部创建的进程。
- snapshot unit：systemd manager 的保存状态（存储系统状态）。
- slice unit：一组用于管理系统进程分层组织的 units。
- swap unit：swap 设备或者 swap 文件。

以上这些类型，配置文件都放置在下面的目录中。

- /usr/lib/systemd/system/：放置每个服务最主要的启动脚本设置。类似于/etc/init.d。
- /run/systemd/system/：放置系统执行过程中产生的服务脚本。优先于上一目录执行。
- /etc/systemd/system/：放置管理员根据主机系统的需求所建立的执行脚本。该目录的功能类似于/etc/rc.d/rc5.d/SXX/，优先于上一个目录执行。

系统首先看/etc/systemd/system/下面的设置（是一些链接文件，仅链接到相应的启动脚本配置文件），以决定是否启动某些服务；而实际执行的 systemd 启动脚本配置文件，其实都放置在/usr/lib/systemd/system/下。因此，若要修改某个服务的启动设置，应该修改/usr/lib/systemd/system/下面的相应文件，这些文件都以扩展名来区分所属的类型。

使用示例

查看名称中含有 crond、httpd、multi-user 的启动脚本设置。

```
# ll /usr/lib/systemd/system | grep -E '(cron|httpd|multi-user)'
-rw-r--r--.  1 root root   389  Dec   8 2020   crond.service
-rw-r--r--.  1 root root   944  Oct  29 2019   httpd.service
-rw-r--r--.  1 root root   662  Oct  29 2019   httpd@.service
drwxr-xr-x.  2 root root  4.0K  Dec   8 2020   httpd.service.d
-rw-r--r--.  1 root root   244  Oct  29 2019   httpd.socket
drwxr-xr-x.  2 root root  4.0K  Dec   8 2020   httpd.socket.d
-rw-r--r--.  1 root root   532  Sep   3 2019   multi-user.target
drwxr-xr-x.  2 root root  4.0K  Apr  22 19:47  multi-user.target.wants
lrwxrwxrwx.  1 root root    17  Dec  18 2020   runlevel2.target -> multi-user.target
lrwxrwxrwx.  1 root root    17  Dec  18 2020   runlevel3.target -> multi-user.target
lrwxrwxrwx.  1 root root    17  Dec  18 2020   runlevel4.target -> multi-user.target
```

从上面显示的文件的扩展名可以看出，crond 和 httpd 都属于系统服务的类型（service），而 multi-user 属于操作环境的类型（target）。

4.4.2 使用 systemctl 管理服务

1. systemctl 命令

systemctl 命令与 init 命令的功能相似，但是建议用 systemctl 来进行系统服务管理。systemctl 命令和 init 命令在管理单一服务（service unit）时的区别（以 crond 服务为例）见表 4-5。

表 4-5 systemctl 命令和 init 命令在管理单一服务时的区别

init 命令	systemd 命令	功　　能
chkconfig crond on	systemctl enable crond.service	设置开机默认启用一个服务
chkconfig crond off	systemctl disable crond.service	设置开机默认禁用一个服务

续 表

init 命令	systemd 命令	功　　能
service crond start	systemctl start crond.service	启动一个服务
service crond stop	systemctl stop crond.service	停止一个服务
service crond restart	systemctl restart crond.service	重新启动一个服务
service crond reload	systemctl reload crond.service	当支持 reload 时,重新装载配置文件而不中断服务
service crond status	systemctl status crond.service	查看一个服务的状态

2. 列出服务

systemctl 命令列出服务的语法格式如下。

```
systemctl <command> [--type=TYPE] [--all]
```

主要选项和参数如下。

✧ command 主要有以下选项。

　➢ list-units　　　显示目前启动的 unit,加上选项--all 还会列出未启动的 unit。

　➢ list-unit-files　依据/usr/lib/systemd/system/内的文件,列出所有文件的列表。

✧ --type=TYPE　　unit 类型,包括 service、socket、target 等。

使用示例

示例 1:列出当前所有启动的 unit。

```
# systemctl                    // 等同于命令"systemctl list-units"
UNIT              LOAD   ACTIVE  SUB       DESCRIPTION
…(省略)
dnf-makecache.timer  loaded  active  waiting   dnf makecache --timer
…(省略)

LOAD   = Reflects whether the unit definition was properly loaded.
ACTIVE = The high-level unit activation state, i.e. generalization of SUB.
SUB    = The low-level unit activation state, values depend on unit type.

147 loaded units listed. Pass --all to see loaded but inactive units, too.
To show all installed unit files use 'systemctl list-unit-files'.
```

说明：以上结果分为五列显示，含义如下。

◇ UNIT：unit 的名称及其类型。
◇ LOAD：开机时是否默认被加载。
◇ ACTIVE：unit 的启动状态，须与后面的 SUB 搭配，表示当前 unit 的完整状态，即 ACTIVE(SUB)。
◇ SUB：unit 的运行状态，其值取决于 unit 的类型。
◇ DESCRIPTION：详细描述。

示例 2：列出当前所有启动的服务。

```
# systemctl list-units --type service
# 如果要查看所有服务,需要在命令行后添加 -all 选项
  UNIT              LOAD    ACTIVE  SUB      DESCRIPTION
  atd.service       loaded  active  running  Deferred execution schedu
  auditd.service    loaded  active  running  Security Auditing Service
  chronyd.service   loaded  active  running  NTP client/server
  crond.service     loaded  active  running  Command Scheduler
…(省略)


LOAD   = Reflects whether the unit definition was properly loaded.
ACTIVE = The high-level unit activation state, i.e. generalization of SUB.
SUB    = The low-level unit activation state, values depend on unit type.

57 loaded units listed. Pass --all to see loaded but inactive units, too.
To show all installed unit files use 'systemctl list-unit-files'.
```

示例 3：列出所有已经安装的 service 类别的 unit 的启动脚本文件。

```
# systemctl list-unit-files --type = service
UNIT FILE                                STATE
arp-ethers.service                       disabled
atd.service                              enabled
auditd.service                           enabled
auth-rpcgss-module.service               static
…(省略)
xfs_scrub_fail@.service                  static


278 unit files listed.
```

3. 管理单一服务

systemctl 命令的语法格式如下。

```
systemctl <command> [unit.service]
```

主要选项和参数如下。

✧ command 主要有以下选项。

- start　　　立刻启动指定的 unit。
- stop　　　立刻停止指定的 unit。
- restart　　立刻重启指定的 unit。
- reload　　不停止指定的 unit 的情况下，重新加载配置文件，让设置生效。
- enable　　设置在下次开机时启用指定的 unit。
- disable　　设置在下次开机时禁用指定的 unit。
- status　　查看指定的 unit 的状态（是否正运行、开机是否默认启用、登录等）。
- is-active　　查看指定的 unit 是否正在运行中。
- is-enable　查看开机是否默认启用指定的 unit。

说明：用来管理服务时，systemctl 命令中的[unit.service]可以简化为[unit]。

（1）查看单一服务的状态

使用示例

查看当前 crond 这个服务的状态。

```
# systemctl status crond.service    // 作为一个服务，可以省略不写".service"
● crond.service - Command Scheduler
   Loaded: loaded (/usr/lib/systemd/system/crond.service; enabled;vendor …
   Active: active (running) since Sat 2021-08-14 08:09:58 CST; 12h ago
  Main PID: 1104 (crond)
     Tasks: 1
    Memory: 592.0K
    CGroup: /system.slice/crond.service
            └─1104 /usr/sbin/crond -n

Aug 14 08:09:58 openEuler crond[1104]: (CRON) INFO (RANDOM_DELAY will be scaled>
Aug 14 08:09:58 openEuler crond[1104]: (CRON) INFO (running with inotify suppor>
```

```
    Aug 14 13:01:01 openEuler CROND[1707]: (root) CMD (run-parts /etc/cron.
hourly)
    Aug 14 14:01:01 openEuler CROND[1936]: (root) CMD (run-parts /etc/cron.
hourly)
    …(省略)
```

请关注以上执行结果的第二、三行。"Loaded: …"这一行显示开机时是否启用这个 unit，同时显示对应的绝对路径是否启用；"Active: …"这一行显示这个 unit 当前的运行状态以及时间节点。第四行"Main PID: …"显示与此 unit 有关的 PID 值。后面几行显示这个 unit 进程的状态（该进程的日志信息，日志的格式为"[时间][信息发送主机][进程][信息内容]"）。

（2）改变单一服务的状态

使用示例

示例 1： 立刻正常停止 crond 服务。

```
# systemctl stop crond
[root@openEuler ~]# systemctl status crond
● crond.service - Command Scheduler
  Loaded:loaded(/usr/lib/systemd/system/crond.service;enabled;vendor
  preset:enabled)
  Active: inactive (dead) since Sat 2021-08-14 20:40:10 CST; 22s ago
   Process: 1104 ExecStart = /usr/sbin/crond -n $ CRONDARGS (code = exited,
status = 0/SUCCESS)
   Main PID: 1104 (code = exited, status = 0/SUCCESS)

    Aug 14 14:01:01 openEuler CROND[1936]: (root) CMD (run-parts /etc/cron.
hourly)
    Aug 14 15:01:01 openEuler CROND[1988]: (root) CMD (run-parts /etc/cron.
hourly)
    …(省略)
    Aug 14 20:40:10 openEuler systemd[1]: Stopping Command Scheduler…
    Aug 14 20:40:10 openEuler systemd[1]: crond.service: Succeeded.
    Aug 14 20:40:10 openEuler systemd[1]: Stopped Command Scheduler.
```

请关注以上执行结果的第二、三行，这两行显示了下次开机时是否默认启用这个 unit

以及当前的运行状态和时间节点；后面几行仍然显示该进程的状态（日志信息）等，如果此 unit 曾经在运行中出错，学会查看这里的日志信息对排查问题非常重要；最后三行显示了当前此 unit 的具体运行状态。

以上执行结果中的"Loaded:"的值包括以下几种。

- enabled：开机时默认启用此服务（运行相应的 daemon）。
- disabled：开机时默认禁用此服务（不运行相应的 daemon）。
- static：此服务不能被设置为开机默认启用，不过可能会被其他的 enabled 的服务唤醒（属性依赖的服务）。
- mask：此服务无论如何不能被设置为开机默认启用，因为已经被强制注销（非删除），可以通过 systemctl unmask 命令取消注销，改回默认状态。

以上执行结果中的"Active:"的值包括以下几种。

- active(running)：此服务有一个或多个进程正在系统中运行。
- active(exited)：仅运行一次就正常结束的服务（例如 atd、quotaon 等服务执行一次就结束了，无需常驻内存），当前并没有任何进程在系统中运行。
- active(waiting)：此服务是开启的，但需等待其他事件发生才能继续运行（例如，打印的队列相关服务就是这种状态，要有打印作业时才会唤醒进行下一步打印功能）。
- inactive(dead)：此服务当前不在运行。

注意：如果使用 kill 命令的方式而不是使用 systemctl 命令来结束一个正常的服务，systemctl 会无法继续监控该服务。

示例 2：设置开机默认不启动（禁用）crond 服务。

```
# systemctl disable crond.service     // 将 crond 服务设置为开机默认不启动
Removed /etc/systemd/system/multi-user.target.wants/crond.service.
Removed /etc/systemd/system/cron.service.

# systemctl is-enabled crond.service     // 验证 crond 服务的开机启动状态
disabled
```

从结果可以看出，将某个服务设置为开机默认不启动，其实就是从 /etc/systemd/system/ 目录下删除一个链接文件。

示例 3：在停止并设置开机禁用 crond 服务后，再把它强制注销。

```
# systemctl mask crond.service          // 注销 crond 服务
# 从以下结果可以看出，mask 操作就是把服务的启动脚本链接到空设置，使其无法执行，也无法被依赖的服务唤醒，此后无论如何也无法启动 crond 了
Created symlink /etc/systemd/system/crond.service → /dev/null.
```

＃ systemctl status crond.service
- crond.service

Loaded: masked (Reason: Unit crond.service is masked.)
Active: inactive (dead)
…(省略)

＃ systemctl start crond.service   // 注销后无法启动
Failed to start crond.service: Unit crond.service is masked.
＃ systemctl restart crond.service   // 注销后无法重启
Failed to restart crond.service: Unit crond.service is masked.
＃ systemctl disable crond.service   // 注销后无法设置开机启动状态
Unit /etc/systemd/system/crond.service is masked，ignoring.
＃ systemctl enable crond.service   // 注销后无法设置开机启动状态
Failed to enable unit: Unit file /etc/systemd/system/crond.service is masked.

完成任务后取消注销 crond 服务，并恢复其运行状态和开机默认启动设置。

＃ systemctl unmask crond.service   // 取消注销 crond 服务
Removed /etc/systemd/system/crond.service.

＃ systemctl start crond.service
＃ systemctl enable crond.service   // 设置开机默认启动 crond 服务
Created symlink /etc/systemd/system/cron.service → /usr/lib/systemd/system/crond.service.
Created symlink /etc/systemd/system/multi-user.target.wants/crond.service → /usr/lib/systemd/system/crond.service.

＃ systemctl status crond.service
- crond.service Command Scheduler
    Loaded: loaded (/usr/lib/systemd/system/crond.service; enabled; vendorpreset:enabled)
    Active: active (running) since Sun 2021-08-15 00:57:19 CST; 13s ago
Main PID: 3024 (crond)
    Tasks: 1

```
        Memory: 400.0K
        CGroup: /system.slice/crond.service
                └─3024 /usr/sbin/crond -n
```
…（省略）

```
Aug 15 00:57:19 openEuler crond[3024]: (CRON) INFO (running with inotify support)
Aug 15 00:57:19 openEuler crond[3024]: (CRON) INFO (@reboot jobs will be run at computer's startup.)
```

4. 管理操作环境

systemctl 命令管理操作环境的语法格式如下。

```
systemctl <command> [unit.target]
```

主要选项和参数如下。

◇ command 主要有以下几个选项。
➤ get-default   获取当前的操作模式。
➤ get-default   将指定的操作模式设置为默认的模式。
➤ isolate   切换到指定的操作模式（隔离不同的操作模式）。

说明：在进行系统的开启、关闭、重启、待机、休眠等操作时，systemd 会给当前所有的登录用户发送一条提示消息，如果不希望 systemd 发送消息，应添加"--no-wall"选项。

💡 **使用示例**

示例1：查看本机当前使用的操作模式，再将默认模式设置为图形界面或命令行模式。

```
# systemctl get-default
graphical.target                              // 默认操作模式为图形界面

# systemctl set-default multi-user.target    // 将默认操作模式设置为命令行模式
Removed /etc/systemd/system/default.target.
Created symlink /etc/systemd/system/default.target → /usr/lib/systemd/system/multi-user.target.

# systemctl get-default                       // 默认操作模式修改成功
multi-user.target
```

示例 2：在不重启的情况下，将当前操作模式切换到命令行模式，关闭图形界面。

systemctl isolate graphical.target   // 将当前操作模式切换到命令行模式

除了使用 islate 之外，systemd 还提供了一些简单的命令用于切换操作模式，如下所示。

```
# systemctl poweroff              // 关闭系统并断电
# systemctl halt                  // 关闭系统但不断电
# systemctl reboot                // 重启系统
# systemctl suspend               // 进入待机模式
# systemctl hibernate             // 进入休眠模式
# systemctl hybrid-sleep          // 使系统待机并处于休眠状态
# systemctl rescue                // 强制进入恢复模式
# systemctl emergency             // 强制进入紧急恢复模式
```

5. 分析服务的依赖性

systemctl 命令分析服务的依赖性的语法格式如下。

```
systemctl list-dependencies [unit] [--reverse]
```

主要选项和参数如下。

◇ --reverse   反向查询哪些 unit 依赖于指定的 unit。如果不使用此选项，则默认为正向查询指定的 unit 依赖于哪些 unit。

使用示例

示例 1：列出 NetworkManager.service 所依赖的 unit。

```
# systemctl list-dependencies NetworkManager
NetworkManager.service
● ├─dbus.service
● ├─dbus.socket
● ├─dbus.socket
● ├─system.slice
● ├─network.target
● └─sysinit.target
●   ├─dev-hugepages.mount
…(省略)
```

- | ├──-.mount
- | ├──boot.mount

…（省略）

- └──swap.target
  - └──dev-mapper-openeuler_192\x2dswap.swap

示例 2：列出依赖 NetworkManager.service 的 unit。

```
# systemctl list-dependencies NetworkManager --reverse
NetworkManager.service
```
- ├──NetworkManager-wait-online.service
- └──multi-user.target
  - └──graphical.target

本章总结

本章介绍了 RPM 管理工具，DNF 管理工具和源代码安装以及系统服务管理的相关知识。RPM 管理工具主要有 5 种基本功能：查询(-q)、安装(-ivh)、升级(-Uvh)、刷新(-Fvh)、卸载(-e)、校验(-V)，这些功能均由 rpm 命令配合不同的参数选项来实现。DNF 管理工具可以从很多 DNF 源中搜索软件及其所依赖的软件包，并自动进行安装。相关功能由 dnf 命令配合不同的指令来实现，主要有安装(install)、升级(update)、卸载(remove)等功能。源代码安装需要先执行 make 命令进行编译，然后执行 make install 命令进行软件安装(通常源代码包都是.tar 或者.tar.gz 格式，需要使用 TAR 包管理工具解压缩)。最后介绍了管理系统服务的方式和相关概念以及如何使用 systemctl 命令管理服务。本章知识点涉及命令详细说明如下所列。

知识点	命令	工具	说　明
管理软件包	rpm	rpm -q	查询软件包(配合其他选项：-a、-f、-l、-i、-p、-d、-R)
		rpm -ivh	安装软件包
		rpm -Uvh	升级软件包
		rpm -Fvh	更新软件包

续 表

知识点	命令	工具	说明
管理软件包	rpm	rpm -e	卸载软件包
		rpm -V	校验软件
	dnf	dnf search	搜索软件包
		dnf list	列出软件包
		dnf info	显示软件包
		dnf check-update	列出可以升级的软件包
		dnf upgrade	升级软件包
		dnf download	下载软件包
		dnf install	安装软件包
		dnf remove	卸载软件包
管理系统服务	init	chkconfig on/off	使用 init 脚本程序的方式管理系统服务
	systemd	systemd service unit	管理系统服务
		systemd socket unit	管理 IPC(进程间通信)的数据监听与交换功能
		systemd target unit	管理执行环境
		systemd automount unit / mount unit	管理文件系统挂载点
	systemctl	systemctl list-units	显示目前启动的 unit
		systemctl start unit.service	启动指定的 unit
		systemctl stop unit.service	停止指定的 unit
		systemctl restart unit.service	重启指定的 unit
		systemctl enable unit.service	开机自启指定的 unit
		systemctl disable uni.servicet	开机禁止指定的 unit
		systemctl status unit.service	查询指定的 unit 状态
		systemctl is-active unit.service	查看指定的 unit 是否在运行
		systemctl is-enabled unit.service	查看开机是否自启指定的 unit

本章习题

一、填空题

1. 使用 RPM 可以很容易地对 RPM 形式的软件包进行_____、升级、_____、校验和查询等操作。
2. "软件包名"和"软件名"是不同的,例如,软件包名 cockpit-184-1.fc29.x86_64.rpm 中的软件名是_____。
3. RHEL/CentOS 中使用 yum 命令,Fedora 中对应的命令是_____。
4. dnf 的主配置文件是_____。
5. 如果要在断网的情况下使用 dnf 命令安装软件,此时可以使用_____命令创建本地仓库。
6. systemctl reboot 命令的作用是_____。
7. systemctl poweroff 命令的作用是_____。
8. systemctl enable httpd.service 命令的作用是_____。
9. systemctl start httpd.service 命令的作用是_____。
10. systemctl list-units --type=service 命令的作用是_____。
11. systemctl enable multi-user.target 命令的作用是_____。

二、选择题

1. RPM 是由( )公司开发的软件包安装和管理程序。
   A. Microsoft   B. Red Hat
   C. Intel   D. DELL
2. 使用 rpm 命令安装软件包时,所用的选项是( )。
   A. -i   B. -e
   C. -U   D. -q
3. 使用 rpm 命令删除软件包时,所用的选项是( )。
   A. -i   B. -e
   C. -U   D. -q
4. 使用 rpm 命令升级软件包时,所用的选项是( )。
   A. -i   B. -e
   C. -U   D. -q
5. 使用 rpm 命令查询软件包时,所用的选项是( )。
   A. -i   B. -e

C. -U D. -q

6. 假如需要找出 /etc/my.conf 文件属于哪个包（package），可以执行（　　）。
   A. rpm -q /etc/my.conf B. rpm -requires /etc/my.conf
   C. rpm -qf /etc/my.conf D. rpm -q | grep /etc/my.conf

7. 查询已安装软件包 dhcp 内所含文件信息的命令是（　　）。
   A. rpm -qa dhcp B. rpm -ql dhcp
   C. rpm -qp dhcp D. rpm -qf dhcp

8. openEuler 中的包管理器是（　　）。
   A. YUM B. DNF
   C. dpkg D. apt

三、操作题

1. 查询系统中已经安装的所有 RPM 软件包。
2. 在已经安装的软件包中查询包含 lib 关键字的软件包。
3. 查询 openssh-server 和 telnet-server 两个软件是否已经安装。如未安装请自行安装，如果已经安装，请查询该软件包的信息。
4. 查看当前 ntpd 服务的运行状态，并将其服务设置为开启自启。

四、简答题

1. 软件包可以使用哪些命名方式？
2. 简述 rpm 命令、yum 命令和 dnf 命令的异同点。

第 5 章　磁盘文件系统管理

▶▶▶ **本章导读**

磁盘是 Linux 系统中一项非常重要的资源，文件系统是用户使用 Linux 系统的接口。系统管理员要实现高可用存储和服务器的高效运行、保障系统的数据安全，就应当把磁盘文件系统管理作为一项必备的非常重要的技能。作为开源的操作系统，我们需要大致地了解 Linux 支持的多种文件系统类型，以及学会如何使用磁盘文件系统。

本章将介绍 Linux 的文件系统，以及 Linux 系统如何对磁盘进行管理（包括标准分区和逻辑卷的管理），探讨文件系统的建立、挂载、使用及其检查的问题。受篇幅限制，本章暂不讨论如何在 Linux 系统中建立磁盘阵列和磁盘配额。

▶▶▶ **学完本课程后，您将能够**

- ◇ 了解 Linux 文件系统的概念
- ◇ 了解 Linux 文件系统种类
- ◇ 掌握磁盘管理的命令
- ◇ 掌握磁盘的分区操作
- ◇ 掌握文件系统的挂载和卸载
- ◇ 掌握逻辑卷的概念

▶▶▶ **本章主要内容包括**

- ◇ 文件系统概述
- ◇ 磁盘管理
- ◇ 逻辑卷管理

5.1 文件系统概述

5.1.1 文件系统的基本概念

文件系统对于任何一种操作系统来说都是非常关键的。Linux 中的文件系统是 Linux 下所有文件和目录的集合。Linux 系统中把 CPU、内存之外所有其他设备都抽象为文件来进行处理。文件系统的优劣与否和操作系统的效率、稳定性及可靠性密切相关。

从系统角度看,文件系统实现了对文件存储空间的组织和分配,并规定了如何访问存储在设备上的数据。文件系统在逻辑上是独立的实体,它可以被操作系统管理和使用。

Linux 的内核使用了虚拟文件系统(virtual file system,VFS)技术,即在传统的逻辑文件系统的基础上,增加了一个称为虚拟文件系统的接口层。虚拟文件系统用于管理各种逻辑文件系统,它屏蔽了各种逻辑文件系统之间的差异,为用户命令、函数调用和内核其他部分提供了访问文件和设备的统一接口,使不同的逻辑文件系统按照同样的模式呈现在设备使用者面前。对普通用户来说,觉察不到不同逻辑文件系统之间的差异,可以使用同样的命令来操作不同逻辑文件系统中的文件。

从用户角度看,文件系统也是操作系统中最重要的组成部分。因为 Linux 系统中所有的程序、库文件、系统和用户文件都存放在文件系统中,文件系统要对这些数据文件进行组织和管理。

Linux 中的文件系统主要分为三大块;一是上层的文件系统的系统调用;二是虚拟文件系统 VFS;三是挂载到 VFS 中的各种实际文件系统,例如 EXT3/4、XFS 等,Linux 文件系统结构如图 5-1 所示。

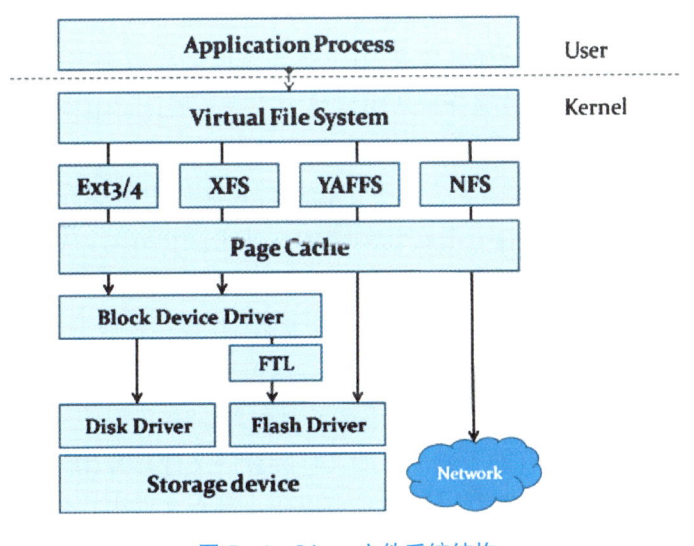

图 5-1 Linux 文件系统结构

VFS 是一种软件机制,也可以称它为 Linux 的文件系统管理者,与它相关的数据的结构只存在于物理内存中。在每次系统初始化期间,Linux 都先要在内存中构建一棵 VFS 目录树(在 Linux 的源代码里称为 namespace),实际上便是在内存中建立相应的数据结构。VFS 目录树在 Linux 的文件系统模块中是一个很重要的概念,VFS 中的各目录主要用途是用来提供实际文件系统的挂载点。

Linux 不使用设备标识符来访问独立文件系统,而是通过一个将整个文件系统表示成单一实体的层次树结构来访问它。Linux 在使用一个文件系统时都要将它加入文件系统层次树中。不管文件系统属于什么类型,都被连接到一个目录上且此文件系统上的文件将取代此目录中已存在的文件,这个目录被称为挂载点或者安装目录。当卸载此文件系统时,这个安装目录中原有的文件将会再次出现。

5.1.2 Linux 文件系统类型

目前 Linux 系统中支持多种常见的文件系统类型,不仅可以使用 Linux 系统自身的文件系统类型,还可以支持使用微软、IBM 等其他操作系统平台下的文件系统类型。下面介绍 Linux 中常见的文件系统类型。

- ext2 是 Linux 自带的文件系统类型,Linux 在早期的发行版本中使用 ext2 作为默认文件系统类型。
- ext3 是在 ext2 的基础之上发展演变而来的,二者区别在于 ext3 文件系统带有日志功能,它会跟踪对于磁盘的写入操作并记录于日志,这样可以在需要时回溯查找。比如,系统出现意外断电重新启动后,只需要根据日志中记录的信息,对文件系统的处理直接定位到系统出现意外之前的部分即可,而不需要像 ext2 文件系统对整个文件系统都要进行一次从头到尾的查找,以此检测文件系统的一致性。ex3 文件系统的系统恢复需时少,而且更加安全可靠。
- ext4 主要提高了性能,可靠性和容量。为了提高可靠性,添加了元数据和日记校验。为了满足各种关键任务要求,其文件系统时间戳得到了改进,增加了几秒钟的间隔。在 ext4 中,数据分配从固定块更改为扩展区。范围通过其在硬盘驱动器上的开始和结束位置来描述,这使得在单个节点指针条目中描述很长的物理上连续的文件成为可能,大大减少了描述较大文件中所有数据位置所需的指针数量。ext4 通过在磁盘上散布新创建的文件来减少碎片,从而使它们不会像许多早期的文件系统那样在磁盘的开头集中在一个位置。ext4 使用的文件分配算法试图在圆柱组之间尽可能均匀地分布文件,并且在需要分段时,使不连续的文件范围与同一文件中的其他文件区保持尽可能近的距离,以最大限度地减少磁头查找和旋转延迟。创建新文件或扩展现有文件时,可以使用其他策略来预分配额外的磁盘空间,这有助于避免扩展文件导致的文件碎片化。新文件也不会在现有文件之后立即分配磁盘空间,这也可以防止现有文件碎片化。除了磁盘上数据的实际位置以外,ext4 还使用诸如延迟分配之类的功能策略来允许文件系统在分配空间之前收集所有写入磁盘的数据,这样可以提高数据空间的连续性。
- xfs 是 openEuler 默认的文件系统类型。从 Centos 7 开始 Linux 原来默认的 ext4 文件系统已经换为 xfs 文件系统。使用功能更加强大的 xfs 文件系统的原因可以总结如下。
  - ext 系列文件系统支持度最广,但是创建文件系统所使用的时间漫长。这是因为 ext 系列文件系统在进行格式化时已经分配好 i 节点、区块、元数据等,创建 ext 文件系统后就可以直接使用,不需要再进行动态配置,这就是它的命门所在,当磁盘容量还不大的情况下其创建时间可以接受,但是在磁盘容量很大的情况下,创建文件系统的过程就非常漫长了。现在的系统特别是虚拟化系统的文件都很大,在处理大文件时就应该考虑到性能问题。而 xfs 文件系统更加适合高容量磁盘与巨型文件以及对处理文件性能有较高要求的场合。
  - xfs 文件系统的配置特点跟 ext 文件系统一样,从 ext3 开始 ext 系列文件系统才具有日志功能,而 xfs 基本上就是一个日志文件系统,并且 xfs 文件系统几乎支持所有的 ext4 文件系统的功能。

xfs 文件系统规划配置为三个部分:数据区(data section)、文件系统活动登录区(log section)和实时运行区(realtime section)。

- swap 文件系统在 Linux 中作为交换分区的文件系统使用。交换分区是在硬盘上分配出来的一块存储空间,系统访问该存储空间耗时比较短,用来弥补物理内存空间的不足。交换空间由操作系统自动管理,在安装 Linux 系统的过程中,交换分区是必须被分配的,其文件系统类型是 swap。
- 网络文件系统(network file system,NFS)是在类 UNIX 系统之间进行文件共享时会使用到的一种文件系统类型。Windows 系统中文件的共享通过简单设置就可以实现,而在 Linux 系统中进行文件共享则需要进行特殊的共享操作设置。首先需要设置 NFS 服务器,将需要共享的文件目录设置共享。普通用户可以把网络中 NFS 服务器提供的共享目录挂载到本地目录中,然后就可以像操作本地文件系统一样操作 NFS 文件系统中的内容。
- ISO9660 是光盘文件使用的标准文件系统,在 Linux 系统中对光盘的支持通过该文件系统实现。该文件系统不仅可以支持读取操作,也支持写入操作。

5.2 磁盘管理

在 Linux 系统中使用的文件系统,一般会在安装系统时创建完成。在遇到需要调整现有分区大小或者创建新的文件系统的情况下,可以遵循以下步骤来实现对文件系统的调整。

（1）在新的存储设备（硬盘）上创建分区。

（2）在分区上创建文件系统，类似在 Windows 下对分区进行格式化操作。

（3）挂载文件系统到现行系统中。在新的分区中创建文件系统后，将该文件系统挂载到相应录下即可使用。

（4）文件系统使用完毕以后可以根据需要进行卸载。类似于移动硬盘这样的存储设备上的文件系统被使用完毕后，应该先进行文件系统的卸载，再取走设备。

在 Linux 的树形目录结构中，只有一个根目录位于根分区，其他目录、文件及外部设备（包括硬盘、光驱、调制解调器等）文件都是以根目录为起点，挂载在根目录下面的，即整个 Linux 的文件系统，都是以根目录为起点的，其他所有分区都被挂载到了目录树的某个目录中。通过访问挂载点目录，即可实现对这些分区的访问。

5.2.1 硬盘分类及命名

在 Linux 系统中，所有的一切包括硬盘都是以文件的形式存放于系统中的，这是 Linux 操作系统与其他操作系统的本质区别之一。按硬盘的接口技术不同，硬盘种类有以下三种。

1. 并口硬盘（IDE）

在 Linux 系统中，将接入 IDE 接口的硬盘文件命名为以 hd 开头的设备文件。例如：第一块 IDE 硬盘命名为 hda，第二块 IDE 硬盘就被命名为 hdb，以此类推。系统将这些设备文件放在/dev 目录当中。例如/dev/hda、/dev/hdb、/dev/hdc。

2. 微型计算机系统接口硬盘（SCSI）

连接到 SCSI 接口的设备使用 ID 号进行区别，SCSI 设备 ID 号为 0～15，Linux 对连接到 SCSI 接口卡的硬盘使用/dev/sdx 的方式命名，x 的值可以是 a、b、c、d 等，即 ID 号为 0 的 SCSI 硬盘名为/dev/sda，ID 号为 1 的 SCSI 硬盘名为/dev/sdb，以此类推。

3. 串口硬盘（SATA）

在 Linux 系统中，串口硬盘命名的方式与 SCSI 硬盘命名的方式相同，都是以 sd 开头。例如：第一块串口硬盘被命名为/dev/sda，第二块被命名为/dev/sdb。

注意：分区是一个难点，在分区之前，建议读者备份重要的数据。

5.2.2 硬盘分区格式

硬盘有两种分区格式：MBR（master boot record，主引导记录）和 GPT（globally unique identifier partition table，全局唯一标识硬盘分区表）。

1. MBR 分区

MBR 分区是磁盘的第一扇区，包含已安装操作系统的启动加载器和驱动器的逻辑分区信息。它由三部分组成：启动加载器（boot code）、DPT（disk partition table，硬盘分区表）和硬盘有效标志（magic number）。在总共 512 字节的 MBR 分区里启动加载器占 446

个字节,偏移地址为 0000H—0088H,负责从活动分区中装载并运行系统引导程序;DPT 占 64 个字节;硬盘有效标志占 2 个字节(55AA)。采用 MBR 格式的硬盘分区如图 5-2 所示。

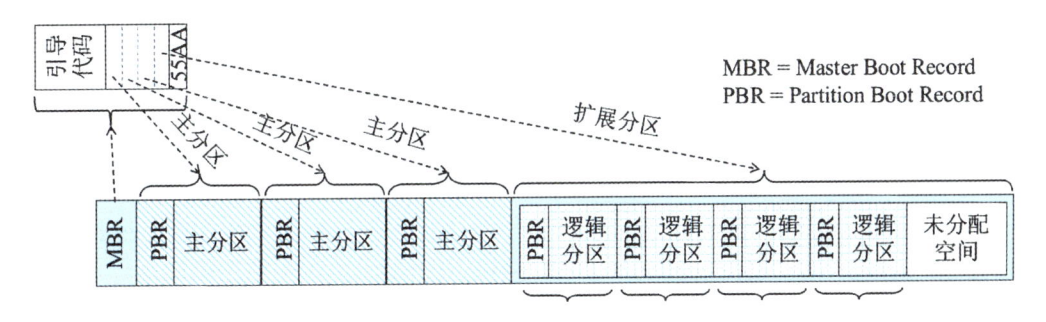

图 5-2 采用 MBR 格式的硬盘分区

MBR 格式的硬盘可以划分为三种分区:主分区(primary partition)、扩展分区(extension partition)和逻辑分区(logical partition)。一个硬盘最多有 4 个主分区,如果有扩展分区,那么扩展分区也算是一个主分区,只可以将一个主分区变成扩展分区,在扩展分区上,可以以链表方式建立逻辑分区。Linux 对一块 IDE 硬盘最多可支持 63 个分区,SCSI 硬盘最多可支持 15 个。例如,Linux 通过字母和数字的组合对硬盘分区命名,如 sda1、sda2 等,其第 1、2 个字母表明设备类型,如 sd 指 SCSI 硬盘;第 3 个字母表明分区属于哪个设备上,如 sdb 中的 b 是指第 2 个 SCSI 硬盘;第 4 个数字表示分区,前 4 个分区(主分区或扩展分区)用数字 1 到 4 表示,逻辑分区从 5 开始,如:sda2 是指第 1 个 SCSI 硬盘上的第 2 个主分区或扩展分区,是 sdb6 是指第 2 个 SCSI 硬盘上的第 2 个逻辑分区。

2. GPT 分区

GPT 是统一可扩展固件接口(unified extensible firmware interface,UEFI)标准的一部分,用来替代 BIOS 所对应的 MBR 分区表。采用 GPT 格式的硬盘分区如图 5-3 所示。每个逻辑块(logical block address,LBA)是 512 字节(一个扇区),每个分区的记录为 128 字节。负数的 LBA 地址表示从最后的块开始倒数,LBA -1 则表示最后一个逻辑块。

在 MBR 硬盘中分区信息直接存储在 MBR 中。在 GPT 硬盘中,分区表的位置信息存储在 GPT 头中。但出于兼容性考虑,硬盘的第一个扇区仍然采用 MBR 格式,之后才是 GPT 头。传统 MBR 信息存储在 LBA 0,GPT 头存储在 LBA 1;接下来是 GPT 分区表本身,占用 32 个扇区;接下来的 LBA 34 是硬盘上第一个分区的开始。GPT 会为每一个分区分配一

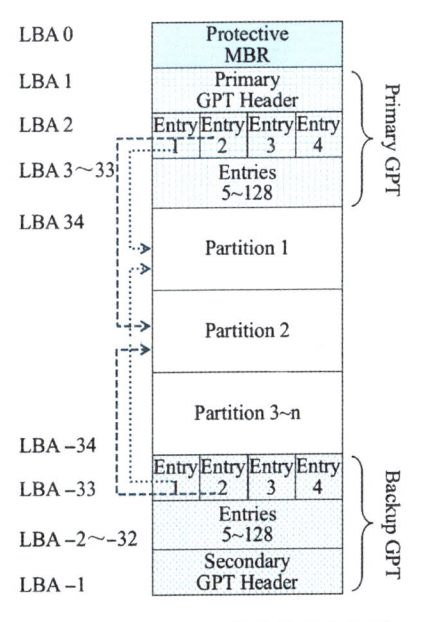

图 5-3 采用 GPT 格式的硬盘分区

个全局唯一标识符,理论上 GPT 支持无限个硬盘分区,默认情况下,最多支持 128 个硬盘分区,基本可以满足所有用户的存储需求。在每一个分区上,这个标识符是一个随机生成的字符串,可以保证为每一个 GPT 分区分配完全唯一的标识符。

MBR 分区和 GPT 分区的区别如下。

- MBR 分区表最多只能识别 2.2 TB 大小的硬盘空间,大于 2.2 TB 的硬盘空间将无法识别;GPT 分区表能够识别 2.2 TB 以上的硬盘空间。
- MBR 分区表最多支持 4 个主分区或 3 个主分区+1 个扩展分区(扩展分区中的逻辑分区个数不限);默认情况 GPT 分区表最多支持 128 个主分区。
- MBR 分区表的大小是固定的;在 GPT 分区表头中可自定义分区数量的最大值,也就是说 GPT 分区表的大小不是固定的。

5.2.3 使用 fdisk 分区操作

fdisk 是 Linux 下传统的分区工具,该工具虽然老旧,但是简单便利是其优点。常用的 fdisk 这个工具对分区是有大小限制的,它只能划分小于 2 TB 的磁盘。

- fdisk 操作硬盘的命令格式如下。

```
# fdisk  选项  设备
```

fdisk 命令不仅可以查看分区表,还可以修改硬盘分区。

例如 fdisk -l 可查询 /dev/sda 设备;如果想再添加或者删除一些分区,可以用以下命令。

```
# fdisk  /dev/sda                              // 进入相应设备的操作
Command (m for help):                          // 在这里按 m,就会输出帮助
a toggle a bootable flag
b edit bsd disklabel
c toggle the dos compatibility flag
d delete a partition                           // 删除一个分区的动作
l list known partition types                   //列出分区类型,以供我们设置相应分区的类型
m print this menu 注:                          // 列出帮助信息
n add a new partition                          // 添加一个分区
o create a new empty DOS partition table
p print the partition table                    // 列出分区表
q quit without saving changes                  // 不保存退出
s create a new empty Sun disklabel
```

t change a partition's system id   // 改变分区类型
u change display/entry units
v verify the partition table
w write table to disk and exit   // 把分区表写入硬盘并退出
x extra functionality (experts only)   // 扩展应用,专家功能

使用示例

示例 1：用 fdisk 来新建分区,硬盘大小 240 GB,分区 1 为主分区,大小为 80 GB;分区 2 为逻辑分区,大小为 100 GB;分区 3 为逻辑分区,大小为 60 GB。

具体操作步骤如下。

```
#fdisk   /dev/sdb        //  /dev/sdb 是新添加的一块硬盘
// 新建分区 1
命令(输入 m 获取帮助): n
Partition type : primary (0 primary ,0 extended ,4 free )
            Extended
Select ( default p ): P         // 选择主分区
分区号(1-4,默认 1): 分区号默认为 1
起始扇区(2048—503316479,默认为 2048):将使用默认值 2048
Last 扇区, + 扇区 or + size ( K , M , G )(2048-503316479,默认为 503316479): +80G          // 大小 80 GB
分区 1 已设置为 Linux 类型,大小设为 80 GB
// 新建扩展分区,需要扩展分区,以便在其中划分逻辑分区
命令(输入 m 获取帮助): n
Partition type :
pprimary (1 primary ,0extended,3free)
extended
Select ( default p ): e         // 选择类型为扩展分区
分区号(2-4,默认 2):              // 分区号默认为 2
起始扇区(167774208—503316479,默认为 167774208):将使用默认值 167774208
Last 扇区, + 扇区 or + size ( K , M , G )(167774208—503316479,默认为 503316479):将使用默认值 503316479
分区 2 已设置为 Extended 类型,大小设为 160 GB
// 新建分区 2
命令(输入 m 获取帮助): n
```

操作视频

磁盘分区操作

Partition type:

primary(1 primary ,1extended,2free)1ogical(numbered from 5)

Select (default p):1

// 系统中扩展分区只能有 1 个,类型只能选主分区或者逻辑分区

添加逻辑分区 5

// 逻辑分区迈辑分区号默认从 5 开始,因为 1~4 是保留给主分区和扩展分区使用

起始扇区(167776256—503316479,默认为 167776256)将使用默认值 167776256

Last 扇区,+ 扇区 or + size｛K , M , G｝(167776256—503316479,默认为 503316479):

分区 5 已设置为 Linux 类型,大小设为 100 GB

// 新建分区 3

命令(输入 m 获取帮助): n

Partition type:

primary(1 primary ,1extended,2 free)1ogical(numbered from 5)

Select (default p):1

添加逻辑分区 6

起始扇区(377493504-503316479,默认为 377493504):将使用默认值 377493504

Last 扇区,+ 扇区 or + S1Ze｛K , M , G｝(377493504-503316479,默认为 503316479):将使用默认值 503316479

分区 6 已设置为 Linux 类型,大小设为 60 GB

// 检查分区表,确认是否正确划分

命令(输入 m 获取帮助): P

硬盘/dev /sdb :257.7 GB ,257698037760 字节,503316480 个扇区 Units = 扇区 of 1 * 512 = 512 bytes

扇区大小(逻辑/物理):512 字节/512 字节 I /O 大小(最小/最佳):512 字节/512 字节 硬盘标签类型: dos

硬盘标识符:0x39fac408

设备 Boot	Start	End	Blocks	Id	System
/dev/sdb1	2048	167774207	83886080	83	Linux
/dev/sdb2	167774208	503316479	167771136	5	Extended
/dev/sdb5	167776256	377491455	104857600	83	Linux
/dev/sdb6	377493504	503316479	62911488	83	Linux

// 如正确划分,用 w 将分区表写入硬盘,如有误则删除之,或者用 q 直接退出放弃所有操作

命令(输入 m 获取帮助)：w

The partition table has been altered！

Calling ioctl (0 to re‐read partition table．

正在同步硬盘。

示例 2：使用 fdisk 删除分区，把示例 1 中新建的分区 sdb1 删除。
具体操作步骤如下。

fdisk /dev/sdb

命令(输入 m 获取帮助)：d　　　// 删除分区

分区号(1,2,5,6,默认 6)：1　　// 删除分区 1

分区 1 已删除

命令(输入 m 获取帮助)：P

// 检查分区表，确认是否正确删除

硬盘/dev/sdb：257.7GB，257698037760 字节，503316480 个扇区 Units = 扇区 of 1＋512-512 bytes

扇区大小(逻辑/物理)：512 字节/512 字节

用的 I/O 大小(最小/最佳)：512 字节/512 字节

硬盘标签类型：dos

硬盘标识符：0x39fac408

设备 Boot	Start	End	Blocks	Id	System
/dev/sdb2	167774208	503316479	167771136	5	Extended
/dev/sdb5	167776256	377491455	104857600	83	Linux
/dev/sdb6	377493504	503316479	62911488	83	Linux

//如正确，用 w 将分区表写入硬盘，如有误则删除之，或者用 q 直接退出放弃所有操作

命令(编入 m 获取帮助)；w

The partition table has been altered！

Calling ioctl (0 to re‐read partition table．

正在同步硬盘。

5.2.4　使用 parted 分区操作

常用的 fdisk 这个工具对分区是有大小限制的，它只能划分小于 2 TB 的硬盘，所以在划大于 2 TB 的硬盘分区的时候 fdisk 就无法满足要求了，这个时候就可以通过 parted 工具来实现对 GPT 硬盘进行分区操作。

parted 命令同时支持交互模式和非交互模式。交互模式即在执行命令时按照提示输入 parted 命令相应的子命令进行各种操作,适合初学用者使用;非交互模式即在命令行中直接输入 parted 命令的子命令进行各种操作,适合熟练用户使用。

1. 非交互模式

命令格式如下。

```
parted  选项  设备  子命令
```

常用选项说明如下。
- -h 该选项可显示帮助信息。
- -l 该选项可列出所有块设备的分区情况。
- -m 该选项表示进入交互模式。
- -s 该选项表示不显示用户提示信息。
- -v 该选项可显示 parted 的版本信息。
- -a 该选项是为新创建的分区设置对齐方式。

使用示例

示例 1:查看硬盘/dev/sdb 的分区信息。

```
# parted/dev/sdb  print      //查看硬盘/dev/sdb 的分区信息
```

示例 2:查看系统中所有硬盘信息及分区情况。

```
# parted -1    // 查看系统中所有硬盘信息及分区情况
```

parted 的各种操作子命令及相应功能如下。
- align-check [type partition]:检查分区是否对齐,type 是 minimal、optimal 之一。
- help [command]:显示全部帮助信息或者指定命令的帮助信息。
- mklabel 或 mktable [lable-type]:创建新的分区表。
- mkpart [part-type fs-type start end]:创建分区。
- name [partition name]:以指定的名字命名分区。
- print:显示分区信息。
- quit:退出 parted 程序。
- rescue [start end]:恢复丢失的分区。
- resizepart [partiton end]:更改分区的大小。
- rm [partion]:删除分区。

- select［device］：选择需要操作的硬盘。
- disk_set［flag state］：设置硬盘的标识。
- disk_toggle［flag］：切换硬盘的标识。
- set［partion flag state］：设置分区的标识。
- toggle［partition flag］：切换分区的标识。
- unit［unit］：设置默认的硬盘容量单位。
- versIon：显示 parted 的版本信息。

2．交互模式

命令格式如下。

```
parted  设备
```

parted 命令可以使用"♯ parted 设备名"命令格式进入交互模式。如省略设备名，则默认对当前硬盘进行分区。进入交互模式后，可以进行如下操作对硬盘分区进行管理。

```
♯ parted  /dev/sdb
GNU parted 3.3      // parted 命令的版本信息
Using  /dev/sdb    // 对/dev/sdb 硬盘分区
    Welcome to GNU parted！Type'help'to view a list of commands．
//欢迎消息
(parted)            // parted 子命令提示符
```

3．分区管理

使用 parted 交互模式中所提供的各种指令，可以对硬盘的分区进行管理。通过执行"♯ parted/dev /sdb"命令，可以在交互模式下完成以下操作。

（1）查看分区情况

在对硬盘分区之前，应先查看分区情况，以进行后续操作。使用 print 子命令可以查看当前硬盘的分区信息，其执行结果如下所示。

```
(parted) print
    Error :/dev/sdb : unrecongnised disk label
                                    // 错误信息提示：还未指定硬盘标签
        Model : VMware Virtual S (scsi)      // 硬盘厂商型号
Disk  / dev /sdb :82.0GB               // 硬盘容量
Sector size (logical/ physical):512B/512B  // 扇区大小
    Partition Table : unkown          // 分区表类型
    Disk Flags :                     // 硬盘标识
```

由以上执行结果可以看出，此硬盘是一块新添加的硬盘。

（2）选择硬盘

如果系统中有多块硬盘，使用 select 子命令可以选择要操作的硬盘，执行结果如下所示。

```
（parted）select
    New device？［/dev/sdb］？      // 使用默认或按提示格式输入其他硬盘
    using  /dev/sdb               // 显示正在操作的硬盘
```

（3）指定分区表类型

在分区之前使用 mklable 子命令或 mktable 子命令可以指定分区表的类型，parted 分区表类型有 bsd、dvh、gpt、loop、mac、msdos、pc98、sun 等。若用 MBR 分区格式可选择 msdos 类型。若分区大于 2 TB，则需要用 GPT 类型的分区表，执行结果如下所示。

```
（parted）mklable
New disk lable type？gpt            // 输入分区表类型，如 gpt
（parted）print                      // 再次查看分区情况
    Model：VMware Virtual S（scsi）  // 硬盘厂商型号
Disk /dev/sdb：82.0GB                // 硬盘容量
    Sector size（logical/physical）:512B/512B   // 扇区大小
Partition Table：gpt                 // 分区表类型为 GPT
Disk Flags：                         // 硬盘标识
Number Start End Size File system Name Flags    // 空分区表的表头
```

（4）指定硬盘容量单位

使用 unit 子命令可以指定创建分区时或查看分区的容量默认单位，容量单位可以是 s、B、KiB、MiB、GiB、TiB、KB、MB、GB、TB、％、cyl、chs、compact 等，执行结果如下所示。

```
（parted）unit
unit？［compact］                    // 指定容量单位
```

（5）创建分区

使用 mkpart 子命令可以创建硬盘分区，执行结果如下所示。

```
（parted）mkpart
Partition name［］                   // 指定分区的名字
File system type？［EXT2］           // 指定文件系统类型，默认为 EXT2
```

```
start ?                          // 指定分区的开始位置
  End ?                          // 指定分区的结束位置
```

注意：如果采用 MBR 分区格式，在创建分区时的提示信息会稍有不同，第一步提示信息为"Partition type ? primary / extended ?"，即要求先确定分区的类型为主分区还是扩展分区。

(6) 更改分区大小

使用 resizepart 子命令可以更改指定分区的大小，执行结果如下所示。

```
(parted) resizepart
Partition number ?               // 指定需要更改的分区号
  End ? [40GB]?                  // 指定分区新的结束位置
```

注意：如果分区中已有数据，缩小分区有可能丢失数据；扩大分区只能给最后一个分区增加容量。

(7) 删除分区

使用 rm 子命令可以删除指定的硬盘分区。在进行删除操作前必须先把分区卸载，执行结果如下所示。

```
(parted) rm
Partition number ?               // 选择需要删除的分区号
```

注意：在 parted 命令中所有操作都是立刻生效的，在进行删除分区这种极度危险的操作时还没有提示信息，因此在进行删除分区操作时，必须要小心谨慎。

(8) 拯救分区

使用 rescue 子命令可以拯救因为某些原因丢失的分区（用 rm 子命令删除的除外），执行结果如下所示。

```
(parted) rescue
Start ?                          // 指定分区的开始位置
End ?                            // 指定分区的结束位置
```

(9) 设置分区名称

使用 name 子命令可以给分区设置或修改名字，执行结果如下所示。

```
(parted) name
Partition number ?               // 指定设置或修改分区名称的分区号
Partition name ? []?             // 设置或修改分区名
```

(10) 设置分区标识

使用 set 子命令可以设置或转换指定分区的标识。分区标识通常有 boot、esp（GPT 模式）、msr（MBR 模式）、swap、hidden、raid、lvm、msftdata 等，分别代表相应的分区，执行结果如下所示。

```
( parted ) set
Partition number ?              // 指定要设置分区标识的分区号
Flag to Invert ?                // 指定要转换的分区标识
New state ? [ on ]/ off ?       // 指定在查看分区信息时是否显示分区标识
```

(11) 设置硬盘标识

使用 disk-set 子命令可以对所操作的硬盘设置标识，以方便管理。硬盘标识通常有 pmbr_boot（GPT 模式）、cylinder_alignment（MBR 模式）等，执行结果如下所示。

```
( parted ) disk _ set
Flag to Invert ? [ pmnr _ boot ]?    // 设置硬盘标识
New state ? [ on ]/ off              // 指定在查看分区信息时是否显示硬盘标识
```

(12) 检查分区对齐情况

使用 align-check 子命令可以判断分区 n 的起始扇区是否符合硬盘所选的对齐条件。对齐类型必须是 minimal、optimal 或相关词汇的缩写，执行结果如下所示。

```
( parted ) align - check min 1
1 aligned           // 检查分区 1 的对齐情况，表明已对齐
```

(13) 退出分区命令

使用 quit 子命令在对硬盘分区操作完毕后，可以直接退出。

5.3 逻辑卷管理

5.3.1 LVM 相关概念

1. LVM 概念

LVM 是逻辑卷管理（logical volume manager）的简称，是 Linux 环境下对硬盘分区进行管理的一种机制。LVM 是建立在硬盘或分区之上的一个逻辑层，为文件系统屏蔽下层硬盘分区布局，从而提高硬盘分区管理的灵活性。通过 LVM 系统，管理员可以轻

松管理硬盘分区,如将若干个硬盘分区连接为一个整块的卷组(volume group)形成一个存储池。管理员可以在卷组上随意创建逻辑卷(log volume),并进一步在逻辑卷上创建文件系统。管理员通过 LVM 可以方便地调整卷组的大小,并且可以对磁盘存储按照组的方式进行命名、管理。向系统添加了新的硬盘后,管理员不必将文件移动到新的硬盘上以充分利用新的存储空间,而是通过 LVM 直接扩展文件系统跨越硬盘即可。

2. LVM 基本术语

(1) 物理卷(physical volume,PV)
- 物理卷在 LVM 系统中处于最底层。
- 物理卷可以是整个硬盘、硬盘上的分区,或从逻辑上与硬盘分区具有同样功能的设备(如 RAID)。
- 物理卷是 LVM 的基本存储逻辑块,但和基本的物理存储介质(如分区、磁盘等)比较,却包含有与 LVM 相关的管理参数。

(2) 卷组(volume group,VG)
- 卷组建立在物理卷之上,由一个或多个物理卷组成。
- 卷组创建之后,可以动态地添加物理卷到卷组中;在卷组上可以创建一个或多个 LVM 分区(逻辑卷)。
- 一个 LVM 系统中可以只有一个卷组,也可以包含多个卷组。
- LVM 管理的卷组类似于非 LVM 系统中的物理硬盘。

(3) 逻辑卷(logical volume,LV)
- 逻辑卷建立在卷组之上,是从卷组中"切出"的一块空间。
- 逻辑卷创建之后,其大小可以伸缩。
- LVM 的逻辑卷类似于非 LVM 系统中的硬盘分区,在逻辑卷之上可以建立文件系统(如/home 或者/usr 等)。

(4) 物理区域(physical extent,PE)
- 每一个物理卷被划分为基本单元,称为 PE。具有唯一编号的 PE 是可以被 LVM 寻址的最小存储单元。
- PE 的大小可根据实际情况在创建物理卷时指定。
- PE 的大小一旦确定将不能改变,同一个卷组中所有物理卷的 PE 大小一致。

(5) 逻辑区域(logical extent,LE)
- 逻辑区域也被划分为可被寻址的基本单位,称为 LE。
- 在同一个卷组中,LE 的大小和 PE 是相同的,并且一一对应。

和非 LVM 系统将包含分区信息的元数据(metadata)保存在位于分区起始位置的分区表中一样,逻辑卷以及卷组相关的元数据也是保存在位于物理卷起始处的卷组描述符区域(volume group descriptor area,VGDA)中。VGDA 包括 PV 描述符、VG 描述符、LV 描述符和一些 PE 描述符。

3. openEuler 下的 LVM

openEuler 实现 LVM 的软件包名为 lvm2,且是被默认安装的。软件包 lvm2 中提供了一系列的 LVM 工具,其中 lvm 是一个交互式管理的命令行接口,同时也提供了非交互式的管理命令。lvm 常用命令及功能见表 5-1。

表 5-1 lvm 常用命令及功能

功 能	PV	VG	LV
创建	pvcreate	vgcreate	lvcreate
删除	pvremove	vgremove	lvremove
扫描列表	pvscan	vgscan	lvscan
显示属性	pvdisplay	vgdisplay	lvdispaly
扩展	-	vgextend	lvextend
缩减	-	vgreduce	lvreduce
显示信息	pvs	vgs	lvs
改变属性	pvchange	vgchange	lvchange
重命名	-	vgrename	lvrename
改变容量	pvresize	-	lvresize
检查一致性	pvck	vgck	-

使用示例

示例 1: 使用 help 命令显示 lvm 常用命令的功能。

```
# lvm help
```

示例 2: 使用命令参数-h 查看 pvcreate 的用法。

```
# pvcreate -h
```

5.3.2 管理 LVM

1. 创建卷

如下所示列出了创建卷(物理卷、卷组、逻辑卷)的 lvm 命令。
创建物理卷命令格式如下。

```
pvcreate  <硬盘或分区设备名>
```

创建卷组命令格式如下。

```
vgcreate  <卷组名> <物理卷设备名>
```

创建逻辑卷命令格式如下。

```
lvcreate  <-L 逻辑卷大小> <-n 逻辑卷名> <卷组名>
```

或

```
lvcreate <-l PE 值> <-n 逻辑卷名> <卷组名>
```

指定逻辑卷大小时可以使用的单位有：k/K、m/M、g/G、t/T；在创建逻辑卷时可以使用选项<-l PE 值>指定逻辑卷的大小；PE 值可以通过 vgdisplay|grep "Free PE" 获得。

使用示例

操作视频

创建逻辑卷

示例 1：创建两个物理卷。

```
# pvcreate  /dev/sdb2  /dev/sdb6
Physical volume "/dev/sdb2" successfully created
Physical volume "/dev/sdb6" successfully created
```

示例 2：使用已创建的两个物理卷创建名为 data 的卷组。

```
# vgcreate data  /dev/sdb2  /dev/sdb6
Volume group "data" succesfully created
```

示例 3：在 data 卷组中创建名字为 home 大小为 1 GB 的逻辑卷，在 data 卷组中创建名字为 www，大小为 2 GB 的逻辑卷。

```
# lvcreate  -L 1G  -n home  data
Logical volume "home" created
# lvcreate  -L 2G  -n www  data
Logical volume "www" created
```

2. 查看卷

如下所示列出了查看卷（物理卷、卷组、逻辑卷）信息的 LVM 命令。

查看物理卷命令格式如下。

```
pvdisply  <物理卷设备名>
```

省略设备名将显示所有物理卷。

查看卷组命令格式如下。

```
vgdisplay  <卷组名>
```

省略设备名将显示所有卷组。

查看逻辑卷命令格式如下。

```
lvdisply  <逻辑卷卷设备名>
```

省略设备名将显示所有逻辑卷名。

3. 调整卷

如下所示列出了调整(扩展、缩减)卷(卷组、逻辑卷)的 lvm 命令。

扩展卷组命令格式如下。

```
vgextend  <卷组名> <物理卷设备名>
```

将指定的物理卷添加到卷组中。

缩减卷组命令格式如下。

```
vgreduce  <卷组名> <物理卷设备名>
```

将指定的物理卷从卷组中移除。

扩展逻辑卷命令格式如下。

```
lvextend  <-L -逻辑卷增量> <逻辑卷设备名称>
```

或

```
lvextend  <-l -PE 值> <逻辑卷设备名称>
```

扩展逻辑卷之后才能扩展逻辑卷上的文件系统的大小。

缩减逻辑卷命令格式如下。

lvreduce <-L-逻辑卷增量> <逻辑卷设备名称>

或

lvreduce <-1 -P 值> <逻辑卷设备名称>

缩减逻辑卷之前一定要先缩减逻辑卷上的文件系统的大小。

使用示例

示例 1：将两个物理卷扩展到已存在的 data 卷组中。

```
# vgextend data /dev/sdc1  /dev/sdc2
Volume group"data" successfully extended
```

示例 2：在 data 卷组中扩展 home 逻辑卷，扩展 2 GB 容量。

```
# lvextend -L +2G  /dev/data/home
Size of logical volume data/home changed from 1.00 GB (256 extents)to 3.00 GB (768extents). Logical volume home succesfuly resized
```

示例 3：将 data 卷组中名为 www 的逻辑卷扩展 5 GB。操作说明如下。
（1）首先查看当前的 data 卷组的剩余空间是否大于 5 GB。
（2）若当前的 data 卷组的剩余空间大于 5GB，则进行如下操作。
① 将 data 卷组中的 www 逻辑卷扩展 5GB。
② 对 www 逻辑卷上的文件系统进行容量扩展。
（3）若当前的 data 卷组的剩余空间小于 5GB，则进行如下操作。
① 在系统中添加新硬盘并创建分区类型为 LVM 的分区。
② 在新硬盘上创建物理卷。
③ 将新创建的物理卷扩展到 data 卷组。
④ 将 data 卷组中的 www 逻辑卷扩展 5GB。
⑤ 对 www 逻辑卷上的文件系统进行容量扩展。
具体操作步骤如下。

```
// 1.首先查看当前的 data 卷组的剩余空间是否大于 5GB
#vgs
VG         #PV    #LV    #SN   Attr       VSize    VFree
Data       1      2      0     wz--n-     39.5lg   44.00m
openEuler  2      2      0     wz--n-     9.99g    4.00g
```

// 由于 data 卷组的 VFree 已不足 5GB,需添加新的硬盘
// 2.添加新硬盘并分区
parted /dev/sdc mklabel gpt
// 对系统中第三块硬盘进行分区(使用 GPT 分区表)
parted /dev/sdc mkpart primary 8192s 100%
// 创建一个主分区(从 8192 扇区开始,使用整个硬盘空间)
parted /dev/sdc set 1 lvm on
// 将分区类型设置为 lvm
partprobe /dev/sdc
// 3.创建物理卷
pvcreate /dev/sdc1
Physical volume "/dev/sdcl" successfully created
// 4.扩展已经存在的 data 卷组
vgscan   //查看系统中的卷组
Found volume group "openEuler" using metadata type lvm2
Found volume group "data" using metadata type lvm2
vgextend data /dev/sdc1   //将新创建的物理卷扩展到已存在的 data 卷组中
Volume group "data" sucesfully extended
vgdisplay data   //查看卷组 data 的状态
// 5.扩展 www 逻辑卷
lvdisplay /dev/data/www   //显示已存在的 www 逻辑卷的状态
lvextend -L +5G /dev/data/www -r
// 在 data 卷组中扩展 www 逻辑卷,扩展大小为 5GB
// 提示:上面命令的可选参数-r 或-resizef,表示在扩展逻辑卷之后调用 fsadm 扩展文件系统的尺寸
lvs   // 显示 www 逻辑卷的状态
df -h /srv/www   // 显示文件系统的尺寸

5.4 文件系统管理

5.4.1 创建文件系统

一般情况下,完整的 Linux 系统文件是在系统安装时建立的,只有在新添加了硬盘或软盘等存储设备时,才需要为它们建立文件系统。Linux 文件系统的建立是通过 mkfs 命令实现的。

mkfs 命令创建文件系统的命令格式如下。

＃mkfs.xfs ＜设备名＞

> **使用示例**

示例 1：在系统第二块 SATA 接口的硬盘第 5 个分区上创建 xfs 类型的文件系统。

＃mkfs.xfs /dev/sdb5

示例 2：对 data 卷组的 home 逻辑卷创建 xfs 类型的文件系统。

＃mkfs.xfs /dev/data/home

示例 3：对 data 卷组的 www 逻辑卷创建 xfs 类型的文件系统。

＃ mkfs.xfs /dev/data/www

示例 4：使用带 -t ＜fstype＞选项的 mkfs 命令创建各种类型的文件系统。

```
＃mkfs  -t ext3  /dev/sdb1
// 在系统第二块 SATA 接口的硬盘第 1 个分区上创建 ext3 类型的文件系统
＃ mkfs  -t vfat  /dev/sdb5
// 在系统第二块 SATA 接口的硬盘第 5 个分区上创建 FAT32 类型的文件系统
```

5.4.2　文件系统的挂载与卸载

1. 使用 mount 命令挂载文件系统

在硬盘分区或逻辑卷上创建了文件系统后，还需要把新建立的文件系统挂载到系统上才能使用。挂载是 Linux 文件系统中的概念，将所有的文件系统挂载到统一的挂载点中。使用 mount 命令可以灵活地挂载系统可识别的所有文件系统。

挂载点就是文件系统中的一个目录，必须把文件系统挂载在目录树中的某个目录中。挂载点目录在实施挂载操作之前必须存在，若其不存在则应该使用 mkdir 命令创建。通常挂载点目录必须是空的，否则目录中原有的文件将被系统隐藏。

mount 命令的命令格式如下。
格式 1：

＃mount [-t ＜文件系统类型＞][-o＜挂载选项＞]＜设备名＞＜挂载点＞

说明：(1) 此格式用于挂载 /etc/fstab 中未列出的文件系统。

(2) 使用-t 选项可以指定文件系统类型，如 ext3、ext4、xfs、reiserfs、vfat、ntfs 等。

(3) 若-t 选项省略，mount 命令将依次试探/proc/filesystems 中不包含 nodev 的行。

(4) 必须同时指定＜设备名＞和＜挂载点＞。

格式2：

＃mount ［-o＜挂载选项＞］＜设备名＞或＜挂载点＞

说明：(1) 此格式用于挂载 /etc/fstab 中已列出的文件系统。
(2) 选择使用＜设备名＞或＜挂载点＞之一即可。
(3) 若-o 选项省略，则使用/etc/fstab 中该文件系统的挂载选项。

格式3：

＃mount -a ［-t＜文件系统类型＞］［-o＜挂装选项＞］

说明：(1) 此格式用于挂载/etc/fstab 中所有不包含 noauto(非自动挂载)挂载选项的文件系统。
(2) 若指定-t 选项，则只挂载/etc/fstab 中指定类型的文件系统。
(3) -o 选项用于指定挂载 /etc/fstab 中包含指定挂载选项的文件系统。
(4) 若同时指定-t 选项和-o 选项，则为"或者"的关系。

使用示例

示例 1：将/dev/sdb5 上的 xfs 文件系统挂载到 /backup。

＃mkdir /backup
＃ mount -t xfs /dev/sdb5 /backaup

示例 2：将文件系统类型为 ext4 的逻辑卷 /dev/data/home 挂载到 /home。

＃ mount /dev/data/home /home

示例 3：将文件系统类型为 xfs 的逻辑卷 /dev/data/www 挂载到 /srv/www。

＃ mkdir /srv/ww
＃ mount /dev/data/www /srv/www

示例 4：前已经挂载的文件系统。

```
#mount 或 #findmnt
```

2. 自动挂载

对固定设备采用手动挂载的方式略显麻烦，可以通过开机自动挂载文件系统来解决。控制 Linux 系统在启动过程中自动挂载文件系统的配置文件是/etc/fstab，系统启动时将读取该配置文件，并按文件中的信息来挂载相应文件系统。典型的/etc/fstab 文件内容如下。

操作视频

文件自动挂载

```
# cat /etc/fstab
/dev/mapper/cl-root    xfs defaults 0 0
UUID=af16685a-28a1-4f74-abf0-3fe6a569a67d  /boot  ext4  defaults 0 0
/dev/mapper/cl-swap   swap swap defaults 0 0
```

/etc/fstab 文件的每一行表示一个文件系统，每个文件系统的信息用 6 个字段来表示，字段之间用空格隔开。从左到右各字段信息含义说明如下。

- 第 1 个字段：设备名、设备的 UUID 或设备卷标名，在这里表示的是文件系统。有时把挂载文件系统也说成挂载分区，在这个字段中也可以用分区标签。
- 第 2 个字段：挂载点，指定每个文件系统在系统中的挂载位置。swap 分区不需要挂载点。
- 第 3 个字段：文件系统类型，指定每个设备所采用的文件系统类型。如果设为 auto，则表示按照文件系统本身的类型进行挂载。
- 第 4 个字段：挂载文件系统时的选项。可以设置多个选项，选项之间使用逗号分隔，常用的选项如下所示。
  - defaults：具有 rw、suid、dev、exec、auto、nouser、async 等默认选项。
  - auto：自动挂载文件系统。
  - noauto：系统启动时不自动挂载文件系统，用户在需要时手动挂载。
  - ro：该文件系统权限为只读。
  - rw：该文件系统权限为可读可写。
  - usrquota：启用文件系统的用户配额管理服务。
  - grpquota：启用文件系统的用户组配额管理服务。
- 第 5 个字段：文件系统是否需要 dump 备份。1 是需要，0 是不需要。
- 第 6 个字段：系统启动时，是否使用 fsck 磁盘检测工具检查文件系统。1 是需要，0 是不需要，2 是跳过。

对于需要自动挂载的文件系统，只需按照/etc/fstab 文件内格式逐项输入，保存文件并退出后，重启系统即可生效。

使用示例

要在系统启动过程中将分区/dev/sdb5 上的 ext4 类型的文件系统挂载到/backup 目录,将逻辑卷/dev/data/www 上的 xfs 类型的文件系统挂载到/srv/www 目录,将逻辑卷 /dev/data/home 上的 ext4 类型的文件系统挂载到/home 目录,可以在/etc/fstab 文件中进入如下添加。

```
/dev/data/www      /srv/www    xfs     defaults    0   0
/dev/data/home     /home       ext4    defaults    0   1
/dev/sdb5          /backup     ext4    defaults    0   1
```

修改/etc/fstab 文件后,执行如下使其生效。

```
#mount -a
```

3. 使用 umount 命令卸载文件系统

文件系统可以被挂载,也可以被卸载。卸载文件系统的命令是 umount,该命令可以把文件系统从 Linux 系统中的挂载点分离。要卸载一个文件系统,可以指定要卸载的文件系统的目录名(挂载点)或设备名。

umount 命令的格式如下。

```
#umount <设备名或挂装点>
```

示例 1:卸载文件系统。

```
#umount /dev/sdb5
#umount /srv/www
```

注意:如果一个文件系统处于 busy 状态,则不能卸载该文件系统。如下情况将导致文件系统处于 busy 状态。
- 文件系统上面有打开的文件。
- 某个进程的工作目录在此文件系统上。
- 文件系统上面的缓存文件正在被使用。

本章总结

本章介绍了文件系统的基本概念,详细说明了 Linux 常见的文件系统类型。介绍了

fdisk、parted 两种硬盘分区工具的使用环境以及具体用法。介绍了 LVM 的相关概念以及如何创建、查看、扩展和缩减逻辑卷的操作。最后介绍了文件系统的创建、挂载和卸装的方法。本章知识点涉及命令详细说明如下所列。

知识点	命　　令	说　　明
分区管理	fdisk	硬盘分区工具，仅支持 MBR 分区，最大分区为 2 TB
	parted	硬盘分区工具，同时支持 MBR 和 GPT
逻辑卷管理	pvcreate	创建物理卷
	vgcreate	创建卷组
	lvcreate	创建逻辑卷
	pvdisply	查看物理卷
	vgdisplay	查看卷组
	vgextend	扩展卷组
	vgreduce	缩减卷组
	lvextend	扩展逻辑卷
	lvreduce	缩减逻辑卷
文件系统管理	mkfs	创建文件系统
	mount	挂载文件系统
	umount	卸载文件系统
	mkswap	创建交换空间
	swapon	启用交换空间
	swapoff	禁用交换空间

本章习题

一、填空题

1. Linux 系统中使用最多的文件系统是＿＿＿＿＿＿＿。

2. 列出硬盘分区信息的命令是_____。

3. 将设备挂载到挂载点处的命令是_____。

4. 检查文件系统的硬盘空间占用情况的命令是_____。

5. 统计目录(或文件)所占硬盘空间大小的命令是_____。

6. 格式化指定分区的命令是_____。

7. 将硬盘分区或文件设为 Linux 的交换区的命令是_____。

8. 检查文件系统并尝试修复错误的命令是_____。

9. 用来显示虚拟内存统计信息的命令是_____。

10. _____通过使用逻辑卷管理器对硬盘存储设备进行管理,可以实现硬盘空间的动态划分和调整。

11. 逻辑卷管理由三部分组成:_____、_____、_____。

二、选择题

1. 用于文件系统挂载的命令是( )。
   A. fdisk   B. mount
   C. df   D. man

2. 了解在当前目录下还有多大空间的命令是( )。
   A. df   B. du /
   C. du .   D. df .

3. 选项( )可以从当前系统中卸载一个已装载的文件系统。
   A. umount   B. dismount
   C. mount -u   D. 从 /etc/fstab 中删除这个文件系统项

4. 设用户所使用计算机系统上有两块 SCSI 硬盘,Linux 系统位于第一块硬盘上,查询第二块硬盘的分区情况命令是( )。
   A. fdisk -l /dev/sda1   B. fdisk -l /dev/sdb2
   C. fdisk -l /dev/sdb   D. fdisk -l /dev/sda

5. 统计硬盘空间或文件系统使用情况的命令是( )。
   A. df   B. dd
   C. du   D. fdisk

6. 当使用 mount 进行设备或者文件系统挂载的时候,需要用到的设备名称位于( )目录。
   A. /home   B. /bin
   C. /etc   D. /dev

三、操作题

1. 磁盘和分区信息查看要求如下。

(1) 查看当前系统硬盘及分区情况,说明当前的硬盘容量,分区数量、名称和大小,分区挂载点,分区使用方式(卷组名称、逻辑卷名称和大小)。

(2) 显示当前文件系统使用情况,说明当前主要文件系统信息及使用情况(包括主要文件系统名称、挂载点、容量、使用量及百分比等)。

2. 添加新硬盘并进行分区操作要求如下。

(1) 关闭虚拟机操作系统,添加 2 块硬盘,大小分别为 5 GB 和 10 GB。开机后查看新硬盘是否成功。

(2) 将第三块硬盘 sdc 分区(10 GB),要求分区 1(sdc1)为主分区,类型为 swap(82),大小为 2 GB;分区 2(sdc2)为主分区,类型为 linux(83),大小为 5 GB;分区 3 为扩展分区(sdc3),大小为 sdc 所有剩余容量;分区 4 为逻辑分区,类型为 lvm(8e),大小为 2 GB。分区后,查看 sdc 新添加所有分区。

四、简答题

1. 硬盘有哪些分区格式?
2. 磁盘的接口有哪几种?
3. 什么是交换空间?交换空间的作用是什么?

第 6 章　系统管理

▶▶▶ **本章导读**

本章介绍了 openEuler 中的计划任务、进程的状态和调度以及网络的配置，主要讲解 openEuler 中的任务管理、进程管理以及网络管理。

▶▶▶ **学完本课程后，您将能够**

- ◇ 配置一次性的和周期性的计划任务
- ◇ 管理 openEuler 中的进程，能够查看、管理进程
- ◇ 配置 openEuler 中的网络，使得主机间网络可达

▶▶▶ **本章主要内容包括**

- ◇ 计划任务的管理
- ◇ 进程管理
- ◇ 网络管理

6.1　任务管理

6.1.1　计划任务概述

在系统运维的过程中，可能需要在某个预设的时间节点执行临时的任务；在日常工作中也有很多任务是例行性的，比如，定时发送邮件、备份并清空日志文件、每个工作日的固定时间打卡、每周一参加工作例会，等等。这些任务通常需要记录下来以避免忘记执行。

在计算机上，通常把预先记录下来将在特定时间执行的工作叫作计划任务。Linux 的计划任务分为两种类型，分别使用不同的工具来管理。任务的内容则是需要特定时间执行的一系列命令或者一个脚本。

- 一次性执行：临时性的任务，仅在未来某个时间点执行一次，使用 at 命令来管理。at 命令的执行需要 atd 这个服务的支持，建议将 atd 设置为开机默认启动。
- 周期性执行：例行性的任务，在未来每隔一定周期执行一次，使用 crontab 命令或者编辑/etc/crontab 文件来管理，这些都需要 crond 这个服务的支持。Linux 系统上常见的例行工作任务如下。
  - 执行日志文件的轮询(logrotate)：方便更新日志信息，是必要的例行任务。
  - 建立 locate 的数据库(updatedb)：文件名数据库位于/var/lib/mlocate 目录下。
  - 建立 manpage 查询数据库(mandb)：提供快速查询的 manpagedb。
  - 建立 RPM 软件数据库文件：方便追踪系统上已安装的软件的信息。
  - 删除缓存：清除软件在运行中产生的缓存，以节省磁盘空间。
  - 与网络服务有关的分析操作：分析网络服务的日志文件。

6.1.2 计划任务的执行

1. 一次性执行——at 命令

atd 是 at 的守护进程，在系统启动时就会以后台模式运行。atd 服务会定期检查/var/spool/at 目录，获取通过 at 命令写入的计划任务。使用以下命令查询 atd 服务的状态，确认其在当前是运行状态，在开机时也是自动启动的。

```
# systemctl status atd
● atd.service - Deferred execution scheduler
   Loaded: loaded (/usr/lib/systemd/system/atd.service; enabled; vendor preset:…
   Active: active (running) since Sat 2021-08-14 08:09:58 CST; 19h ago
     Docs: man:atd(8)
 Main PID: 1100 (atd)
    Tasks: 1
   Memory: 268.0K
   CGroup: /system.slice/atd.service
           └─1100 /usr/sbin/atd -f

Aug 14 08:09:58 openEuler systemd[1]: Started Deferred execution scheduler.
```

at 命令用于产生在指定时刻需要执行的任务，并将这个任务以文本文件的形式写入/var/spool/at/目录下，该任务便能够等待 atd 服务来执行。

at 命令的常见用法如下。

◇ at [-mbv] <TIME>　　回车后进入交互界面，按[Ctrl+D]组合键结束输入。

- at -f ＜file＞ ＜TIME＞　　执行特定的脚本文件。
- atq　　　　　　　　　　　查看任务队列，会列出 job ID，相当于 at -l。
- atrm ＜job ID＞ …　　　 删除队列中的任务，相当于 at -d ＜job ID＞ …。
- at -c ＜job ID＞ …　　　列出指定任务中的命令内容。

说明如下。

- 默认情况下，at 命令仅限以 root 身份执行，后面还会讲到如何调整 at 命令的使用权限。
- at 命令要执行的命令序列是从标准输入或者使用-f 选项指定的文件中读取并执行的。
- 如果 at 命令是在一个使用 su 命令切换到的用户 Shell 中执行的，那么当前用户被认为是执行用户，所有的错误和输出结果都会送给这个执行用户。

主要选项和参数如下。

- -m　　　当 at 任务完成后，即使没有输出信息，也会发 e-mail 告知用户。
- -l　　　　at -l 相当于 atq，列出该用户所有的 at 计划。
- -d　　　 at -d 相当于 atrm，可以取消一个在 at 计划中的任务。
- -v　　　 使用较明显的时间格式列出 at 计划中的任务列表。
- -c　　　 列出指定任务的实际命令内容。
- TIME　　指定执行任务的时间。可以只指定时间，也可以一并指定时间和日期。
- job ID　 job 和前面提到的"任务""一系列命令""命令序列"是同一概念。每个任务都有一个 job ID 用于指定任务。

at 允许使用一套相当复杂的时间指定方法来设置时间，分为绝对计时法和相对计时法。

(1) 绝对计时法

- 接受在当天的 hh:mm(小时:分钟)式的时间指定；如果该时间已经过去，那么就放在第二天执行。如果采用 12 小时计时制，应在时间后面加上 am 或者 pm 来说明是上午还是下午。
- 指定命令执行的具体日期，格式有：month day(月日)、mm/dd/yy(月/日/年)、dd.mm.yy(日.月.年)、yyyy-mm-dd(年-月-日)。
- 指定的日期必须跟在指定时间的后面，完整形式为"hh:mm [am|pm] 日期"。
- 也可以使用 midnight(24:00)、noon(12:00)、teatime(16:00)等词语来指定时间，或者使用 today、tomorrow 来指定日期。

(2) 相对计时法

使用相对计时法，对于安排不久后就要执行的命令较为方便。

- 指定格式可为 now ＋ ＜N＞ time-units。now 就是执行命令的时刻，N 是一个时间的数量，time-units 是时间单位，这里可以是 minutes、hours、days、weeks。
- 指定格式也可为 hh:mm [am|pm] ＋ ＜N＞ time-units。

例如，假设现在时间是 2021 年 8 月 7 日中午 12:30，指定在今天 16:30 执行某个任务。以下 9 条 at 命令的时间参数达到的效果完全相同。

```
at 4:30pm
at 16:30
at 16:30 today
at now + 4 hours
at now + 240 minutes
at 16:30 Aug 7
at 16:30 7.8.21
at 16:30 8/7/21
at 16:30 2021-08-07
```

使用示例

示例 1：假设现在时间是下午 4:30，请设置在今天下午 5 点执行脚本文件 .bashrc。

```
# at -f /root/.bashrc 17:00
warning: commands will be executed using /bin/sh
job 3 at Sun Aug 15 17:00:00 2021

# atq
3       Sun Aug 15 17:00:00 2021 a root
2       Sun Aug 15 15:00:00 2021 a root
1       Sun Aug 15 15:00:00 2021 a root
```

示例 2：3 分钟后，在屏幕上打印一行消息。

```
# at now + 3 minutes
warning: commands will be executed using /bin/sh
at> echo "hello,guys! Will you please get ready for poweroff?"
at> <EOT>
job 12 at Sun Aug 15 18:51:00 2021


# date
Sun Aug 15 18:49:44 CST 2021
```

at 命令的执行

示例3：查看示例2中的第12号at任务的内容。

```
# at -c 12
#! /bin/sh
# atrun uid = 0 gid = 0
# mail root 0
umask 22
…（省略很多环境变量的设置行）
cd /root || {                    // 在/root目录下执行命令
        echo 'Execution directory inaccessible' >&2
        exit 1
}
${SHELL:-/bin/sh} << 'marcinDELIMITER3cabc4b9'
# 下面是要执行的命令内容：
```

```
echo "hello,guys! Will you please get ready for poweroff?"
```

`marcinDELIMITER3cabc4b9`

观察示例3的执行结果会发现，预定的时间到达后，并未在屏幕上显示相关的文字，这是因为at的执行与终端环境无关。对于添加了-m选项的at命令，则会将标准输出和标准错误输出都发送到用户的邮箱。如果一定需要输出在屏幕上，则可以显式指定输出设备。假定当前的终端是tty2，可以将示例3中的echo命令的写法做如下替换。

```
echo "hello,guys! Will you please get ready for poweroff?" >/dev/tty2
```

示例4：由于机房即将于后天凌晨停电，请设置在明天晚上23:00关机。

```
# at 23:00 tomorrow
warning: commands will be executed using /bin/sh
at> /bin/sync;/bin/sync          // 允许在at shell环境下输入多个命令
at> poweroff
at> <EOT>
```

`job 13 at Mon Aug 16 23:00:00 2021`

由于在使用at时会进入一个at shell的环境让用户执行任务命令，建议使用绝对路径来写命令和文件，可以一劳永逸，否则可能会将命令或文件定位到执行at命令时的那个工作目录。

at还具有在后台执行任务的优势，不占用终端设备。

示例 5：临时通知机房将不会停电，请及时将上面的第 13 号任务取消。

```
# atrm 13
# atq                          // 不显示任何信息，说明任务已被取消
```

普通用户是否有权限执行 at 任务，取决于/etc/at.allow 和 /etc/at.deny 这两个文件的设置，它们对于 at 任务执行权限的管控机制如下。

◇ 先看/etc/at.allow 的设置。仅在此文件中的用户才可以使用 at 命令，其他用户均不能使用（即使该用户未写在/etc/at.deny 中）。

◇ 仅当/etc/at.allow 文件不存在的情况下，是否有权限执行 at 任务才取决于/etc/at.deny 文件的设置。此时，仅在此文件中的用户不能使用 at 命令，其他用户均可以使用。

◇ 如果两个文件都不存在，则只有 root 可以使用 at 命令。

注意：由以上管控机制可知，千万不要在缺失/etc/at.allow 文件的情况下，随便建立一个空白的/etc/at.deny 文件，这意味着管控机制失效。

2. 周期性执行——cron 命令

at 命令会在指定时间内完成指定任务，但是只能执行该任务一次，以后就不再执行了。在很多情况下需要周期性重复执行特定的任务，这时候需要使用 cron 服务（crond）来控制。cron 任务的执行不需要用户干涉，用户只需要设置好 crontab 文件即可。

（1）cron 运行机制

■ cron 启动以后，先检查是否有用户设置了 crontab 文件及其中的任务，具体运行步骤如下。

● 首先 cron 命令会搜索/var/spool/cron 目录（存放用户的 crontab 文件），寻找以/etc/passwd 文件中的用户名命名的 crontab 文件，比如，名为 test 的用户对应的 crontab 文件是/var/spool/cron/test，被找到的这种文件将被装入内存。

● cron 命令还将搜索/etc/crontab 文件和/etc/cron.d/* 文件（系统的 crontab 文件）。

■ 如果没有找到 crontab 文件及其中需要执行的任务，cron 程序就转入睡眠状态，释放系统资源。所以，与常驻内存的 atd 相比较，cron 的后台进程占用资源极少；无论如何，cron 程序每分钟会被唤醒一次，重新读取一次/etc/crontab、/et/cron.d/* 和/var/spool/cron 这三个文件内的数据内容，查看当前是否有需要执行的任务。

■ cron 命令执行结束后，任何输出都将作为邮件发送给 crontab 的所有者，或者是/etc/crontab 文件和/etc/cron.d/* 文件中 MAILTO 环境变量指定的用户。

（2）crontab 文件

一般来说，crond 服务会自动读取如下三处的 crontab 脚本配置文件。

■ /etc/crontab：该脚本配置文件与系统的运行有关。

■ /etc/cron.d/*：该脚本配置文件与系统的运行有关。

- /var/spool/cron/*：该脚本配置文件与特定用户的任务有关。

在各类 crontab 文件中，用于设置周期性任务的每一行都由 6 个或 7 个字段组成。其中前 5 个字段是指定命令被执行的时间，第 6 个字段是指定执行者（仅出现在系统级的 crontab 文件中，用户级的 crontab 文件不含此字段），最后一个字段字段是要被执行的命令。每个字段之间使用空格或者制表符分隔，如下所示。

```
minute hour day-of-month month day-of-week [user-name] commands
```

crontab 文件名字段说明及取值范围见表 6-1。

表 6-1　crontab 文件名字段说明及取值范围

字 段	说 明	取 值 规 范
minute	分钟	0～59
hour	小时	0～23
day-of-month	一个月的第几天	1～31
month	月份	1～12，或者 jan、feb、mar、apr、may、…
day-of-week	星期几	0～6（0 和 7 均代表周日），或者 sun、mon、tue、wed、thu、fri、sat
user-name	执行者的名称	执行 commands 的用户身份（默认为 root）。应在/etc/passwd 文件中有一致的用户账户名
commands	需要执行的命令序列	遵循 bash 的命令行规范

注意：上述字段值都不能为空；对于要执行的命令，调用时需要写出命令的绝对路径。此外，为避免出错，不建议同时设置星期几与日期（日月）。

前 5 个字段除了可以使用数字，还可以使用特殊符号："*""/""-"","作为参数，说明如下。

表 6-2　crontab 文件字段说明

参 数	描 述
*	代表所有取值范围内的数字，即"任意""每个"的意思
-	代表从某个数字到某个数字的一段时间范围，如 10-13
/n	指定时间的间隔频率，如"*/5"表示每隔 5 个时间单位
,	代表若干离散的数字，如 6，10-13/2，23

(3) 使用 corntab 命令管理用户的周期性任务

使用 crontab 命令(/usr/bin/crontab)可以管理针对用户的周期性任务，该命令用于安装、删除或者显示用于驱动 cron 后台进程的表格（crontab 文件）。用户把需要执行的命令序列放到 crontab 文件中，即可被 cron 后台进程自动获取并准时执行。

用户的 crontab 文件是不可以直接编辑的，只可以用"crontab -e"打开默认的文本编辑器来编辑。编辑完成并保存后，cron 会自动在/var/spool/cron 下生成一个与此用户同名的文件，此用户的 cron 信息都记录在这个文件中。用户也可以另外建立一个文件，使用"cron 文件名"命令导入 cron 设置。

crontab 命令的属性如下。

```
# ls /usr/bin/crontab -l
-rwsr-xr-x. 1 root root 60048 Dec  8  2020 /usr/bin/crontab
```

crontab 命令的常见用法如下。
- crontab -e [-u <user>]   设置用户的 cron 服务（可修改或删除单个任务）。
- crontab -l [-u <user>]   列出用户 cron 服务的详细内容。
- crontab -r [-u <user>]   删除用户的 cron 服务（整个删除）。
- crontab -ir [-u <user>]   以交互模式删除用户的 cron 服务。

说明：以上命令中"[-u <user>]"省略不写时，默认管理的是当前用户的 cron 服务；如果加上"[-u <user>]"，则管理的是指定用户的 cron 服务，且仅能以 root 身份执行。

使用示例

示例 1：对于 root 用户，设置：① 在每周日晚 11:00 到次日早上 8:00 之间，每隔 1 小时重启一次 httpd 服务；② 每隔 5 天清空一次 FTP 服务器公共目录/var/ftp/pub；③ 每周一、三、五的 17:30 时，打包备份/etc/httpd 目录。完成后请确认。

```
# crontab -e
# 编辑 root 的 crontab 的内容，添加以下行
0 23,0-8 * * 0 /usr/bin/systemctl restart httpd.service
0 0 */5 * * /bin/rm -rf /var/ttp/pub/*
30 17 * * 1,3,5 /bin/tar cjf httpdconf.tar.bz2 /etc/httpd/


# crontab -l
0 23,0-8 * * 0 /usr/bin/systemctl restart httpd.service
0 0 */5 * * /bin/rm -rf /var/ftp/pub/*
30 17 * * 1,3,5 /bin/tar cjf httpdconf.tar.bz2 /etc/httpd/
```

操作视频

crontab 命令的执行

示例 2： 对于普通用户 test，设置：① 在每个工作日的晚上 11 点到次日早上 8 点之间每隔两个小时，在/tmp/test.txt 文件中加入一段文本；② 每周日晚上 23:55 将/etc/passwd 文件的内容复制到宿主目录中，保存为 pwd.txt。完成后请确认并删除用户 test 的计划任务。

```
# vim /etc/cron.allow           // 在 cron.allow 文件中添加一行 test 用户
# su - test
$ crontab -e                    // 以 test 身份编辑自己的 crontab 文件。也
可以直接以 root 身份执行 crontab -e -u test 命令来设置用户 test 的 crontab
   * 23-8/2 * * 1-5 /usr/bin/echo "Sleeping time…">/tmp/test.txt
   55 23 * * 7 /bin/cp /etc/passwd /home/test/pwd.txt

# 以下操作也可以以 root 身份执行 crontab -l|-e -u test 命令来实现
$ crontab -l
0 23,1-8/2 16 8 2 echo "just for a test.">test.txt
$ crontab -r
$ crontab -l
no crontab for test
```

cron 启动后，每过一分钟读取一次 crontab 文件，检查是否有需要执行的任务。因此 crontab 文件被建立、修改、删除后均不需要重新启动 cron 服务。

与 at 类似，cron 可以通过/etc/cron.allow 和 /etc/cron.deny 这两个配置文件的设置，来限制使用 crontab 命令的用户账户。cron 任务执行权限的管控机制如下。

- 先检查/etc/cron.allow 中的设置。仅在此文件中的用户才可以使用 crontab 命令，其他用户均不能使用（即使该用户未写在/etc/cron.deny 中）。
- 仅当/etc/cron.allow 不存在的情况下，检查/etc/cron.deny 中的设置。此时，仅在此文件中的用户不能使用 crontab 命令，其他用户均可以使用。
- 如果两个文件都不存在，则只有 root 可以使用 crontab 命令。

注意：上述两个文件中，/etc/cron.allow 的优先级更高。在判断时，只会选取其中的一个文件来进行限制用户的使用权限。因此，两个文件只需保留一个即可，以免出错。

(4) 编辑/etc/crontab 文件管理系统的周期性任务

cron 服务每分钟不仅要读取一次/var/spool/cron 内的所有文件，还需要读取一次/etc/crontab 和/etc/cron.d/* 这两个文件。

/etc/crontab 文件用于设置针对系统的任务，仅限于以 root 的身份进行编辑。/etc/crontab 文件内容如下。

```
# cat /etc/crontab
# 以下为缺省的内容：
SHELL=/bin/bash                        // 使用的 Shell
PATH=/sbin:/bin:/usr/sbin:/usr/bin     // 设置执行文件的查找路径,一般无需修改
# 如果出现错误,或者有额外数据输出,将发送邮件给以下账户。如无法在客户端以 POP3 之类的协议收信,通常可以将此 e-mail 改为自己的账户,例如 test@<hostname>。
MAILTO=root

# For details see man 4 crontabs

# Example of job definition:
# .---------------- minute (0 - 59)
# |  .------------- hour (0 - 23)
# |  |  .---------- day of month (1 - 31)
# |  |  |  .------- month (1 - 12) OR jan,feb,mar,apr …
# |  |  |  |  .---- day of week (0 - 6) (Sunday=0 or 7) OR sun,mon,tue,wed,thu,fri,sat
# |  |  |  |  |
# *  *  *  *  *  user-name  command to be executed
# 可以看出,该文件提供一个模板,并没有实际的设置值
```

/etc/cron.d/下面的 crontab 脚本配置文件内容如下。

```
# ls /etc/cron.d/*       // 该目录下有 4 个默认的配置文件
/etc/cron.d/0hourly      /etc/cron.d/mdcheck
/etc/cron.d/dailyjobs    /etc/cron.d/timezone.cron

# cat /etc/cron.d/0hourly
# Run the hourly jobs
SHELL=/bin/bash
PATH=/sbin:/bin:/usr/sbin:/usr/bin
MAILTO=root
```

下面一行的 run-part 是一个脚本文件,该脚本会在 5 分钟内随机选一个时间来执行/etc/cron.hourly 目录下的所有可执行文件。因此我们可以将需要每小时自

动执行一次的命令直接放置到(或链接到)/etc/cron.hourly 目录下
    01 * * * * root run-parts /etc/cron.hourly
    # 可以看出,该文件内容与/etc/crontab 类似,但提供了实际的设置值,即最后一行

如果用户想要自己开发新的软件,该软件要有自己的 crontab 任务,建议在/etc/cron.d/目录下建立新的配置文件。

对于本节介绍的计划任务及其执行内容的总结,如图 6-1 所示。

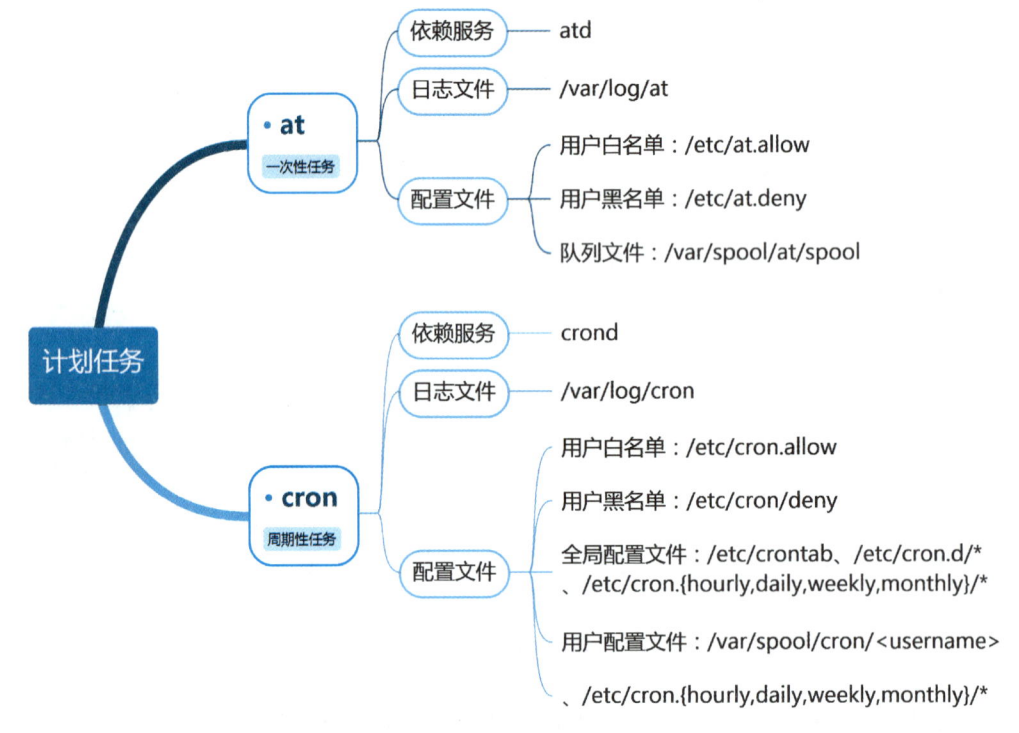

图 6-1 计划任务分类及其执行内容的总结

6.2 进程管理

6.2.1 进程的基本概念

1. 进程介绍

程序(program)是放置在存储介质(如硬盘、光盘、软盘、磁带等)中的以物理的形式存在的二进制文件。进程(process)是计算机中已运行程序的实体,是程序的一个具体实

现，也就是说，一个被加载到内存当中的正在运行的程序就是进程。

每个 Linux 进程在被创建的时候，都被分配给一段内存空间，即系统为该进程分配一定的逻辑地址空间。

程序被触发后，该程序的执行者的权限与所有权属性、程序的代码与所需的数据等都会被加载到内存中，操作系统给予这个内存中的单元一个标识符(PID)。

每个进程都有一个唯一的 PID，用于系统对进程实施追踪和管理。

2. 父进程与子进程

任何进程都可以通过复制自己地址空间的方式(fork)创建子进程，子进程中记录着父进程的 ID(PPID)。第一个系统进程是 systemd，其他所有进程都是其后代。

使用示例

在当前的 bash 环境下，再触发一个 bash，并用 ps -l 命令查看进程相关的输出信息。

```
[root@openEuler ~]# bash      // 在当前bash下再执行bash命令,进入子进程的环境

Welcome to 4.19.90-2012.5.0.0054.oe1.x86_64

System information as of time:   Tue Aug 17 17:16:44 CST 2021

System load:      0.00
Processes:        140
Memory used:      23.2%
Swap used:        0.0%
Usage On:         37%
IP address:       192.168.0.105
Users online:     2
[root@openEuler ~]# ps -l      // 观察以下的 PID 和 PPID 的值
F S   UID    PID   PPID  C PRI  NI ADDR SZ WCHAN  TTY          TIME CMD
0 S     0   9282   9281  0  80   0 -  53867 -      pts/0    00:00:00 bash
0 S     0   9330   9282  0  80   0 -  53865 -      pts/0    00:00:00 bash
0 R     0   9378   9330  0  80   0 -  53969 -      pts/0    00:00:00 ps
```

可以看出，第二个 bash 是第一个 bash 的子进程，而 ps 命令又是第二个 bash 的子进程，子进程的 PPID 值等于父进程的 PID 值。

3. 进程的生命周期

父进程与子进程之间的关系比较复杂，关键在于进程之间的调用。Linux 的程序调

用通常称为 fork-and-exec 的流程。每个进程都有自己生命周期,比如创建、执行、终止和删除,在系统运行过程中,这些阶段反复执行成千上万次。父、子进程之间的关系以及进程的生命周期如图 6-2 所示。

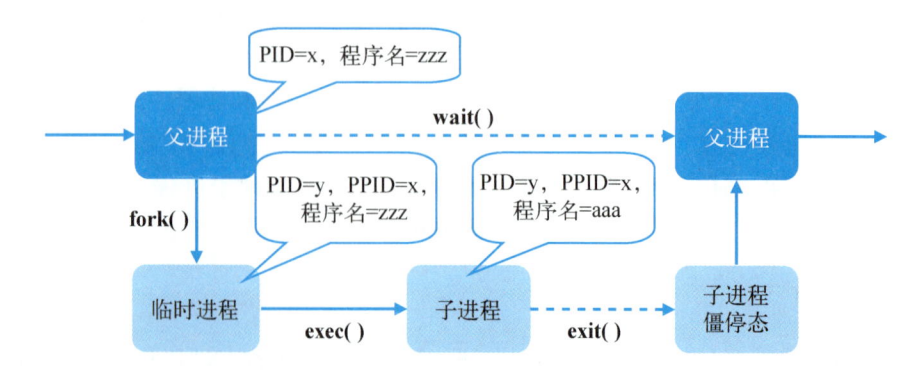

图 6-2 父、子进程之间的关系以及进程的生命周期

对于图 6-2 作具体说明如下。

- 父进程以 fork( )**系统调用**的方式复制出一个与自己相同的**临时进程**(程序代码也相同,但并不复制父进程的地址空间,而是共享地址空间,以免消耗过多的处理器时间和资源),它与父进程的唯一差别在于 PID 不同,并且增加了 PPID 参数。
- 临时进程以 exec( )**系统调用**的方式加载实际要执行的新的程序,即子进程。由于父子进程共享同样的地址空间,写入新进程的数据会引发页错误的异常,此时,内核给子进程分配新的物理页。这个延迟的操作叫作 Copy On Write,该操作避免了复制整个地址空间的不必要开销。
- 当程序执行完成时,子进程使用 exit( )**系统调用**终止此进程。exit( )会释放进程的大部分数据结构,并且把这个终止的消息通知给父进程。这时候,子进程被称为 zombie process(僵尸进程)。
- 直到父进程通过 wait( )**系统**调用知悉子进程终止之前,子进程都不会被完全清除(处于僵尸状态)。一旦父进程知道子进程终止,它会清除子进程的所有数据结构和进程描述符。

上一节介绍了 at 和 cron 两类计划任务。at 任务是一次性的,执行完以后,相关进程就结束了;而 cron 任务是需要 crond 这个进程在后台持续不断地运行,以便于每分钟扫描一次相关的 crontab 文件并执行计划任务,可见 crond 就是常驻内存的进程(daemon),也称为服务。

4. 进程的状态

在对系统进行故障排除时,了解进程的状态非常重要。Linux 系统将进程的状态主要分为以下五类。

- 可执行状态(TASK_RUNNING):是运行态和就绪态的合并,表示进程正在运行或准备运行,Linux 使用 TASK_RUNNING 宏表示此状态。

- 可中断睡眠状态(浅度睡眠状态)(TASK_INTERRUPTIBLE)：进程正在睡眠(被阻塞)，这些进程的 task_struct 结构会被放入等待队列，等待资源到来时唤醒，也可以通过其他进程信号或时钟中断唤醒，进入运行队列。Linux 使用 TASK_INTERRUPTIBLE 宏表示此状态。
- 不可中断睡眠状态(深度睡眠状态、休眠状态)(TASK_UNINTERRUPTIBLE)：一般表示进程正在和硬件交互，并且这个交互过程不允许被其他进程信号或时钟中断所打断。Linux 使用 TASK_UNINTERRUPTIBLE 宏表示此状态。
- 停止状态(TASK_STOPPED)：后台暂停(任务控制)或跟踪(traced)，以接受某种处理。正在接受调试(使用断点中断进程)的进程以及收到 SIGSTOP、SIGSTP、SIGTIN、SIGTOU 信号的进程就会进入此状态，此时再发送 SIGCONT 信号，可以让其恢复到 TASK_RUNNING 状态。Linux 使用 TASK_STOPPED 宏表示此状态。
- 僵尸状态(TASK_ZOMBIE)：进程已经终止并且父进程(使用 wait()系统调用)没有读取到子进程退出的返回代码时就会产生僵尸进程，此时父进程还未从内存回收它的资源(进程描述符、PID 等)。要解决僵尸问题，可能需要重新启动系统，也即重新启动系统的 1 号进程 systemd。Linux 使用 TASK_ZOMBIE 宏表示此状态。

进程仅能够在运行状态和各类非运行状态之间作转换，各状态之间的转换关系如图 6-3 所示。

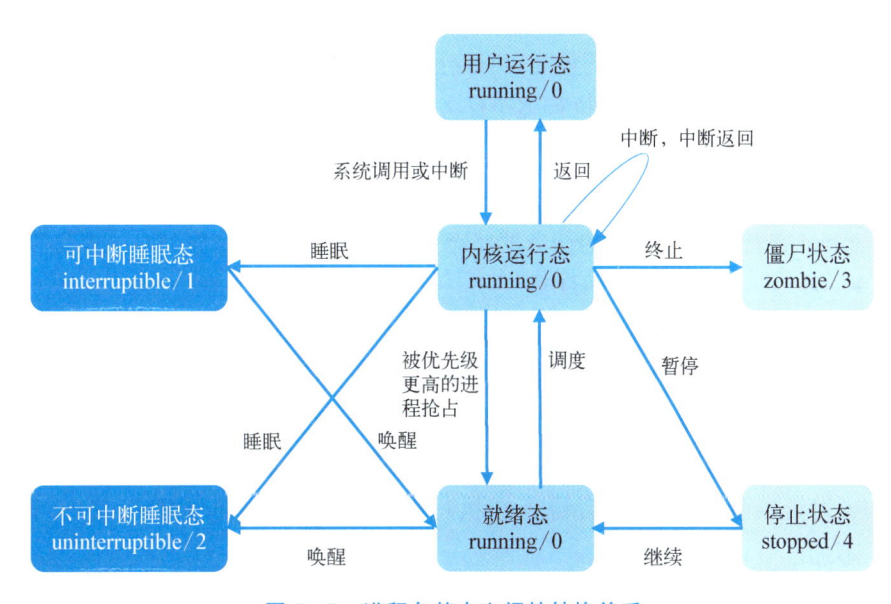

图 6-3 进程各状态之间的转换关系

6.2.2 进程的管理与控制

作为系统管理员，查看和调整进程的状态，是进程管理中最重要和最常见的操作。例如，某个任务是否占用了用户终端？如果是，建议将其调度到后台执行；观察整个系统的资源是否很紧张？如果是，务必找出并删除那些最耗费系统运行资源的进程；系统中是否同时运行了多项重要性不一的任务？如果是，应该选择最重要的任务，使其被优先执行，等等。

1. 控制前、后台任务

（1）前台和后台任务

出现提示字符让用户可以控制与执行命令的终端环境称为前台。前台进程就是用户使用的有控制终端的进程。前台进程和用户交互，需要较高响应速度，优先级较高。

无需或暂时不需要与用户交互且能自动执行的任务，通常放在后台。后台进程优先级略低。Linux 的守护进程（Daemon，守护的意思就是不受终端控制）是一种特殊的后台进程，其独立于终端并周期性地执行任务或等待唤醒。

Linux 的大多数服务是用守护进程实现的。比如 Internet 服务器的 inetd、Web 服务器的 httpd 等。守护进程完成了许多系统任务，比如计划任务进程 crond、打印进程 lpd 等；

Daemon 进程也就是守护进程，比如 0 号进程（调度进程）、1 号进程（init 进程）。机器启动后就运行，关机才停止。守护进程一般用作系统服务和网络服务。可以用 crontab 提交、编辑或者删除相应的任务。

（2）控制前台和后台进程

opneEuler 中常用以下命令/操作来切换、启动、停止前台和后台进程。

- &：将 & 放在一条命令的最后，可以让此任务直接在后台执行（常用于用户仅有一个 bash 且需要同时执行多个任务的情况下）。
- ［Ctrl＋Z］：将当前终端（前台）的任务调度至后台，并暂停执行。
- ［Ctrl＋C］：停止当前终端（前台）的任务的运行。
- jobs：查看当前在后台的任务的状态（列出任务号与命令序列），主要选项如下。
  - -l 另外列出 PID 号。
  - -r 仅列出正在后台运行的任务。
  - -s 仅列出正在后台暂停（stop）的任务。
- fg(foreground)：将后台的任务调至前台继续运行。如果后台中有多个任务，可以用 fg %＜jobnumber＞命令将选中的任务调至前台执行。%＜jobnumber＞是通过 jobs 命令查到的后台正在执行的任务的序号（非 PID），其中，符号%可不加。
- bg：使后台任务的状态变为运行中，通常在［Ctrl＋Z］操作之后使用。可以用 bg %＜jobnumber＞命令实现。

注意：与 at 相比较，at 是将任务放在系统后台执行，与终端无关；而此处的任务管理中的后台，指的是特定终端的后台。

如果希望后台的任务在用户注销后还能够继续运行，而不是被停止，可以使用 nohup

命令搭配&来执行相关命令,语法格式如下。

```
# nohup [命令行]              // 在终端的前台执行任务
# nohup [命令行] &            // 直接在终端的后台执行任务
```

使用示例

示例 1：将/var/log 目录完整备份成为/tmp/var.log.tgz,不要在前台输出任何信息。

```
# 注意以下命令后面加了&,备份较大的目录,数据流重定向到文件中,直接在后台执行任务
# tar -zcvf /tmp/tar.log.tgz /var/log>/tmp/log.txt 2>&1 &
# 以下行中,[1]是任务号,该号码与 bash 的控制有关;2139 是该任务所触发的 PID
[1] 2139
#
[1]+  Done              /tmp/tar.log.tgz /var/log>/tmp/log.txt 2>&1
```

示例 2：在使用 VIM 编辑器的过程中,需要临时测试网络连通性,请将 vim 进程调至后台暂停执行。

```
# vim .bash_histroy
# 在 VIM 的普通模式下,按下[Ctrl+Z]组合键。"Stopped"代表此任务当前的状态
[1]  +  Stopped                vim .bash_histroy
# 取得了前台的控制权

# ping 192.168.0.100
…(省略)
# 屏幕持续输出 ping 的结果,按下[Ctrl+C]组合键结束该进程的运行,空出前台

# find / -print
# 此命令运行时间太久,再次按下[Ctrl+Z]组合键
[2]  +  Stopped                find / -print
```

示例 3：查看当前 bash 下所有后台任务的状态即对应的 PID。

```
# jobs -l
```
＃"＋"代表最近被放在后台的任务,而且是当前默认会被执行的那个任务(与 fg 命令的使用有关),"-"代表最近第二个被放在后台的任务,如果还有更多的任务,则不再显示"＋""-"符号

```
[1] -   2139 Stopped        vim .bash_histroy
[2] +   2140 Stopped        find / -print
```

示例 4：将示例 3 中的后台任务调度至前台处理。

```
# fg        // 默认取出带有"＋"的任务,即任务[2],立即按下[Ctrl＋Z]组合键
# fg %1     // 直接取出编号为[1]的任务,再按下[Ctrl＋Z]组合键
# jobs -l
```
＃以下两个任务的"＋"和"-"变换了位置,是因为这次先执行了任务[2],后执行了任务[1]

```
[1] +   Stopped           vim .bash_histroy
[2] -   Stopped           find / -print
```

示例 5：将示例 3 中的后台任务调度至前台处理。

```
# find / -perm /7000＞/tmp/test        // 默认取出带有"＋"的任务,即任务[2],立即按下[Ctrl＋Z]组合键
[3] +   Stopped                find / -perm /7000 ＞ /tmp/test

# jobs; bg 3; jobs
[1] -   Stopped                vim .bash_histroy
[2]     Stopped                find / -print
[3] +   Stopped                find / -perm /7000 ＞ /tmp/test
[3] +   find / -perm /7000 ＞ /tmp/test  &    // 多了&,说明已在后台执行
[1] +   Stopped                vim .bash_histroy
[2] -   Stopped                find / -print
[3]     Running                find / -perm /7000 ＞ /tmp/test &
```

可见,后台运行与前台运行的区别只在于前台运行等待子进程的退出而阻塞父进程操作。而后台运行时,可以在父进程中输入命令继续其他操作。两者本质上没有区别,都

是给子进程发送 SIGCONT 信号。

2. 查看和调整进程的状态

(1) 查看进程的状态

使用静态的 ps 命令或动态的 top 命令，都可以观察到进程的详细信息。还可以利用 pstree 命令来查看进程树之间的复杂关系。

① 使用 ps 命令截取某时刻的进程运行情况。

ps 命令的常见用法如下。

- ◇ ps aux 查看系统中所有的进程，等同于命令 ps -lA。
- ◇ ps -ef 查看系统中所有进程的详细信息。
- ◇ ps -l 列出仅与用户自己的 bash 有关的所有的进程。

主要选项和参数如下。

- ◇ -A 或-e 列出所有的进程。
- ◇ -a 列出所有前台进程，包括其他用户的进程，但与终端有关的进程除外。
- ◇ -u 列出与当前有效用户(effective user)相关的进程的详细信息。
- ◇ x 通常与选项-a 一并使用，显示所有进程，包括后台进程。
- ◇ c 显示每个进程真正的命令名称，而不包含路径、参数等。
- ◇ e 显示每个进程所使用的环境变量。
- ◇ f 用 ASCII 字符显示树状结构，表达程序间的相互关系。
- ◇ -H 显示树状结构，表示进程间的相互关系。
- ◇ -l 以较长、较详细的形式列出该进程的信息。
- ◇ -N 显示所有的程序，除了执行 ps 指令终端机下的程序。
- ◇ s 采用程序信号的格式显示程序状况。

示例 1：列出属于当前用户的进程及相关信息。

```
[root@openEuler ~]# su - test
[test@openEuler ~]$ bash
[test@openEuler ~]$ ps -l
F S   UID   PID  PPID  C PRI  NI ADDR SZ WCHAN  TTY          TIME CMD
4 S  1000  2102  2101  0  80   0 - 53833 -      pts/0    00:00:00 bash
0 S  1000  2150  2102  0  80   0 - 53831 -      pts/0    00:00:00 bash
0 R  1000  2196  2150  0  80   0 - 53969 -      pts/0    00:00:00 ps
[test@openEuler ~]$
```

对以上执行结果中的数据所属项目说明如下。

- F：进程的标识(process flags)，常见的有以下几种。
  - 4：此进程的用户为 root。
  - 1：此子进程是复制(fork)之后还未被实际执行(exec)的。

- 0：以上两种情况都不是。
■ S：进程的状态(STAT)，主要分为以下几种。
  - R(running)：可执行状态。
  - S(sleep)：睡眠状态(可被中断)。
  - I(idle)：空闲状态，用在不可中断睡眠的内核线程上，与状态 D 相区分，这些内核线程实际上可能没有任何负载。
  - D(disk sleep)：磁盘休眠状态(不可被中断)。
  - T(stopped 或 traced)：停止状态(暂停或追踪状态)。
  - Z(zombie)：僵尸状态。
  - X(dead)：进程已经消亡，因此不会在结果中看到此类进程。
■ UID：进程执行者身份的唯一标识符，即此进程被该 UID 的用户所拥有。
■ PID/PPID：进程的唯一标识符/此进程的父进程的唯一标识符。
■ C：此进程的 CPU 使用率，单位为%。
■ PRI/NI(priority/nice)：PRI 代表进程被 CPU 所执行的优先级，数值越小则优先级越高；NI 表示进程可被执行的优先级的修正数值(进程谦让度)。
■ ADDR/SZ/WCHAN：这三个都是与内存相关的信息。ADDR 指出该进程在内存的哪个部分，一般 S 和 R 状态的进程会显示"-"；SZ 代表此进程用掉内存的大小；WCHAN 表示目前进程是否在工作，"-"表示正在工作。
■ TTY：与进程关联的终端位置。若为远程登录则使用动态终端接口名称(pts/n)。
■ TIME：已使用的 CPU 时间，即此进程实际花费掉的 CPU 运作时间，而不是系统时间。
■ CMD(command)：触发此进程的命令。

上例中 ps -l 的输出信息说明：第一个 bash 进程属于 UID 为 1000 的用户，即 test，正处于可唤醒的睡眠状态(因为它触发了一个 bash 命令)，其 PID 为 2102，优先级为 80，使用终端接口 pts/0，运行状态为"-"。

示例 2：列出系统内所有进程的状态。

```
[root@openEuler ~]# ps aux
USER  PID  %CPU %MEM VSZ    RSS   TTY  STA  START  TIME  COMMAND
root  1    0.0  6.2  184836 93504 ?    Ss   Aug19  0:04  /usr/lib/syst
root  2    0.0  0.0  0      0     ?    S    Aug19  0:00  [kthreadd]
…(省略)
root  2456 0.0  0.2  216008 3472  pts/0 R+  00:17  0:00  ps aux
```

对以上执行结果中的数据所属项目说明如下。
■ USER：进程的属主。
■ PID：进程的 ID 号。

- %CPU：进程的 CPU 使用率。
- %MEM：进程占用内存的百分比。
- VSZ：进程使用的虚拟内存量(单位：KB)。
- RSS：进程占用的物理内存量(单位：KB)。
- TTY：进程在哪个终端运行，若与终端无关，则显示"?"。
- STA：进程的状态字符，与 ps -l 命令执行结果中的 S 标识相同，主要有 R、S、I、D、T、Z 以及以下附加的字符。
  - <   优先级高的进程。
  - N   优先级较低的进程。
  - L   有些页被锁进内存。
  - s   进程的领导者(有子进程)。
  - l   多线程的(使用 CLONE_THREAD，类似 NPTL pthreads)。
  - +   位于后台的进程组。
- START：该进程被触发启动的时间。
- TIME：该进程实际使用 CPU 运行的时间。
- COMMAND：命令的名称和参数。

示例 3：列出系统内各进程之间的关系。

```
[root@openEuler ~]# ps axjf
 PPID   PID  PGID   SID TTY      TPGID STAT   UID   TIME COMMAND
    0     2     0     0 ?           -1 S        0   0:00 [kthreadd]
    2     3     0     0 ?           -1 I<       0   0:00  \_ [rcu_gp]
    2     4     0     0 ?           -1 I<       0   0:00  \_ [rcu_par_gp]
…(省略)
    1   941   941   941 ?           -1 Ss       0   0:00 sshd: /usr/sbin/sshd -D [listener] 0 of 10-1
  941  1714  1714  1714 ?           -1 Ss       0   0:00  \_ sshd: root [priv]
 1714  1721  1714  1714 ?           -1 S        0   0:00      \_ sshd: root@pts/0
 1721  1722  1722  1722 pts/0     2537 Ss       0   0:00          \_ -bash
 1722  2537  2537  1722 pts/0     2537 R+       0   0:00              \_ ps axjf
…(省略)
```

② 使用 top 命令动态观察进程的变化。

top 命令可以持续检测进程运行的状态。

top 命令的语法格式如下。

```
top [-d <secs>]
```

```
top [-bnp]
```

主要选项和参数如下。
- -d ＜secs＞ secs 为 top 界面刷新的间隔秒数，默认为 5 秒。
- -b 在后台批量执行 top。通常搭配重定向来将批量的结果输出为文件。
- -n 与选项-b 搭配，表示需要执行几次 top 的输出结果。
- -p 指定 PID 来执行查看监测。

在 top 环境下的按键命令如下。
- ? 显示在 top 环境下可以输入的按键命令。
- P 以 CPU 的使用率来排序显示（%CPU）。
- M 以内存的使用率来排序显示（%MEM）。
- N 以进程标识符来排序显示（PID）。
- T 由进程使用的 CPU 时间累积排序（TIME＋）。
- k 给某个 PID 一个信号（signal）。
- r 给某个 PID 设置一个 NI（nice）值。
- q 退出 top。

使用示例

示例 1：设置每 3 秒刷新一次 top 的界面，查看整体信息。

```
# top -d 3
top - 02:13:43 up 10:16,  2 users,  load average: 0.00, 0.00, 0.00
Tasks: 127 total,  1 running, 126 sleeping,  0 stopped,  0 zombie
%Cpu(s):  0.0 us,  0.3 sy,  0.0 ni, 99.7 id,  0.0 wa,  0.0 hi,  0.0 si,  0.0 st
MiB Mem :   1454.7 total,    903.4 free,    299.3 used,    252.0 buff/cache
MiB Swap:   1024.0 total,   1024.0 free,      0.0 used.    845.4 avail Mem
PID to signal/kill [default pid = 1]       // 若按下 k,则出现此行,须输入 PID
   PID USER      PR  NI    VIRT    RES   SHR S  %CPU  %MEM    TIME+ COMMAND
  2584 root      20   0  216532   3868  3400 R   0.3   0.3   0:00.03 top
     1 root      20   0  184836  93504  9216 S   0.0   6.3   0:04.97 systemd
     2 root      20   0       0      0     0 S   0.0   0.0   0:00.01 kthreadd
     3 root       0 -20       0      0     0 I   0.0   0.0   0:00.00 rcu_gp
…(省略)
```

top 的界面分为两部分，上半部分（第 1～6 行）显示整个系统的资源使用状态统计信息，依序说明如下。

◇ 第 1 行(top - …)：显示当前系统时间、开机后运行时间、登录终端数(登录系统的用户数)、系统负载(三个数值分别为 1 分钟、5 分钟、15 分钟内的平均值，数值越小意味着负载越低，若数值大于 1 就要注意系统进程是否过于频繁了)等信息。

◇ 第 2 行(Tasks: …)：显示当前进程总数以及处于运行、睡眠、停止、僵尸等状态的进程数等信息。尤其要关注处于僵尸进程的数量，并找出具体是哪些进程。

◇ 第 3 行(%Cpu(s): …)：显示 CPU 的整体负载状态，包括用户占用资源百分比、系统内核占用资源百分比、改变过优先级的进程占用资源百分比、空闲的资源百分比等信息，尤其要注意 wa 代表 I/O wait，通常系统变慢是源于 I/O 耗用 CPU 资源的问题。以上数据的单位均为%，例如"99.7 id"意味着有 99.7%的 CPU 处理器资源处于空闲。

◇ 第 4 行(MiB Mem: …)：显示物理内存的使用状态，包括物理内存总量、物理内存空闲量、物理内存使用量、作为内核缓存的物理内存量等信息；

◇ 第 5 行(MiB Swap: …)：显示虚拟内存的使用状态，包括虚拟内存总量、虚拟内存空闲量、虚拟内存使用量、已被提前加载的虚拟内存量等信息。要注意虚拟内存的使用量应该尽量少，如果被使用了很多，表示物理内存容量不足。

◇ 第 6 行：默认是空白行，当用户在 top 的环境下输入命令时，此行提示用户继续输入命令参数，或者显示命令执行的状态。

top 界面的下半部分详细显示每个进程使用系统资源的情况，与 ps 命令执行结果中各个项目的含义类似。top 默认使用%CPU 这个项目的值作为各进程排序的依据，如果想改变排序依据，可以使用前面介绍过的命令按键。

示例 2：执行两次 top 命令，并将全部的结果输出到文件/tmp/top。

```
# top -b -n 2 >/tmp/top        // 注意，这里的 2 和>之间要有空格，否则有歧义

# cat /tmp/top                 // 显示出两次执行 top 命令的全部结果
top - 12:01:35 up 20:04,  2 users,  load average: 0.00, 0.00, 0.00
Tasks: 127 total,   1 running, 126 sleeping,   0 stopped,   0 zombie
%Cpu(s):  0.0 us,  6.2 sy,  0.0 ni, 93.8 id,  0.0 wa,  0.0 hi,  0.0 si,  0.0 st
MiB Mem :   1454.7 total,    869.5 free,    301.0 used,    284.2 buff/cache
MiB Swap:   1024.0 total,   1024.0 free,      0.0 used.    827.6 avail Mem

    PID USER      PR  NI    VIRT    RES    SHR S  %CPU  %MEM     TIME+ COMMAND
   3207 root      20   0  216404   3812   3396 R   6.2   0.3   0:00.01 top
      1 root      20   0  184836  93504   9216 S   0.0   6.3   0:05.36 systemd
      2 root      20   0       0      0      0 S   0.0   0.0   0:00.01 kthreadd
…(省略)
```

```
top - 12:01:38 up 20:04,  2 users,  load average: 0.00, 0.00, 0.00
Tasks: 127 total,  1 running, 126 sleeping,  0 stopped,  0 zombie
%Cpu(s):  0.0 us,  0.3 sy,  0.0 ni, 99.3 id,  0.0 wa,  0.3 hi,  0.0 si,  0.0 st
MiB Mem :   1454.7 total,    869.5 free,    301.1 used,    284.2 buff/cache
MiB Swap:   1024.0 total,   1024.0 free,      0.0 used.    827.6 avail Mem

   PID USER      PR  NI    VIRT    RES    SHR S  %CPU  %MEM     TIME+ COMMAND
     1 root      20   0  184836  93504   9216 S   0.0   6.3   0:05.36 systemd
     2 root      20   0       0      0      0 S   0.0   0.0   0:00.01 kthreadd
…(省略)
```

示例 3：在 top 的第一页看不到 crond 这个 CPU 使用率较低的进程，用户想要单独查看。

```
# ps aux|grep crond              // 查看 crond 的 PID
root  1100  0.0 0.2 214660 3108 ?    Ss   Aug19 0:00 /usr/sbin/crond -n
root  3221  0.0 0.0 213128  824 pts/0 S+ 12:17 0:00 grep --color=auto crond

# top -d 3 -p 1100    // 查看 PID 为 1100 的进程 crond 的动态信息
top - 12:23:38 up 20:26,  2 users,  load average: 0.00, 0.00, 0.00
Tasks:   1 total,   0 running,   1 sleeping,   0 stopped,   0 zombie
%Cpu(s):  0.0 us,  0.0 sy,  0.0 ni,100.0 id,  0.0 wa,  0.0 hi,  0.0 si,  0.0 st
MiB Mem :   1454.7 total,    869.4 free,    301.0 used,    284.4 buff/cache
MiB Swap:   1024.0 total,   1024.0 free,      0.0 used.    827.6 avail Mem

   PID USER      PR  NI    VIRT    RES    SHR S  %CPU  %MEM     TIME+ COMMAND
  1100 root      20   0  214660   3108   2700 S   0.0   0.2   0:00.15 crond
```

示例 4：调整进程 crond 的 NI 值，完成后正常结束该进程。

```
# 在上例的 top 环境下直接输入 r 命令，出现以下界面
top - 12:32:15 up 20:35,  2 users,  load average: 0.00, 0.00, 0.00
Tasks:   1 total,   0 running,   1 sleeping,   0 stopped,   0 zombie
%Cpu(s):  0.0 us,  0.0 sy,  0.0 ni, 99.7 id,  0.0 wa,  0.0 hi,  0.3 si,  0.0 st
MiB Mem :   1454.7 total,    869.4 free,    301.0 used,    284.4 buff/cache
MiB Swap:   1024.0 total,   1024.0 free,      0.0 used.    827.6 avail Mem
```

在下面一行的提示后面输入命令参数,即进程号1100(此处默认为1100,也可以不输入)

```
PID to renice [default pid = 1100]
PID    USER   PR  NI   VIRT    RES   SHR   S   %CPU  %MEM   TIME+     COMMAND
1100   root   20  0    214660  3108  2700  S   0.0   0.2    0:00.15   crond
```

在下面一行的提示后面输入要调整到的 NI 值 5:

```
Renice PID 1100 to value  5
PID    USER   PR  NI   VIRT    RES   SHR   S   %CPU  %MEM   TIME+     COMMAND
1100   root   20  0    214660  3108  2700  S   0.0   0.2    0:00.15   crond
```

新的界面显示如下,注意观察 NI 值从原来的 0 变成了 5,PR 值也相应发生了变化:

```
top - 12:37:21 up 20:40,  2 users,  load average: 0.00, 0.00, 0.00
Tasks:   1 total,   0 running,   1 sleeping,   0 stopped,   0 zombie
%Cpu(s):  0.0 us,  0.3 sy,  0.0 ni, 99.7 id,  0.0 wa,  0.0 hi,  0.0 si,  0.0 st
MiB Mem :   1454.7 total,    869.4 free,    300.9 used,    284.4 buff/cache
MiB Swap:   1024.0 total,   1024.0 free,      0.0 used.    827.6 avail Mem

PID    USER   PR  NI   VIRT    RES   SHR   S   %CPU  %MEM   TIME+     COMMAND
1100   root   25  5    214660  3108  2700  S   0.0   0.2    0:00.15   crond
```

③ 使用 pstree 命令查看进程之间的关系。

pstree 命令的语法格式如下。

```
pstree [-A|-U] [-up]
```

主要选项和参数如下。

- -A   各进程树之间以 ASCII 字符连接,可以解决乱码问题。
- -U   各进程树之间以 unicode 字符连接,若终端不支持,则可能显示乱码。
- -p   列出每个进程的 PID。
- -u   列出每个进程的执行者的名称。

使用示例

切换到用户 test,使用 pstree 命令列出当前系统上所有进程及进程之间的联系,同时显示各进程的 PID 和执行者。

```
[test@openEuler ~]$ pstree -pu
# 所有进程都是 1 号进程 systemd 的子进程；进程 NetworkManager 有两个子
进程
    systemd(1)──NetworkManager(914)──┬─{NetworkManager}(933)
                                     └─{NetworkManager}(935)

…（省略）
# 一般地，子进程的执行者与父进程相同，故不会列出其执行者；否则需要列出。
注意观察进程名后面括号中的信息，最后一个 bash 的执行者是 test
        ├─login(3118)──bash(3122)──su(3459)──bash(3460,
 test)──pstree(3555)

…（省略）
```

如果某个进程陷入了僵尸状态，无法正常终结，解决方法之一是通过 pstree 命令找到其父进程，通过结束父进程来终结子进程。针对上例，如果管理员想要踢出此终端下的 test 用户，可以尝试在其他终端执行命令结束 PID 为 3460 的进程。

(2) 进程管理的状态信号

进程之间通过信号来通信，进程发送的信号是预定义好的一个消息，接收信号的进程能识别它并决定是忽略还是做出反应。系统管理员需要知道如何向一个进程发送何种信号，以管理进程。常见的进程管理的信号及其功能描述见表 6-3 所示。

表 6-3 进程管理的信号及其功能描述

信号代码	信号名称	功 能 描 述
1	SIGHUP	让进程重新读取自己的配置文件，类似于 reload 服务
2	SIGINT	终止一个进程的运行，类似于在键盘按下[Ctrl+C]
9	SIGKILL	强制终止一个进程的运行(非正常结束)
15	SIGTERM	尽可能终止一个进程的运行(正常结束)
18	SIGCONT	使暂停的进程恢复运行
19	SIGSTOP	强制暂停一个进程的运行，类似于在键盘按下[Ctrl+Z]

更多的信号及其功能描述可以通过命令 man 7 signal 获取。

(3) 调整进程的状态

使用 kill 和 killall 命令向进程或任务发送状态信号，以调整进程或任务的状态，实现进程或任务的管理。发送信号的前提是，当前用户必须是 root 或者是该进程或任务的执行者。

kill 命令和 killall 命令的语法格式如下。

```
kill [-s <signal>] <PID> | %<jobnumber>

kill [-n <signal>] <PID> | %<jobnumber>

killall [-iI] [-s <signal>] <command>

killall [-iI] [-n <signal>] <command>
```

说明：kill 命令通过 PID 管理特定的进程或任务，killall 命令直接通过命令名来管理该命令启动的全部进程（常用于管理服务）。这两条命令均默认发送的是 SIGTERM 信号，使用-s 参数可指定其他信号。

主要选项和参数如下。

- ✧ -i   交互模式（interactive），在调整进程状态前向用户确认。
- ✧ -I   命令名称（可能带参数），忽略大小写。
- ✧ signal   要发送的信号代码或者信号名称。
- ✧ command   触发进程的命令名称。

使用示例

示例 1：使用 kill 命令重置网络服务。

```
# pstree -pu|grep NetworkManager      // 查询 NetworkManager 的 PID
systemd(1)-+-NetworkManager(914)-+-{NetworkManager}(933)
           |                     '-{NetworkManager}(935)


# kill -s SIGHUP 914                  // 通过 PID 发送 SIGHUP，使进程重载配置
# tail -5 /var/log/messages           // 查看日志确认网络服务已完成 reload
Aug 20 16:53:18 openEuler dnsmasq[1444]: using nameserver 192.168.0.1#53
    Aug 20 16:54:59 openEuler NetworkManager[914]: <info>  [1629449699.
7456] reload configuration (signal Hangup)…
    Aug 20 16:54:59 openEuler NetworkManager[914]: <info>  [1629449699.
7461] config: signal: SIGHUP (no changes from disk)
Aug 20 16:54:59 openEuler dnsmasq[1444]: reading /etc/resolv.conf
Aug 20 16:54:59 openEuler dnsmasq[1444]: using nameserver 192.168.0.1#53
```

示例 2：使用 killall 命令再次重载网络服务。

```
# killall -I -s SIGHUP networkmanager
# tail -5 /var/log/messages
…（省略）
    Aug 20 17:22:27 openEuler NetworkManager [914]: <info>
[1629451347.3144] reload configuration (signal Hangup)…
    Aug 20 17:22:27 openEuler NetworkManager [914]: <info>
[1629451347.3148] config: signal: SIGHUP (no changes from disk)
    …（省略）
```

示例 3：将 pstree 命令使用示例中的 test 用户强制踢出其登录终端。

```
# 在另一终端以 root 执行以下命令
[root@openEuler ~]# kill 3460      // 3460 为 test 用户登录 bash 的 PID
# 观察用户 test 所在终端，自动执行 logout 命令退出 test 的 bash，返回 root 的 bash
[test@openEuler ~]$ logout
[root@openEuler ~]# pstree -pu
# 执行 pstree 命令，观察相关进程树的变化
…（省略）
        ├─login(3118)───bash(3122)───pstree(3969)
```

…（省略）

示例 4：以交互方式结束所有的 bash 进程。

```
# killall -i -9 bash
Signal bash(1661) ? (y/N)y      // 确认终止 TTY2 的 bash
Signal bash(3122) ? (y/N)y      // 确认终止远程终端的 bash
Signal bash(3906) ? (y/N)y      // 确认终止当前终端的 bash(-9 为强制)
# 由于上面一行是系统最后一个 bash，也是当前用户 root 自己的 bash，确认终止后，将退回到初始的用户登录界面
```

3. 进程的优先级及其调整

(1) 进程的优先级

进程的 CPU 资源(时间片，即进程在 CPU 中的执行时间)分配就是指进程的优先级。

优先级决定了进程的执行顺序：优先级高的进程有优先执行权利。设置进程的优先级有利于改善多任务环境下的 Linux 系统的性能。

实际上，通过前面的 ps、top 命令的执行结果可以看出，绝大部分的进程都处于睡眠（sleep）状态，如果它们被唤醒，CPU 执行这些进程的顺序取决于进程的优先级。

进程的优先级由动态优先级（PRI，由内核动态决定，用户无法直接设置）和静态优先级（NI，用户可以自行设置）的值决定。PRI 和 NI 之间的换算关系如下。

```
PRI(new) = PRI(old) + nice
```

说明：① 内核使用启发式算法决定开启或关闭动态优先级 PRI。用户要调整进程的优先级，只能通过设置该进程的静态优先级 NI 来实现。

② PRI 的取值区间及说明见表 6-4。PRI 值越小则优先级越高，进程会获得更长 CPU 时间片，被优先执行的机会就越大。

表 6-4　PRI 的取值区间及说明

PRI 的取值区间	说　　明
0～99	应用于实时进程
100～139	应用于非实时进程

③ PRI 的修正数值 NI（nice，谦让度）的取值区间是[-20,19]，默认值为 0。当 NI 为负值时，该进程的优先级值变小，即其优先级会变高，则其能越快被 CPU 执行。

④ NI 值默认由父进程继承给子进程。

⑤ root 可以任意设置所有用户进程的 NI 值，其取值区间为[-20,19]；普通用户只能设置自己进程的 NI 值，其取值区间仅为[0,19]，以避免普通用户的任务抢占系统资源。

⑥ 普通用户仅可以将 NI 值越调越高。

注意：进程的 NI 值不是进程的优先级，但是可以通过调整 NI 值影响进程的优先级值。

PRI 和 NI 之间的关系以及各自的取值区间如图 6-4 所示。

图 6-4　PRI 和 NI 之间的关系以及各自的取值区间

（2）进程优先级的调整

使用 nice 命令和 renice 命令调整进程的 NI 值,进而影响进程优先级。

nice 命令和 renice 命令的语法格式如下。

```
nice [-n <adjustment>] <command>
```

```
renice [-n <adjustment>] [-] <pid>
```

说明：① nice 命令用于为新执行的命令设置 NI 值;renice 命令用于调整已存在进程的 NI 值。

② 除了 renice 命令以外,前面讲过的 top 命令也可以实时调整进程的 NI 值。进入 top 运行界面后,按下"r"命令键,输入要调整优先级的进程 PID,最后输入 NI 值即可。

主要选项和参数如下。

◇ adjustment 要设置的 NI 值,取值区间是[-19,20]。

说明：通常需要将紧急的、重要的任务的优先级调高(设置一个负的或较低的 NI 值),将比较不重要的、占用过多系统资源的任务的优先级调低(设置一个正的或较大的 NI 值)。

使用示例

示例 1： 在后台执行 tail -f 命令,将日志文件/var/log/messages 的新信息滚动输出到文件 log.msg,为此命令启动的进程设置 NI 值为-5,并确认。

```
# 以下操作为提高进程的优先级,必须以 root 身份执行
# nice -n -5 tail -f /var/log/messages>log.mesg &
[1] 4218

# ps -l
F  S  UID  PID   PPID  C  PRI  NI  ADDR  SZ     WCHAN   TTY    TIME      CMD
0  S  0    4157  4156  0  80   0   -     53867  -       pts/0  00:00:00  bash
4  S  0    4218  4157  0  75   -5  -     53100  core_s  pts/0  00:00:00  tail
0  R  0    4219  4157  0  80   0   -     53969  -       pts/0  00:00:00  ps
# tail 进程原来的 PRI 值为 80,经 NI 值修正后,PRI 值降低了 5,变成了 75。
```

示例 2： 将示例 1 中的 tail 进程的 NI 值修正为 10,并确认,最后终止该任务。

```
# renice -n 10 4218
4218 (process ID) old priority -5, new priority 10
```

```
# ps -l
F  S  UID  PID   PPID  C  PRI  NI  ADDR  SZ     WCHAN   TTY    TIME     CMD
0  S  0    4157  4156  0  80   0   -     53900  -       pts/0  00:00:00 bash
4  S  0    4218  4157  0  90   10  -     53100  core_s  pts/0  00:00:00 tail
0  R  0    4242  4157  0  80   0   -     53969  -       pts/0  00:00:00 ps
# tail 进程原来的 PRI 值为 80,经 NI 值修正后,PRI 值增加了 10,变成了 90。

# kill %1                    // 终止后台任务 1
# jobs                       // 确认任务已结束
```

6.3 查看系统的资源状况

6.3.1 使用专用工具

通过查看进程的信息,可以了解系统中进程占用系统运行资源(CPU、内存等)的情况。此外,还可以使用专用工具来检查系统的资源状况。

1. 查看内存使用情况——free 命令

free 命令的语法格式如下。

```
free [-b|-k|-m|-g|-h] [-t] [-s <M> -c <N>]
```

主要选项和参数如下。

- -b|-k|-m|-g　　设置数据显示的单位,分别为 B、KB、MB、GB。
- -h　　　　　　设置让系统自己指定单位。
- -t　　　　　　在结果中增加一行,显示物理内存与虚拟内存的总量。
- -s　　　　　　不断刷新显示的数据,M 为刷新间隔的秒数。
- -c　　　　　　通常与选项-s 一并使用,设置输出 N 次刷新的结果,然后退出;若单独使用此选项,则会将结果重复显示 N 次。

使用示例

显示当前系统内存使用情况,每隔 3 秒刷新一次数据,仅输出前两次刷新的结果。

```
# free -mt -s 3 -c 2
         total   used   free   shared   buff/cache   available
Mem:     1454    303    856    8        295          819
```

```
Swap:    1023     0         1023
Total:   2478    303        1880


        total   used    free   shared  buff/cache  available
Mem:    1454    303     856      8        295         819
Swap:   1023     0      1023
Total:  2478    303     1880
```

注意：虚拟内存(Swap)最好不要被使用，如果其使用率超过了 20%，则最好增加物理内存(Mem)。

2. 查看系统启动时间与负载情况——uptime 命令

uptime 命令用来查看当前系统已经运行的时间，以及系统在 1、5、15 分钟内的平均负载情况，其用法简单，没有复杂的选项和参数，显示结果与 top 命令界面的第一行相当。

使用示例

查看系统启动时间与负载情况。

```
# uptime
20:27:29 up 1 day,  4:30,  2 users,  load average: 0.00, 0.00, 0.00
```

3. 查看网络的运行状态——netstat 命令

netstat 命令常用于查看网络的运行状态。该命令的输出主要分为两大部分：与网络相关的部分和与本机进程相关的部分。

netstat 命令的语法格式如下。

```
netstat [-atunlp]
```

主要选项和参数如下。

- ◇ -a   列出当前系统上所有的连接、监听、socket 等信息。
- ◇ -t   列出 TCP 网络数据包的信息。
- ◇ -u   列出 UDP 网络数据包的信息。
- ◇ -n   不以进程的服务名称，而是以端口号(port number)来显示。
- ◇ -l   列出当前正在监听网络(listen)的服务。
- ◇ -p   列出网络服务的相关进程 PID。

使用示例

示例 1：查看当前系统上已建立的网络连接与 unix socket 状态。

```
# netstat
# 以下列出与网络相关的部分
Active Internet connections (w/o servers)
```

Proto Recv-Q Send-Q Local Address	Foreign Address	State
tcp 0 64 192.168.0.105:ssh	192.168.0.100:entextxid	ESTABLISHED

```
# 以下列出与本机进程相关的部分
Active UNIX domain sockets (w/o servers)
…(省略)
```

Proto	RefCnt	Flags	Type	State	I-Node	Path
unix	2	[ ]	DGRAM		30595	/run/systemd/notify
unix	3	[ ]	STREAM	CONNECTED	27744	run/systemd/private
unix	2	[ ]	DGRAM		19637	/dev/log

在结果中与网络相关的部分，有以下项目。

- Proto：网络的封包协议，主要有 TCP 和 UDP 两种。
- Recv-Q：非由用户进程连接到此 socket 的复制过来的总字节数。
- Send-Q：非由远程主机传送过来的 acknowledged 总字节数。
- Local Address 和 Foreign Address：本地端的地址和端口(IP:port)和远程主机的地址和端口(IP:port)。
- State：连接状态，主要有建立(ESTABLISHED)及监听(LISTEN)状态。

因此，与网络相关的一条数据的意义是：远程的 192.168.0.100:entextxid(本实验是一台虚拟机)连接到本地的 192.168.0.105:ssh，这条 TCP 封包的连接已经建立起来了。

在结果中与本地进程相关的部分，有以下项目。

- Proto：一般为 unix。
- RefCnt：连接到此 socket 的进程数量。
- Flags：连接的标识。
- Type：socket 存取的类型，主要有确认连接(STREAM)与不需确认(DGRAM)。
- State：若为 CONNECTED 则表示多个进程之间已经建立连接。
    ◇ I-Node：进程文件的 i-node 节点号。
- Path：连接到此 socket 的相关进程的路径，或是相关数据输出的路径。

示例 2：查看当前系统上正在监听的网络连接及其服务关联的 PID。

```
# netstat -tunlp
Active Internet connections (only servers)
```

Proto	Recv-Q	Send-Q	Local Address	Foreign Address	State	PID/Program name
tcp	0	0	0.0.0.0:111	0.0.0.0:*	LISTEN	706/rpcbind
tcp	0	0	192.168.122.1:53	0.0.0.0:*	LISTEN	1444/dnsmasq
tcp	0	0	0.0.0.0:22	0.0.0.0:*	LISTEN	941/sshd:/usr/sbin
tcp6	0	0	:::111	:::*	LISTEN	706/rpcbind
tcp6	0	0	:::22	:::*	LISTEN	941/sshd:/usr/sbin
udp	0	0	192.168.122.1:53	0.0.0.0:*		1444/dnsmasq
udp	0	0	0.0.0.0:67	0.0.0.0:*		1444/dnsmasq
udp	0	0	0.0.0.0:111	0.0.0.0:*		706/rpcbind
udp	0	0	127.0.0.1:323	0.0.0.0:*		733/chronyd
udp6	0	0	:::111	:::*		706/rpcbind
udp6	0	0	::1:323	:::*		733/chronyd

4. 查看与系统相关的信息——uname 命令

uname 命令的语法格式如下。

uname [-asrmnpi]

主要选项和参数如下。

- -a　　列出所有与系统相关的信息。
- -s　　列出系统内核名称。
- -r　　列出系统内核版本。
- -m　　列出系统硬件架构。
- -n　　列出主机名。
- -p　　列出处理器的类型。
- -i　　列出硬件的平台。

使用示例

查看当前系统与内核相关的信息。

```
# uname -a
Linux openEuler 4.19.90-2012.5.0.0054.oe1.x86_64 #1 SMP Tue Dec 22 15:58:47 UTC 2020 x86_64 x86_64 x86_64 GNU/Linux
# 该主机的内核名称为 Linux,主机名为 openEuler,内核版本是 4.19.90-2012.5.0.0054.oe1.x86_64,此内核版本建立的日期为 2020 年 12 月 22 日,适用于 x86_64 及以上等级的硬件架构平台,操作系统是 GNU/Linux
```

5. 查看内核检测信息——dmesg 命令

系统启动的时候，内核会去检测系统的硬件，检测的过程快速地输出在屏幕上。在系统运行的过程中，可以随时使用 dmesg 命令查看这些内核检测信息。

使用示例

示例 1：查看所有的内核启动时的信息。

```
# dmesg|less
```

示例 2：查看启动时硬盘 sda 的相关信息。

```
# dmesg|grep -i sda
[    5.046189] sd 2:0:0:0: [sda] 41943040 512-byte logical blocks: (21.5 GB/20.0 GiB)
[    5.046236] sd 2:0:0:0: [sda] Write Protect is off
…（省略）
```

6. 查看系统资源相关的情况——vmstat 命令

vmstat 命令可以用来动态地查看系统资源（CPU、内存、磁盘、I/O 状态等）相关的情况，便于分析系统中最繁忙的环节在哪里。

vmstat 命令的语法格式如下。

```
vmstat [-a] [delay [count]]
```

主要选项和参数如下。

- -a   使用 active/inactive（活动与否）替换 buffer/cache 的内存输出信息。
- -f   从系统启动到现在，系统复制（fork）的进程总数。
- -s   从系统启动到现在，列出一些事件导致的内存变化情况。
- -S <unit>   将数据以指定的单位显示。unit 为单位，例如 K、M 等。
- -d   列出磁盘的读写总量统计信息。
- -p <partition>   列出磁盘分区的读写总量统计信息。partition 为磁盘分区。
- delay   设置输出结果的刷新间隔时间，单位为秒。
- count   设置显示结果的次数，通常与参数 delay 一并使用。

常见用法如下。

- vmstat -fs   查看与内存有关的信息。

使用示例如下。

示例 1： 查看当前主机的系统资源变化情况，每 10 秒刷新一次，显示 2 次。

```
# vmstat 10 2
procs-----------memory-----------swap-------io-----system--------cpu-----
 r  b   swpd    free    buff    cache    si  so   bi  bo   in  cs us sy id wa st
 2  0   0      871028  30956   272564   0   0    2   1    38  71  0  0 100 0  0
 0  0   0      870968  30956   272564   0   0    0   0    38  71  0  0 100 0  0
```

以上结果中各字段的含义如下。

- 进程字段（procs）的项目（项目数量的大小与系统繁忙程度成正比）如下。
    - r：等待运行中的进程数量。
    - b：不可被唤醒的进程数量。
- 内存字段（memory）的项目（项目的值与 free 命令显示的结果相同）如下。
    - swpd：虚拟内存被使用的容量。
    - free：未被使用的内存容量。
    - buff：用于缓存。
    - cache：用于高速缓存。
- 虚拟内存字段（swap）的项目（项目的数量越大则系统性能越差）如下。
    - si：从磁盘中取出进程的容量。
    - so：由于内存不足而将暂时不用的进程写入虚拟内存的容量。
- 磁盘读写字段（I/O）的项目（项目的数量越大则系统的 I/O 越忙）如下。
    - bi：由磁盘读出的块数量。
    - bo：写入到磁盘的块数量。
- 系统字段（system）的项目（项目的数量越大则系统与外设沟通越频繁）如下。
    - in：每秒被中断的进程次数。
    - cs：每秒执行的事件切换次数。
- CPU 字段的项目如下。
    - us：非内核层的 CPU 使用状态。
    - sy：内核层的 CPU 使用状态。
    - id：闲置的状态。
    - wa：等待 I/O 所耗费的 CPU 状态。
    - st：被虚拟机所使用的 CPU 状态。

示例 2： 动态查看本机所有磁盘的读写状态。

```
# vmstat -d
disk- -----------reads---------- -----------writes----------- ------IO------
```

	total	merged	sectors	ms	total	merged	sectors	ms	cur	sec
sda	9549	1	511048	3229	8350	9175	150786	3510	0	5
sr0	28	0	2092	43	0	0	0	0	0	0
dm-0	8976	0	432570	3765	17477	0	150624	7767	0	5
dm-1	97	0	4432	14	0	0	0	0	0	0

7. 查看在使用文件的进程及其相关信息——fuser 命令

fuser 命令的语法格式如下。

```
fuser[-umv] [-k [i] [-signal]] <file>/<dir>
```

主要选项和参数如下。

- -u   列出进程的属主。
- -v   列出文件与进程的完整相关性。
- -m   列出使用到指定文件系统的所有进程。
- -k   对使用该文件的 PID 发送 SIGKILL 信号。
- -i   询问用户是否终止进程，需配合选项-k 使用。
- -signal   要发送给进程的信号代码，如-1,-18 等，默认是-9。

使用示例

示例 1： 查看正在使用当前目录的进程的 PID、属主和权限等信息。

```
# fuser -uv
            USER    PID     ACCESS      COMMAND
/root:      root    4011    ..c..       (root)bash
            root    4345    ..c..       (root)bash
            root    4610    ..c..       (root)bash
```

示例 2： 查看使用到/home 这个文件系统的所有进程并结束这些进程。

```
# fuser -muv /home
            USER    PID     ACCESS      COMMAND
/home:      root    kernel  mount       (root)/
            root    1       .rce.       (root)systemd
            root    2       .rc..       (root)kthreadd
…(省略)
```

```
# fuser -mki /home
fuser -mki /home
/home:         1rce    2rc    3rc    4rc 6rc    8rc    9rc    10rc
11rc    12rc    13rc    16rc    17rc    18rc    19rc    20rc    21rc
…(省略)
4604rc  4605rce  4609rce  4610rce  4660rc  4718rc  4719rc
Kill process 1 ? (y/N) N        // 仅作测试用,这里不需要终止进程
```

8. 查看被进程使用的文件——lsof 命令

lsof 命令的语法格式如下。

```
lsof [-aU] [-u <username>] [+d <dir>]
```

主要选项和参数如下。

✧ -a   连接多个需要同时成立的条件。
✧ -u <username>   列出与指定用户相关的进程所使用的文件。
✧ +d <dir>   找出指定目录下已经被使用的文件。

使用示例

示例 1:查看当前系统上所有被使用的外部设备。

```
# lsof +d /dev
COMMAND   PID   USER   FD   TYPE   DEVICE   SIZE/OFF   NODE   NAME
systemd   1     root   0u   CHR    1,3      0t0        9896   /dev/null
systemd   1     root   1u   CHR    1,3      0t0        9896   /dev/null
…(省略)
```

示例 2:查看当前系统上属于 root 的所有进程所使用的文件。

```
# lsof -u root
COMMAND   PID   USER   FD   TYPE   DEVICE   SIZE/OFF   NODE    NAME
systemd   1     root   cwd  DIR    253,0    4096       2       /
systemd   1     root   rtd  DIR    253,0    4096       2       /
systemd   1     root   txt  REG    253,0    1616096    413861  /usr/lib/systemd/systemd
…(省略)
```

示例 3：查看当前系统上属于 root 的 bash 所开启的所有文件。

```
# lsof -u root|grep bash
bash   4011   root   cwd   DIR   253,0   4096      393219   /root
bash   4011   root   rtd   DIR   253,0   4096      2        /
bash   4011   root   txt   REG   253,0   1175168   395971   /usr/bin/bash
…(省略)
```

9. 查看进程的 PID——pidof 命令

pidof 命令的语法格式如下。

```
pidof [-sx] <program_name>
```

主要选项和参数如下。
- -s   仅列出一个 PID 而不是所有的 PID。
- -x   同时列出进程对应的 PID 及其 PPID。

使用示例

查看当前系统上的进程 atd 和 crond 的 PID。

```
# pidof atd crond
1096   1100
```

6.3.2 查看/proc/*/下的文件

内存中的数据是写入到/proc/*/下的，因此，通过查看这些文件，也可以观察进程的信息以及当前的系统的资源状况。

```
# ll /proc
total 0                        // 内存镜像文件不占用外部存储空间
# 以下目录内容为各进程的信息，目录名即为进程的 PID
dr-xr-xr-x.   9   root   root   0 Aug 19 13:56 1
dr-xr-xr-x.   9   root   root   0 Aug 19 13:56 10
…(省略)
# 以下文件的内容为系统相关的信息
dr-xr-xr-x.   4   root   root   0 Aug 19 16:05 tty
-r--r--r--.   1   root   root   0 Aug 19 16:05 uptime
```

-r--r--r--.	1	root	root	0 Aug 20 22:58 version
-r--------.	1	root	root	0 Aug 20 22:58 vmallocinfo
-r--r--r--.	1	root	root	0 Aug 20 22:12 vmstat
-r--r--r--.	1	root	root	0 Aug 20 22:58 zoneinfo

…（省略）

6.4 网络管理

6.4.1 查看网络接口信息——ip 命令与 ss 命令

1. 查看所有网络接口的信息

```
# ip addr                      // 查看所有的网络设备，等同于命令 ip a
# lo 是环回接口 loopback：
1: lo: <LOOPBACK,UP,LOWER_UP> mtu 65536 qdisc noqueue state UNKNOWN group default qlen 1000              // 当前接口的状态为启动：UP,若关闭则为：DOWN
    link/loopback 00:00:00:00:00:00 brd 00:00:00:00:00:00    // MAC 地址
    inet 127.0.0.1/8 scope host lo    // IPv4 地址、子网掩码、广播地址、作用域、设备名称
       valid_lft forever preferred_lft forever
    inet6 ::1/128 scope host    // IPv6 相关信息
       valid_lft forever preferred_lft forever
# ensXX 是 openEuler 默认的以太网卡
2: ens33: <BROADCAST,MULTICAST,UP,LOWER_UP> mtu 1500 qdisc fq_codel state UP group default qlen 1000
    link/ether 00:0c:29:de:d0:62 brd ff:ff:ff:ff:ff:ff
    inet 192.168.0.105/24 brd 192.168.0.255 scope global noprefixroute ens33
       valid_lft forever preferred_lft forever
    inet6 fe80::f0e4:1c0d:2467:9e8c/64 scope link noprefixroute
       valid_lft forever preferred_lft forever
# virbr0 是虚拟网桥 Virtual Bridge
3: virbr0: <NO-CARRIER,BROADCAST,MULTICAST,UP> mtu 1500 qdisc noqueue state DOWN group default qlen 1000
```

        link/ether 52:54:00:10:3b:8e brd ff:ff:ff:ff:ff:ff
        inet 192.168.122.1/24 brd 192.168.122.255 scope global virbr0
            valid_lft forever preferred_lft forever
    # virbr0-nic 是虚拟网桥网卡
    4: virbr0-nic: <BROADCAST,MULTICAST> mtu 1500 qdisc fq_codel master virbr0 state DOWN group default qlen 1000
        link/ether 52:54:00:10:3b:8e brd ff:ff:ff:ff:ff:ff

在openEuler的安装过程中如果选择了相关虚拟化的服务安装系统，启动网卡时会发现有一个以虚拟网桥连接的私网地址的virbr0网卡，这个是因为在虚拟化中使用到libvirtd服务生成的，如果不需要可以关闭后去掉。可以通过以下命令查看虚拟网桥的信息。

    # brctl show   // 查看虚拟网桥信息
    bridge name   bridge id   STP enabled   interfaces
    virbr0   8000.525400103b8e   yes   virbr0-nic

2. 查看特定网络接口的信息

    # ip addr show ens33   // 等同于命令 ip a s ens33
    2: ens33: <BROADCAST,MULTICAST,UP,LOWER_UP> mtu 1500 qdisc fq_codel state UP group default qlen 1000
        link/ether 00:0c:29:de:d0:62 brd ff:ff:ff:ff:ff:ff
        inet 192.168.0.105/24 brd 192.168.0.255 scope global noprefixroute ens33
            valid_lft forever preferred_lft forever
        inet6 fe80::f0e4:1c0d:2467:9e8c/64 scope link noprefixroute
            valid_lft forever preferred_lft forever

3. 查看网络接口的统计信息

    # ip -s link show ens33
    2: ens33: <BROADCAST,MULTICAST,UP,LOWER_UP> mtu 1500 qdisc fq_codel state UP mode DEFAULT group default qlen 1000
        link/ether 00:0c:29:de:d0:62 brd ff:ff:ff:ff:ff:ff
    # RX 表示接受的数据包信息
        RX: bytes   packets   errors   dropped   overrun   mcast
        5179548   54543   0   0   0   0

```
# TX 表示传送的数据包信息
TX: bytes    packets    errors    dropped    carrier    collsns
    4015022  7949       0         0          0          0
```

4. 查看 socket 信息

ss 命令可以根据需要查看不同类型套接字(socket)信息,如显示所有 TCP 套接字信息。

```
# ss -ta
State    Recv-Q    Send-Q    Local Address:Port      Peer Address:Port Process
LISTEN   0         128       0.0.0.0:sunrpc          0.0.0.0:*
LISTEN   0         128       0.0.0.0:ssh             0.0.0.0:*
ESTAB    0         64        192.168.0.105:ssh       192.168.0.103:mc-client
LISTEN   0         128       [::]:sunrpc             [::]:*
LISTEN   0         128       [::]:ssh                [::]:*
```

6.4.2 IP 地址的设置

1. 使用 ifconfig 命令

ifconfig 命令是用来查看、配置、启用或禁用网络接口的工具,可以用来临时设置网络接口的 IP 地址、网络掩码、网关、物理地址等极为常用的 CLI 工具。

ifconfig 命令的常见用法如下。

- ifconfig   查看当前活动的网络接口状态。
- ifconfig <网络接口名>   查看指定的网络接口的状态。
- ifconfig <网络接口名> <IP 地址> [hw <物理地址>] [netmask <掩码>]
  [broadcast <广播地址>]   为指定的网络接口设置 IP 地址。
- ifconfig <网络接口名> up|down   激活/关闭网络接口。
- ifup <网络接口名>   激活网络接口。
- ifdown <网络接口名>   关闭网络接口。

使用示例

为网卡 ens33 临时设置一个 IP 地址,并激活该网卡。

```
# ifconfig ens33 192.168.0.105 netmask 255.255.255.0 broadcast 192.168.0.255 up
# ifconfig ens33
ens33: flags = 4163<UP,BROADCAST,RUNNING,MULTICAST>    mtu 1500
```

Inet 192.168.0.105　netmask 255.255.255.0　broadcast 192.168.0.255

inet6 fe80::f0e4:1c0d:2467:9e8c　prefixlen 64 scopeid 0x20<link>

ether 00:0c:29:de:d0:62　txqueuelen 1000　(Ethernet)

RX packets 55874　bytes 5300893 (5.0 MiB)

RX errors 0　dropped 0　overruns 0　frame 0

TX packets 8206　bytes 4051104 (3.8 MiB)

TX errors 0　dropped 0 overruns 0　carrier 0　collisions 0

2. 使用网卡配置文件

网络设备默认的配置路径是/etc/sysconfig/network-scripts/，网卡的配置文件是 ifcfg-*。

```
# cd /etc/sysconfig/network-scripts/
# ll
total 25M
-rw-r--r--. 1 root root 380 Aug 17 14:47 ifcfg-ens33
-rw-r--r--. 1 root root 309 Sep 22 2019 ifcfg-virbr0


# cat ifcfg-ens33
# 网卡 ens33 的配置文件的内容如下
TYPE = Ethernet                // 网卡设备接口类型
PROXY_METHOD = none
BROWSER_ONLY = no
BOOTPROTO = dhcp               // 系统启动地址协议（网卡获取 IP 地址的方式）
DEFROUTE = yes
IPV4_FAILURE_FATAL = no
IPV6INIT = yes
IPV6_AUTOCONF = yes
IPV6_DEFROUTE = yes
IPV6_FAILURE_FATAL = no
IPV6_ADDR_GEN_MODE = stable-privacy
NAME = ens33                   // 网络连接名
UUID = 253e954d-e0a7-4756-bf86-4a45462e05f2   // 网卡的唯一通用识别码
(Universally Unique Identifier)
DEVICE = ens33                 // 物理设备名
ONBOOT = yes                   // 系统启动时是否激活此网卡
AUTOCONNECT_PRIORITY = -999
```

网卡配置文件的其他参数说明见表 6-5 所示(参数值不区分大小写,可以不用引号)。

表 6-5 网卡配置文件的其他参数说明

参　　数	说　　明
IPADDR	IP 地址
NETMASK	子网掩码
GATEWAY	网关地址
BROADCAST	广播地址
HWADDR/MACADDR	MAC 地址,只需设置其中一个,同时设置时不能相互冲突
PEERDNS	是否指定 DNS,如果使用 DHCP 协议,默认为 yes
DNS{1,2}	DNS 服务器地址(此处设置的 DNS 优先于/etc/resolv.conf 中的 DNS)
USERCTL	用户权限控制(设置普通用户是否能控制网卡)

预先做好备份,再使用编辑器直接修改配置文件。配置修改后不会立即生效,需要重启或者重载 NetworkManger 服务,也可重启系统,操作所示。

```
# cp ifcfg-ens33 ifcfg-ens33.bak
# 下面重载 NetworkManager 服务,即使该服务进程重新读取配置文件 ifcfg-ens33
# systemctl reload NetworkManager
```

说明:一份可用的网卡配置文件并不需要列出所有配置选项,可以使用以下最简配置。

```
TYPE = Ethernet
BOOTPROTO = static
NAME = ens33
DEVICE = ens33
ONBOOT = yes
IPADDR = 192.168.0.105
```

6.4.3 其他网络参数设置

1. 设置路由

要让不同子网的两台主机能够相互通讯,就需要有一种能够描述如何从一台主机到另一台主机的机制，这一机制称为路由选择（Routing），路由选择通过路由项进行描述。

路由项是一对预先定义的地址，包括：目的地（destination）和网关（gateway）。路由项的含义是通过网关能够完成与目的地的通讯。路由表是多个路由项的集合。

常用 route 命令来查看、配置、管理本机路由。除了 route 命令外，ip 和 nmcli 命令也可以用来管理系统路由。这些命令作用于系统中的路由表，系统运行时，路由表加载到内存中，由系统内核进行维护。

（1）查看路由表

使用 route 或者 route -n 命令可以列出当前主机的路由表。

```
# route -n
Kernel IP routing table
Destination    Gateway       Genmask         Flags  Metric  Ref  Use  Iface
0.0.0.0        192.168.0.1   0.0.0.0         UG     100     0    0    ens33
192.168.0.0    0.0.0.0       255.255.255.0   U      100     0    0    ens33
```

对于 route 命令输出的路由信息中的 Flags 字段，说明如下。

- U(Up)：表示此路由当前为启动状态。
- H(Host)：表示此网关为一主机。
- G(Gateway)：表示此网关为一路由器。
- R(Reinstate Route)：使用动态路由重新初始化的路由。
- D(Dynamically)：此路由是动态性地写入。
- M(Modified)：此路由是由路由守护程序或导向器动态修改。
- !：表示此路由当前为关闭状态。

（2）添加路由项

使用 route add 命令可以暂时添加到网络或者主机的路由项。

使用示例

分别添加一条到特定网络和到特定主机的路由项，并确认设置成功。

```
# 新增到 192.168.184.0/24 的网络路由，经由 ens33 发送出去
# route add -net 192.168.184.0 netmask 255.255.255.0 dev ens33
# 新增到 192.168.1.100 的主机路由，经由 ens33 发送出去
# route add -host 192.168.1.100 dev ens33

# 通过 route 查看路由表，从 Metric 可看出到主机的路由优先于到网络的路由
# route
```

```
Kernel IP routing table
Destination    Gateway        Genmask          Flags  Metric  Ref  Use  Iface
default        192.168.0.1    0.0.0.0          UG     100     0    0    ens33
192.168.0.0    0.0.0.0        255.255.255.0    U      100     0    0    ens33
192.168.1.100  0.0.0.0        255.255.255.255  UH     0       0    0    ens33
192.168.184.0  0.0.0.0        255.255.255.0    U      0       0    0    ens33
```

注意：使用 route add 命令添加的路由数据保存在内存中，重启后将会失效。

（3）删除路由项

使用 route del 命令可以删除到网络或者主机的路由项。

使用示例

分别删除一条到特定网络和到特定主机的路由项，并确认设置成功。

```
# 删除到 192.168.1.100 的主机路由。后面的 dev 参数可以不带
# route del -host 192.168.1.100 dev ens33
# 删除到 192.168.184.0/24 的网络路由。注意：删除网段路由时，网络号和掩码这两个参数是必须的，dev 参数可以不带
#  route del -net 192.168.184.0 netmask 255.255.255.0 dev ens33


# route
Kernel IP routing table
Destination    Gateway        Genmask          Flags  Metric  Ref  Use  Iface
default        192.168.0.1    0.0.0.0          UG     100     0    0    ens33
192.168.0.0    0.0.0.0        255.255.255.0    U      100     0    0    ens33
```

2. 设置主机名、修改 hosts 文件

（1）查看主机名

主机名是局域网中唯一标识一台网络设备的名称。这台网络设备可以是物理的，也可以是虚拟机。主机名信息存放在文件 /etc/hostname 中，可以使用命令 hostname 查看。

使用示例

查看当前设备的主机名。

```
# cat /etc/hostname
openEuler
```

```
# hostname
openEuler
```

(2) 设置主机名

使用命令 hostname ＜hostname＞ 可以临时设置主机名（直到下次重启前一直有效）。

要想永久设置主机名，可以修改文件/etc/hostname 中的设置并等待下次重启后生效，也可以使用命令 hostnamectl set-hostname ＜new-name＞。

使用示例

设置当前设备的主机名。

```
[root@openEuler ~]# hostname ZYC          // 暂时修改主机名为 ZYC
[root@openEuler ~]# hostname
ZYC                                        // 修改成功
[root@openEuler ~]# cat /etc/hostname
openEuler                                  // 配置文件内容不变
# 以下命令永久设置主机名为 openEulerZYC
[root@openEuler ~]# hostnamectl set-hostname openEulerZYC
[root@openEuler ~]# hostname
openEulerZYC                               // 修改成功
[root@openEuler ~]# cat /etc/hostname
openEulerZYC                               // 配置文件内容发生改变
```

设置完成后并不会立即生效，包括命令提示符中的主机名部分也未发生变化（因为当前用户 bash 未发生改变，故当前环境变量的值不变），只有在重新进入用户 bash 后才能在命令提示符中看到临时设置的主机名，只有在重启系统后才能看到永久设置的主机名。

```
[root@openEuler ~]# su - root
Last login: Sat Aug 21 09:42:18 CST 2021 from 192.168.0.103 on pts/0
…（省略）
[root@ZYC ~]#                              // 命令提示符中的主机部分发生了变化
```

(3) 修改 hosts 文件

随着局域网规模不断增加，人们希望通过主机名直接访问其他主机。这时可以通过一张记录着主机名和 IP 地址映射关系的表找到这些主机，这张表就是 hosts 文件。

```
[root@ZYC ~]# cat /etc/hosts
127.0.0.1   localhost localhost.localdomain localhost4 localhost4.localdomain4
::1         localhost localhost.localdomain localhost6 localhost6.localdomain6
```

当用户在浏览器中输入一个名称地址时,系统会首先从 hosts 文件中寻找对应的 IP 地址,一旦找到,系统就会立即打开对应网页;否则系统会将网址提交至 DNS 服务器进行解析。

hosts 文件的每一行的格式如下。

```
192.168.1.200   www.example.com
```

若想去掉某条记录,加 # 注释即可。

```
#192.168.1.200   www.example.com
```

3. 设置 DNS 客户端、查询 DNS 记录

随着网络之间的互联变得普遍,网络规模持续扩大,仅凭单个 hosts 文件难以承载众多的映射关系。当在 hosts 文件中找不到域名对应的 IP 时,主机会将名称地址自动提交给 DNS 服务器进行域名解析。DNS 就像是一个公共的、数据类型多样的 hosts 文件/分布式数据库。

(1) 设置 DNS 客户端

DNS 客户端的配置文件是/etc/resolv.conf。前面介绍过可以直接在网络接口配置文件中设置 DNS 客户端(重启网络接口后生效),并且此类设置的优先级高于在/etc/resolv.conf 文件中的设置(直接生效)。

使用示例

在网络接口 ens33 的配置文件中设置 DNS 服务器为 192.168.0.1,然后观察/etc/resolv.conf 文件的内容。

```
# vim /etc/sysconfig/network-scripts/ifcfg-ens33
TYPE = Ethernet
PROXY_METHOD = none
BROWSER_ONLY = no
BOOTPROTO = static                    // 使用静态 IP 设置
DEFROUTE = yes
IPV4_FAILURE_FATAL = no
IPV6INIT = yes
```

IPV6_AUTOCONF = yes

IPV6_DEFROUTE = yes

IPV6_FAILURE_FATAL = no

IPV6_ADDR_GEN_MODE = stable-privacy

NAME = ens33

UUID = 253e954d-e0a7-4756-bf86-4a45462e05f2

DEVICE = ens33

ONBOOT = yes

IPADDR = 192.168.0.105
GATEWAY = 192.168.0.1
DNS1 = 192.168.0.1   // 设置 DNS 服务器的地址，最多可以设置三个

AUTOCONNECT_PRIORITY = -999

#DEVICE = ens44

PREFIX = 24

cat /etc/resolv.conf
Generated by NetworkManager
解析文件中添加了相应的 DNS 服务器地址，最多可以设置三个：
nameserver 192.168.0.1
再添加两行 DNS 服务器的设置：
nameserver 8.8.8.8
nameserver 114.114.114.114
该文件编辑完成后保存退出，无需重启网络服务即可生效。

（2）查询 DNS 记录

通常使用 nslookup 命令查询 DNS 中的记录。通过 nslookup 可以查看域名解析是否正常，帮助诊断网络问题。

nslookup 命令的语法格式如下。

```
nslookup <domain> [dns-server]
```

其中，domain 是要查询的域名，[dns-server] 是指定负责解析此域名的 DNS 服务器，常见的有：8.8.8.8、114.114.114.114 等。

使用示例

查询 www.stiei.edu.cn 对应的 IP 地址。

```
# nslookup www.stiei.edu.cn
Server:          192.168.0.1
Address:         192.168.0.1#53

Non-authoritative answer:
Name:    www.stiei.edu.cn
Address: 222.72.145.139
Name:    www.stiei.edu.cn
Address: 240c:c0a8:dc63:0:de48:918b::
```

DNS 除了将域名解析到一个 IP 地址之外,还支持多种类型的解析记录,DNS 记录类型及说明见表 6-6。

表 6-6 DNS 记录类型及说明

类 型	说 明
A	将域名指向一个 IPv4 地址
CNAME	将域名指向一个域名,实现与被指向域名相同的访问效果
MX	建立电子邮箱服务,将指向邮件服务器地址
NS	域名解析服务器记录,如要将子域名指定某个域名服务器来解析
TXT	可任意填写,可为空,一般做一些验证记录时会使用此项
AAAA	将主机名(或域名)指向一个 IPv6 地址
SRV	添加服务记录时会添加此项,SRV 记录了哪台计算机提供了哪个服务
SOA	起始授权机构记录,用于在众多 NS 记录中标识哪一台是主服务器
PTR	A 记录的逆向记录,将 IP 反向解析为域名
显性/隐性 URL 转发	将域名指向一个 http(s)协议地址,访问域名时,自动跳转至目标地址,显示或隐藏真实地址

知识链接
DNS 域名解析记录详解

使用示例

使用 nslookup 以交互方式查询其他类型的记录。

```
# nslookup                      // 此时为交互式查询
> set type = A                   // 解析 A 记录
> www.163.com
```

```
Server:             192.168.0.1
Address:            192.168.0.1#53
Non-authoritative answer:
www.163.com             canonical name = www.163.com.163jiasu.com.
www.163.com.163jiasu.com    canonical name = www.163.com.bsgslb.cn.
www.163.com.bsgslb.cn    canonical name = z163ipv6.v.bsgslb.cn.
z163ipv6.v.bsgslb.cn     canonical name = z163ipv6.v.qdyd03.longclouds.com.
Name:   z163ipv6.v.qdyd03.longclouds.com
Address: 223.111.179.58
Name:   z163ipv6.v.qdyd03.longclouds.com
Address: 223.111.179.57
> set type = PTR                    // 解析 PTR 记录
> 8.8.8.8
Server:             192.168.0.1
Address:            192.168.0.1#53
Non-authoritative answer:
8.8.8.8.in-addr.arpa    name = dns.google.
Authoritative answers can be found from:
> 114.114.114.114
Server:             192.168.0.1
Address:            192.168.0.1#53
Non-authoritative answer:
114.114.114.114.in-addr.arpa    name = public1.114dns.com.
Authoritative answers can be found from:
> set type = SRV                    // 解析 SRV 记录
> stiei.edu.cn
Server:             192.168.0.1
Address:            192.168.0.1#53
Non-authoritative answer:
*** Can't find stiei.edu.cn: No answer
Authoritative answers can be found from:
stiei.edu.cn
        origin = dns.stiei.edu.cn
        mail addr = dns.stiei.edu.cn
        serial = 1576148835
        refresh = 10800
```

```
                retry    = 3600
                expire   = 604800
                minimum  = 38400
> set type = NS                    // 解析 NS 记录
> stiei.edu.cn
Server:             192.168.0.1
Address:            192.168.0.1#53
Non-authoritative answer:
stiei.edu.cn    nameserver = dns2.stiei.edu.cn.
stiei.edu.cn    nameserver = dns1.stiei.edu.cn.
Authoritative answers can be found from:
> exit                             // 退出 nslookup 程序
#
```

6.4.4 网络服务的管理

NetworkManager(网络管理器)最初由 Red Hat 公司开发,现在由 GNOME 基金会管理。它是系统中动态检测、控制及配置网络的守护进程,用于保持当前网络设备和连接处于工作状态,可以管理有线/无线连接。对于无线网络,NetworkManager 可以自动切换到最可靠的无线网络,也可以自由切换在线和离线模式。它的优势在于,可以简化网络连接的工作,让桌面本身和其他应用程序能感知网络。

NetworkManager 的相关命令有 nmcli、nm-connection-editor、nm-online、nmtui、nmtui-connec、nmtui-edit、nmtuii-hostname,可以使用 man 查看它们的用法。其中,主要通过 nmcli 这个全面、强大且复杂的命令行工具控制 NetworkManager,与该命令有关的关键概念如下。

- 设备:网络中的设备,即网络接口。
- 连接:是供设备使用的配置。

注意:同一个设备可能存在多个连接,但同一时刻只能有一个连接保持活动状态。

1. nmcli 命令的使用

nmcli 命令的语法格式如下。

```
nmcli [options] <object> { <command> | help }
```

主要选项和参数如下。

- 参数 object 常用的值有 gerneral、device、connection 可以缩写为首字母。
  - g[eneral]   NetworkManager 的一般状态和操作。
  - c[onnection]   NetworkManager 的连接。

- ➢ d[evice]　　　　　由 NetworkManager 管理的设备。
- ➢ n[etworking]　　　整体网络控制。
- ➢ r[adio]　　　　　　NetworkManager 无线交换机。
- ➢ a[gent]　　　　　　NetworkManager 的 secret 代理或 polkit 代理。
- ➢ m[onitor]　　　　　监视 NetworkManager 的更改。

常见用法如下。

- ◇ nmcli general -h　　　　　　　列出 nmcli general 命令的语法。
- ◇ nmcli general status　　　　　列出 NetworkManager 的总体状态。
- ◇ nmcli general hostname ZYC　　修改主机名（当前和永久）。
- ◇ nmcli general permissions　　　列出所有连接许可。

- ◇ nmcli device -h　　　　　　　列出 nmcli device 命令的语法。
- ◇ nmcli device show　　　　　　列出系统中网络接口的详细信息。
- ◇ nmcli device show ens33　　　列出指定网络接口的详细信息。
- ◇ nmcli device wifi　　　　　　　列出可用的 Wi-Fi 热点。
- ◇ nmcli device wifi list　　　　　列出可用的 Wi-Fi 热点，list 可以省略。
- ◇ nmcli device status　　　　　　列出网络设备的简要信息。
- ◇ nmcli -p -f gerneral，wifi-properties device show ens33
  　　　　　　　　　　　　　　　列出网络接口的一般信息和属性。
- ◇ nmcli device disconnect ens33　关闭指定的网络接口，参数为网络设备名。
- ◇ nmcli device connect ens33　　启用指定的网络接口，参数为网络设备名。

- ◇ nmcli connection -h　　　　　列出 nmcli connection 命令的语法。
- ◇ nmcli connection show　　　　列出网络连接的简要信息。
- ◇ nmcli connection show ZYC_WLAN
  　　　　　　　　　　　　　　　列出指定网络连接的详细信息。
- ◇ nmcli connection down ZYC_WLAN
  　　　　　　　　　　　　　　　关闭指定的网络接口，参数为网络接口名。
- ◇ nmcli connection up ZYC_WLAN　启用指定的网络接口，参数为网络接口名。
- ◇ nmcli connection add type ethernet con-name <连接名> ifname <设备名> [ip4 < IP 地址> gw4 <网关地址>]　　创建一个网络连接。

2．查看网络信息

使用示例

列出当前活动的网络连接的简要信息。

```
# nmcli connection show --active    // 使用选项--active 过滤出活动的连接
```

NAME	UUID	TYPE	DEVICE
enp4s0	1d859d5a-b0c0-3b49-b153-269e0d4a85ce	ethernet	enp4s0
virbr0	52137c43-98c9-4f34-8954-d3d1ea89b946	bridge	virbr0

3. 创建网络连接

使用示例

建立一个名为"ZYC44"的网络连接,设置网络接口 ens44 的静态 IP 地址,并设置默认网关,确认创建成功。

nmcli c add type ethernet con-name ZYC44 ifname ens44 ip4 192.168.0.104 gw4 192.168.0.1

Connection 'ZYC44' (f067a285-d5c2-4a17-b2f5-e6a084d62eb3) successfully added.

ls /etc/sysconfig/network-scripts/

ifcfg-ens33   ifcfg-ZYC44   ifcfg-virbr0   route-ens33

# cat /etc/sysconfig/network-scripts/ifcfg-ZYC44
TYPE = Ethernet
PROXY_METHOD = none
BROWSER_ONLY = no
BOOTPROTO = none
IPADDR = 192.168.0.104
PREFIX = 32
GATEWAY = 192.168.0.1
DEFROUTE = yes
IPV4_FAILURE_FATAL = no
IPV6INIT = yes
IPV6_AUTOCONF = yes
IPV6_DEFROUTE = yes
IPV6_FAILURE_FATAL = no
IPV6_ADDR_GEN_MODE = stable-privacy
NAME = ZYC44
UUID = f067a285-d5c2-4a17-b2f5-e6a084d62eb3
DEVICE = ens44

```
ONBOOT = yes
```

```
# nmcli con up "ZYC44"              // 启动刚刚创建的网络连接"ZYC44"
# nmcli con show                    // 查看当前连接状态
# nmcli connection show --active    // 列出当前活动的网络连接的简要信息
```

4. 修改网络连接

使用命令 nmcli con mod 修改网络连接，传入的参数为键值对。键为属性名称，可通过命令"nmcli con show [连接名]"来查询。

> **使用示例**

查看连接"ZYC44"的详细信息，再修改其中 DNS 客户端的设置。

```
# nmcli c s ZYC44
connection.id:              ZYC44
connection.uuid:            f067a285-d5c2-4a17-b2f5-e6a084d62eb3
connection.stable-id:       --
connection.type:            802-3-ethernet
connection.interface-name:  ens44
…(省略)
ipv4.dns:                   --           // 此项设置为空
ipv4.dns-search:            --
ipv4.dns-options:           --
ipv4.dns-priority:          0
ipv4.addresses:             192.168.0.104/32
ipv4.gateway:               192.168.0.1
ipv4.routes:                --
…(省略)
```

接下来，设置 DNS 主要服务器为 8.8.8.8，并添加 DNS 辅助服务器为 114.114.114.114。

```
# 以下设置 DNS 主要服务器和辅助服务器的地址：
# nmcli c modify "ZYC44" ipv4.dns 8.8.8.8 +ipv4.dns 114.114.114.114

# nmcli c s ZYC44|grep ipv4.dns
```

ipv4.dns:	8.8.8.8,114.114.114.114
ipv4.dns-search:	--
ipv4.dns-options:	--
ipv4.dns-priority:	0
ipv4.dns:	--
ipv4.dns-search:	--
ipv4.dns-options:	--
ipv4.dns-priority:	0

修改完成后需要激活此网络连接,使配置生效。

♯ nmcli con up "Euler"

本章总结

本章介绍了系统的任务管理、进程管理、系统资源信息管理以及网络管理等基本知识。计划任务中主要介绍了计划任务的概念以及执行过程中 at、crontab 命令的使用。进程调度中主要介绍了进程的概念、调度方法、进程的查看和终止方法,涉及的命令有 ps、top、pstree、kill、killall 等。在查看系统资源信息的讲解中介绍了常用命令 free、netstat、uname 等。在网络环境配置中,主要介绍了主机名的配置方法、网卡信息的配置方法和客户端域名解析服务器的配置方法,其中涉及的命令有 hostname、ifconfig 等。涉及的系统文件有 /etc/hosts、/etc/sysconfig/network-scripts/ifcfg-ens33、/etc/resolv.conf 等。最后介绍了 NetworkManager 网络管理器,详细说明了 nmcli 命令的使用。本章涉及知识点及相关命令说明如下所列。

知识点	命令	说明
计划任务	at	在指定时刻需要执行的任务,仅限以 root 身份执行
	crontab	管理用户的周期性任务
进程管理	ps	截取某时刻的进程运行情况
	top	持续检测进程运行的状态
	pstree	查看进程之间的关系

续 表

知识点	命 令	说　　明
进程管理	kill/killall	改变进程或任务的状态
	nice/renice	调整进程的 NI 值，影响进程优先级
系统资源信息	free	查看内存使用情况
	uptime	显示当前系统已经运行的时间
	netstat	监控网络的运行状况
	uname	查看系统与内核相关信息
	dmesg	分析内核产生的信息
	vmstat	检测系统资源变化
	fuser	查找在使用文件的进程
	lsof	列出被进程使用的文件
	pidof	查找进程 PID
网络管理	ip	查看所有网络接口的信息
	ss	查看不同类型套接字统计信息
	ifconfig	查看、配置、启用或禁用网络接口
	route（add、del）	列出当前主机的路由表（添加、删除）
	hostname	临时设置主机名
	hostnamectl	永久设置主机名，重启后生效
	nslookup	查询 DNS 中的记录
	nmcli gerneral	NetworkManager 的一般状态和操作
	nmcli device	NetworkManager 管理的设备
	nmcli connection	NetworkManager 的连接

本章习题

一、选择题

1. cron 后台常驻程序（daemon）用于（　　）。

A. 负责文件在网络中的共享　　　　　B. 管理打印子系统

C. 跟踪管理系统信息和错误　　　　　D. 管理系统日常任务的调度

2. 有一个备份程序 mybackup，需要在周一至周五下午 1 点和晚上 8 点各运行一次，下面哪条 crontab 的项可以完成这项工作？（　　）

A. 0 13,20 * * 1,5 mybackup

B. 0 13,20 * * 1,2,3,4,5 mybackup

C. * 13,20 * * 1,2,3,4,5 mybackup

D. 0 13,20 1,5 * * mybackup

3. 若使 pid 进程无条件终止使用的命令是（　　）。

A. kill -9　　　　　　　　　　　　B. kill -15

C. killall -1　　　　　　　　　　　D. kill -3

4. 在 ps 命令中参数（　　）是用来显示所有用户的进程的。

A. a　　　　　　　　　　　　　　B. b

C. u　　　　　　　　　　　　　　D. x

5. 存放 Linux 主机名的文件是（　　）。

A. /etc/hosts　　　　　　　　　　B. /etc/sysconfig/network

C. /etc/hostname　　　　　　　　D. /etc/host.conf

6. 快速启动网卡 ens33 的命令是（　　）。

A. ifconfig ens33 noshut　　　　　B. ipconfig ens33 noshut

C. ifnoshut ens33　　　　　　　　D. ifup ens33

7. 在 Linux 中，给计算机分配 IP 地址正确的方法是（　　）。

A. ipconfig ens33 166.111.219.150　　255.255.255.0

B. ifconfig ens33 166.111.219.150　　255.255.255.0

C. ifconfig ens33 166.111.219.150　netmask 255.255.255.0

D. 在 Linux 窗口配置中配置

8. 配置主机网卡 IP 地址的配置文件是（　　）。

A. /etc/sysconfig/network-scripts/ifcfg-ens33

B. resolv.conf

C. /etc/sysconfig/network

D. /etc/host.conf

9. ens33 表示的设备为（　　）。

A. 显卡　　　　　　　　　　　　　B. 网卡

C. 声卡　　　　　　　　　　　　　D. 视频压缩卡

二、填空题

1. 显示系统中进程信息的命令是_____。

2. 以树状方式表现进程的父子关系的命令是_____。
3. 显示当前系统正在执行的进程的相关信息的命令是_____。
4. 通过程序的名字或其他属性查找进程的命令是_____。
5. 根据确切的程序名称，找出一个正在运行的程序的 PID 的命令是_____。
6. 用于杀死指定名字进程的命令是_____。
7. 通过进程名或进程的其他属性直接杀死所有进程的命令是_____。
8. 调整程序运行的优先级的命令是_____。
9. 为使系统能够定期执行或者在指定时间执行一些程序，此时可以使用_____和_____命令。
10. 显示计算机硬件平台及操作系统版本等相关信息的命令是_____。
11. 显示或者设置当前系统的主机名的命令是_____。
12. 显示内存使用情况的命令是_____。

三、操作题

1. 设置 root 用户的计划任务，任务如下。
   （1）每天早上 7:50 自动开启 sshd 服务，22:50 关闭。
   （2）每隔 5 天清空一次 FTP 服务器公共目录/var/ftp/pub。
   （3）每周六的 7:30，重新启动 httpd 服务。
   （4）每周一、三、五的 17:30，打包备份/etc/httpd 目录。
   （5）每天晚上 9:30 重启 linux 系统，并删除/var/www/user1 下的所有文件。
2. 设置 zhangming 用户的计划任务：每周日晚上 23:55 时将/etc/passwd 文件的内容复制到用户主目录中，保存为 pwd.txt 文件。
3. 分别使用 ps，kill 和 top 命令，完成如下操作。
   （1）确定内存使用最多的进程，将其 nice 优先级调整为 15；
   （2）确定 cpu 使用最多的进程，终止该进程。
4. root 管理员需要重新配置网络环境，配置要求如下。
   （1）临时设置主机名为：student。
   （2）设置网卡信息：IP 地址为 202.137.100.1，网关为 202.137.100.254，子网掩码为 255.255.255.0。
   （3）每一步的操作请进行查验以确认是否正确执行。

四、简答题

1. 简述程序与进程的概念及两者之间的关系。
2. 简述进程的类型和状态。
3. 简述僵尸进程的概念及其危害。

第 7 章　Shell 编程基础

本章导读

　　Shell 的功能之一是交互式地解释执行用户输入的命令，而另一个非常重要的功能就是用来进行程序设计，它提供了定义变量和参数的手段以及丰富的程序控制结构。使用 Shell 编写的程序被称为 Shell 脚本（Shell Script），也可以叫作 Shell 程序或 Shell 脚本程序。通过运行 Shell 自动化脚本，有助于大大减少对 Linux 系统进行运维的工作量，这是在生产环境下经常用到并且非常重要的手段。

　　本章主要基于 openEuler 系统介绍 Shell 脚本的概念及 Shell 编程的基本知识，展示、分析 Shell 脚本编写的实际案例。

学完本课程后，您将能够

- 熟悉 Shell 基础知识
- 掌握 Shell 编程基础
- 能够编写常用的 Shell 脚本

本章主要内容包括

- Shell 基础介绍
- Shell 编程基础
- Shell 程序排错

7.1　Shell 基础知识

7.1.1　Shell 简介

1. Shell 概述

　　首先，Shell 是一个用 C 语言编写的命令解释器（"翻译官"），它提供了用户与 Linux

系统内核进行交互操作的接口。用户可以通过 Shell 来控制 Linux 系统，而 Linux 系统则通过 Shell 展现系统信息，也就是说，Shell 对用户输入的命令进行解释并且把它们送到内核去执行，然后返回执行结果给用户。Shell 在 Linux 系统中的定位如图 7-1 所示。

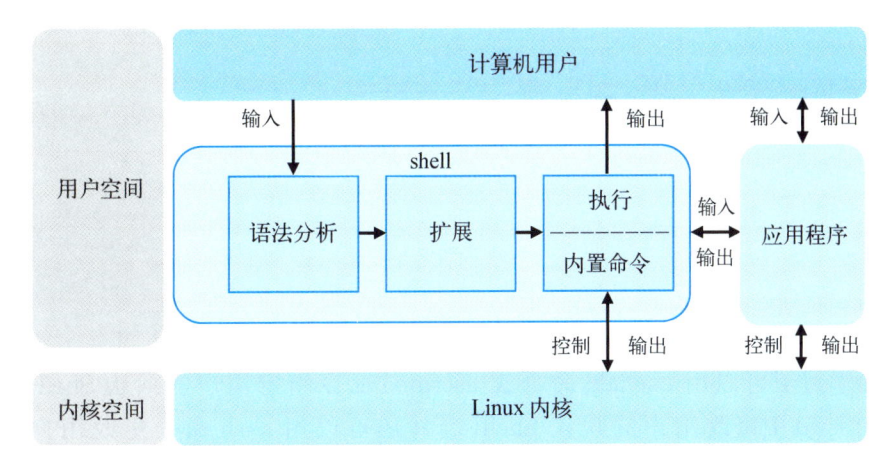

图 7-1　Shell 在 Linux 系统中的定位

其次，Shell 还是一门编程语言，它允许用户编写由 Shell 命令组成的程序，也就是将要执行的 Shell 命令依序写入一个文本文件，赋予该文件以可执行的权限，并结合各种 Shell 控制语句以完成更复杂的操作。通常 Shell 程序也称为 Shell 脚本。

Shell 脚本一般应用于重复性的操作、批量化的事务处理、自动化的运维管理、对服务器运行状态的监控、定时任务执行等场景。

要编写 Shell 脚本，首先应该熟练使用 Shell 命令和掌握 Shell 编程语句。

2. Shell 发展史

1971 年，贝尔实验室的 Ken Thompson 为 UNIX 开发了第一种 Shell，称为 V6 Shell，它是一个在内核之外执行的独立的用户程序。

1977 年，Stephen Bourne 在贝尔实验室为 V7 UNIX 开发了 Bourne Shell(sh)。

1978 年，Bill Joy 在伯克利分校攻读研究生期间为 BSD UNIX 系统开发了 C Shell (csh)。

1979 年，Ken Greer 在卡内基·梅隆大学将 Tenex 系统中的一些功能引入 csh（如命令行编辑、文件名和命令自动补全等），从而开发了 tcsh。

1983 年，David Korn 在贝尔实验室开发了能够提供关联数组表达式运算的 Korn Shell(ksh)。

1989 年，为取代 Bourne Shell，Brian Fox 开发了基于开源 GNU 项目的 Bourne-Again Shell (Bash)。Bash 是当今世界上最流行的 Shell，它兼容 sh、csh、ksh，是 Linux 系统的默认 Shell，故本章默认使用 Bash Shell，其标识如图 7-2 所示。

图 7-2　Bash Shell 的标识

3. 查看和设置用户 Shell

使用示例

示例 1：登录 openEuler，使用以下命令查看系统默认安装的 Shell。

[root@openEulerZYC ~]# cat /etc/shells
/bin/sh
/bin/bash
/usr/bin/sh
/usr/bin/bash
[root@openEulerZYC ~]#

前面学习了可以用 useradd 命令或 usermod 命令指定用户的默认 Shell，也可以在 /etc/passwd 中修改用户的默认 Shell，当然还可以用 chsh 命令更改用户的默认 Shell。

示例 2：查看并更改当前用户的默认 Shell。

[root@openEulerZYC ~]# echo $SHELL   // 列出当前用户 root 的默认 Shell
/bin/bash
[root@openEulerZYC ~]# chsh -l   // 列出目前系统可用的 Shell 清单
/bin/sh
/bin/bash
/usr/bin/sh
/usr/bin/bash

更改用户 teacher 的默认 Shell 环境：
[root@openEulerZYC ~]# chsh -s /bin/sh teacher

正在更改 teacher 的 Shell。
Shell 已更改。
[root@openEulerZYC ~]# su - teacher   // 完全切换到用户 teacher
Welcome to 5.10.0-60.18.0.50.oe2203.x86_64

System information as of time: 2022 年 05 月 23 日 星期一 01:16:39 CST

System load: 0.00
Processes: 205
Memory used: 29.7%
Swap used: 0%
Usage On: 4%

```
    IP address:          192.168.0.105
    Users online:        3
    To run a command as administrator(user "root"),use "sudo <command>".
    -sh-5.1$ echo $SHELL            // 验证用户 teacher 的默认 Shell
    /bin/sh
```

示例 3：查看当前用户的 Shell。

```
[root@openEulerZYC ~]# echo $0      // 列出当前用户 root 的 Shell
/bin/bash
```

```
[root@openEulerZYC ~]# su - teacher  // 完全切换到用户 teacher
…(省略)
-sh-5.1$ echo $0                    // 列出当前用户 teacher 的 Shell
-sh
```

在 Linux 中有多种类型的 Shell 程序可供选择，常见的 Shell 有 bash、sh、csh、ksh 等，不同 Shell 的内部命令、运行环境等有所区别。输入特定 Shell 程序的名称，可以打开一个新的 Shell 进程。

```
[root@openEulerZYC ~]# sh         // 开启一个进程(当前 Shell 的子进程)
sh-5.1#                            // 进入 sh 的交互环境
sh-5.1# exit                       // 退出当前的 Shell
exit
[root@openEulerZYC ~]#
```

7.1.2　Shell 脚本简介

1. Shell 脚本概述

一条 Shell 命令只能做一件事，要解决复杂的问题，可以通过多条命令的组合来解决。形式最简单的 Shell 脚本就是一系列 Shell 命令构成的可执行文件，并可以被其他脚本复用。学会编写规范、易读的 Shell 脚本，可以提高处理日常事务的自动化程度和准确性。

Shell 脚本可以完成很多任务，并且可以作为一种"胶水"语言来整合其他编程语言。Shell 脚本适用于可以通过调用其他命令行工具来完成的任务。当然，Shell 脚本不是"万金油"，当解决某个问题时，如果 Shell 脚本实现起来复杂度高、效率低时，那么就可以考虑使用其他编程语言。

2. 编写 Shell 脚本代码

(1) 脚本文件的构成

一个基本完善的 Shell 脚本文件,由脚本声明、注释信息、有效代码这三部分构成。

Shell 脚本只是静态的代码,若要输出结果,还需要解释器的参与。出于规范和安全的考虑,一般在脚本的第一行通过脚本声明指定执行此脚本的解释器。如果不指定解释器,则使用默认的解释器以保证其正常运行。

在 Shell 脚本中使用注释信息来解释后续一行或多行代码所要实现的功能。注释信息所在行的行首使用"♯"作为标识。

```
[root@localhost ~]# vim demo.sh
#!/bin/bash                        // 脚本声明,指定该脚本的解释器
#this is my first shell-script.    // 注释信息,说明以下代码的功能
...                                // 有效代码(可执行语句)
```

(2) 使用文本编辑器编写脚本代码

可以在任意文本编辑器(如高级编辑器 VIM、Emacs 等)中打开新文件来创建 Shell 脚本。如图 7-3 所示,VIM 在识别文件的后缀为 .sh 后可以提供语法高亮、检查、补全等功能。

```
root@openEulerZYC:~
#!/bin/bash
echo "Hello World"
cd /boot
pwd
ls -lh vml*

                                    6,0-1        全部
```

图 7-3 使用 VIM 编辑 Shell 脚本

使用示例

编写一个简单的 Shell 脚本,依次输入如下 Shell 命令。

```
[root@openEuler ~]# vim demo.sh    // 新建一个脚本文件,并写入如下内容
#!/bin/bash
echo "Hello World"
cd /boot
echo "当前的目录位于:"
pwd
```

echo "其中以 vml 开头的文件包括："
ls -lh vml*
```

3. 执行 Shell 脚本

常用"filename""sh filename""source filename"这三种方式执行 Shell 脚本文件。

（1）方式一：filename

如果 Shell 脚本可执行，且脚本所在路径包含在 $PATH 变量中，则可以通过在命令行中直接输入其脚本文件名来调用，否则必须写出该脚本的执行路径（绝对路径或相对路径）。如果 Shell 脚本文件就在当前目录下，通常写成"./filename"的形式。此外，在执行他人发送或从网上下载的脚本时也可能会遇到权限问题，此时赋予脚本可执行权限便可解决。

```
[root@openEulerZYC ~]# ls
anaconda-ks.cfg demo.sh
[root@openEulerZYC ~]# mkdir /tmp/script
把脚本文件 demo.sh 移动到目录/tmp/script 中
[root@openEulerZYC ~]# mv demo.sh /tmp/script
[root@openEulerZYC ~]# echo $PATH   // 查看变量 $PATH 的值
/usr/local/sbin:/usr/local/bin:/usr/sbin:/usr/bin:/root/bin
修改变量 $PATH 的设置，把脚本所在路径/tmp/script 加入其中
[root@openEulerZYC ~]# PATH=$PATH:/tmp/script
[root@openEulerZYC ~]# echo $PATH   // 确认变量 $PATH 的设置
/usr/local/sbin:/usr/local/bin:/usr/sbin:/usr/bin:/root/bin:/tmp/script
[root@openEulerZYC ~]# demo.sh   // 尝试直接输入脚本名，执行失败
-bash: /tmp/script/demo.sh: 权限不够
赋予脚本文件 demo.sh 以可执行权限
[root@openEulerZYC ~]# chmod +x /tmp/script/demo.sh
[root@openEulerZYC ~]# demo.sh   // 尝试加入脚本路径，执行成功
Hello World
当前的目录位于：
/boot
其中以 vml 开头的文件包括：
-rwxr-xr-x. 1 root root 10M   3月 27 08:00 vmlinuz-5.10.0-60.18.0.50.oe2203.x86_6   4
```
```

注意：上例中，若要永久修改环境变量＄PATH的设置，则需在脚本文件 .bashrc 或 .bash_profile 中添加命令行：export PATH＝" ＄PATH:/tmp/script"。本章后续会提到更多关于变量的知识。

（2）方式二：sh filename

```
[root@openEulerZYC ~]# sh demo.sh    // 执行 Shell 脚本 demo.sh
Hello World
当前的目录位于：
/boot
其中以 vml 开头的文件包括
-rwxr-xr-x. 1 root root 10M  3月 27 08:00 vmlinuz-5.10.0-60.18.0.50.oe2203.x86_6 4
```

sh 命令是 bash 命令的符号链接，故这两个命令是等效的。sh(bash)命令会在当前 Shell 环境下启动一个新的 Shell 子进程，在该子 Shell 中读入并执行路径为 filename 的脚本文件（该文件可以没有执行权限）。sh(bash)命令可以利用选项"-n"检查 Shell 脚本的语法，利用变量增强选项"-x"逐条跟踪 Shell 脚本语句的输出信息。

注意：在当前 Shell 中设置的变量，只有用 export 命令将其导出成为环境变量后，该变量才能被该 Shell 进程的子 Shell 继承，也才能属于该 Shell 进程的父 Shell。

（3）方式三：source filename

source 命令（来源于 C Shell）等效于点命令（"."，来源于 Bourne Shell），是 Bash Shell 的内置命令，用于在当前 Shell 环境下读入并执行路径为 filename 的脚本文件（该文件可以没有执行权限）。即该命令不会启动一个新的 Shell 子进程，所有在脚本中设置的变量将成为当前 Shell 的一部分。

```
[root@openEulerZYC ~]# source demo.sh    // 执行 Shell 脚本 demo.sh
Hello World
当前的目录位于
/boot
其中以 vml 开头的文件包括
-rwxr-xr-x. 1 root root 10M  3月 27 08:00 vmlinuz-5.10.0-60.18.0.50.oe2203.x86_6 4
```

注意：由于 source 命令不会建立新的子 Shell，因此其读入的 Shell 脚本里所有新建、改变变量的语句都会保存在当前 Shell 中。

- 关于在后台执行 Shell 脚本

有时候一些脚本执行时间较长，命令行界面会被占用，因此可以在后台来执行脚本。

```
# ./my_script.sh &
```

使用上述方法,脚本进程会随着退出 Shell 而终止。可以通过将脚本的标准输出和标准错误输出重定向到文件 nohup.out 中,来保证脚本的持续运行,如下所示。

```
# nohup ./my_script.sh &
```

在后台执行的 Shell 脚本进程可以使用 jobs 命令来查看。

7.2 Shell 编程基础

7.2.1 文本流、重定向和管道

1. 文本流

文本流存在于 Linux 的每一个进程中,Linux 的每个进程启动时,会打开三个不同类型的文本流端口(交互式设备):标准输入、标准输出、标准错误输出,它们分别对应着一个进程的输入、输出和异常的抛出,相关说明见表 7-1。

表 7-1 不同类型的文本流端口说明

类　　型	描　　述	设备文件	文件描述编号	默认设备
标准输入	接受用户输入数据的设备	/dev/stdin	0	键盘
标准输出	向用户输出数据的设备	/dev/stdout	1	显示器
标准错误输出	报告执行出错信息的设备	/dev/stderr	2	显示器

在 Bash 中输入一串字符后,Bash 进程中的标准输入端口捕获命令行中的输入,进行处理后从标准输出端口中传出,回显在屏幕上。如果处理过程中发生异常,则会通过标准错误端口,将异常回显在屏幕上。

使用示例

观察标准输入、标准输出和错误输出。

```
# date                                    // 标准输入
2022 年 05 月 23 日 星期一 06:00:51 CST      // 标准输出
# dater                                   // 标准输入
-bash: dater：未找到命令                    // 标准错误输出
```

2. 重定向

在某些情况下,我们不需要使用标准的输入、输出默认设备,可以利用重定向操作来重新指定设备。

(1) 输入重定向

输入重定向的语法格式如下。

```
command < inputfile
```

内联输入重定向的语法格式如下。

```
command << string
> …
> …
> string
```

说明:把字符串 string 作为标准输入开始和结束的标识,其自身并不属于标准输入。

(2) 输出重定向

某些情况下,我们需要保存程序的输出,此时就可以通过重定向操作将程序的输出保存到指定的文件中。

输出重定向(覆盖)的语法格式如下。

```
command > outputfile
```

说明:将程序的标准输出覆盖文件内容。若文件不存在则创建该文件。

输出重定向(追加)的语法格式如下。

```
command >> outputfile
```

说明:将程序的标准输出追加至文件的末尾。若文件不存在则创建该文件。

重定向操作符及其说明见表 7-2。

表 7-2 重定向操作符及其说明

类　型	操作符	说　　明
输入重定向	<	从指定的文件读入数据
	<<	从即时输入的文本读入数据

续　表

类　型	操作符	说　　明
输出重定向	>	将输出结果保存到指定的文件(覆盖原有内容)
	>>	将输出结果追加到指定的文件末尾
错误输出重定向	2>	将错误信息保存到指定的文件(覆盖原有内容)
	2>>	将错误信息追加到指定的文件末尾
混合输出重定向	&>	将标准输出、标准错误的内容保存到同一个文件中

(3) 典型用法

使用以下命令行将输入的数据即时保存为一个文件。输入的数据可以是即时输入的文本(以字符串 string 作为起止标识)，也可以是一个文件(以字符串 string 为文件名)。

```
command << string >file
```

使用示例

示例 1： 练习输入重定向操作，使用 wc 命令统计文件中的行数。

```
# 以下将文件名 anaconda-ks.cfg 作为参数传给 wc 命令
# wc -l anaconda-ks.cfg
47 anaconda-ks.cfg
# 以下将文件 anaconda-ks.cfg 内容作为 wc 命令的输入
# wc -l < anaconda-ks.cfg
47
# 以下将文件/dev/null 的内容作为 wc 命令的输入
# wc -l < /dev/null
0
```

示例 2： 练习内联输入重定向操作，从键盘即时输入一段文本传给 less 命令。

```
# less << MARK              // 以 MARK 标记输入文本的起始
> input some text:          // 从键盘即时输入一段文本
> from item 1 to item 2
> MARK                      // 以 MARK 标记输入文本的结束
input some text:            // 标准输出
```

from item 1 to item 2
(END)

示例 3：将命令执行后产生的错误输出信息写入日志文件。

    # chattr ＋i /etc/shadow   // 锁定文件 shadow 的权限
    # lsattr /etc/shadow   // 查看文件 shadow 的权限已被锁定
    ----i---------e------ /etc/shadow

    # useradd test   // 测试
    useradd：无法打开 /etc/shadow   // 标准错误输出
    # useradd test 2＞/var/log/err.log   // 使用 2＞ 重定向错误输出到日志文件
    # cat /var/log/err.log   // 查看日志文件的内容
    useradd：无法打开 /etc/shadow

    # chattr -i /etc/shadow   // 解锁文件 shadow 的权限

示例 4：练习输入输出重定向操作，从键盘即时输入一段文本传给 cat 命令，并将 cat 命令的执行结果保存为文件 file1。

> # 以下以字符串"EOF"标记输入文本的起始，并将命令结果保存为 file1：
> # cat ＜＜ EOF ＞ file1

    ＞ input some text: // 从键盘即时输入一段文本
    ＞ from item 3 to item 4.
    ＞ EOF   // 以 EOF 标记输入文本的结束

    # 以下查看文件 file1 的内容是否为前面输入的文本内容：
    # cat file1
    input some text:
    from item 3 to item 4.

示例 5：练习输入输出重定向操作，用 cat 命令实现对文本文件 file1 的内容的拷贝。

    # 以下将文件 file1 的内容保存至文件 file2：
    # cat ＜ file1 ＞ /tmp/file2

```
# 以下查看文件 file2 的内容是否与 file1 相同：
# cat file2
input some text:
from item 3 to item 4.
```

3. 管道

在某些情况下，需要将一个命令的输出结果作为另一个命令的输入（处理对象），此时利用重定向操作实现比较复杂。管道(|)实际上是进程间通信的一种方式，它就像现实中的运输管路一样，可以连接两个命令的输入和输出，还可以串联多个命令。

管道的语法格式如下。

```
command1 | command2 [ | … | commandN ]
```

使用示例

示例 1： 从 /etc/passwd 文件中提取出每个用户的账户名和默认 Shell。

```
# 以下从 passwd 文件中筛选出以"bash"结尾的行：
# grep "bash$" /etc/passwd
root:x:0:0:root:/root:/bin/bash
teacher:x:1000:1000::/home/teacher:/bin/bash
```

```
# 从 passwd 文件以"bash"结尾的行中筛选出"账户名"和"默认 Shell"这两个字段
# grep "bash$" /etc/passwd | awk -F: '{print $1,$7}'
```

root /bin/bash
teacher /bin/bash

说明：(1) 正则表达式"三剑客"命令及其主要作用如下。
- grep egrep　　过滤关键字。
- sed　　　　　按行读取数据。
- awk　　　　　按列读取数据。

(2) awk 命令的"-F"选项用于指定分隔符，默认以制表符或空格为分隔符。在上例中，命令"awk -F: '{print $1,$7}'"用来打印文本的每一行中以":"分隔出的第一列和第七列。

示例 2： 查看当前已挂载文件系统的类型及使用率。

```
# df -Th
文件系统                          类型          容量     已用    可用    已用%    挂载点
devtmpfs                        devtmpfs     452M    0       452M    0%       /dev
tmpfs                           tmpfs        469M    0       469M    0%       /dev/shm
tmpfs                           tmpfs        188M    5.5M    182M    3%       /run
tmpfs                           tmpfs        4.0M    0       4.0M    0%       /sys/fs/cgroup
/dev/mapper/openeuler-root      ext4         69G     2.3G    63G     4%       /
tmpfs                           tmpfs        469M    4.0K    469M    1%       /tmp
/dev/sda1                       ext4         974M    88M     819M    10%      /boot
/dev/mapper/openeuler-home      ext4         125G    44K     119G    1%       /home
```

```
# df -Th | awk '{print $1,$2,$6}'
文件系统                          类型          已用%
devtmpfs                        devtmpfs     0%
tmpfs                           tmpfs        0%
tmpfs                           tmpfs        3%
tmpfs                           tmpfs        0%
/dev/mapper/openeuler-root      ext4         4%
tmpfs                           tmpfs        1%
/dev/sda1                       ext4         10%
/dev/mapper/openeuler-home      ext4         1%
```

在上述两例中,awk 命令调用的 $N 是位置变量,本章后续会作具体介绍。

7.2.2 Shell 变量及运算

1. Shell 中的特殊字符

和其他编程语言一样,Shell 也有一些保留字(特殊字符),在编写脚本时需要注意。Shell 中的特殊字符及其具体说明见表 7-3。

表 7-3 Shell 中的特殊字符及其具体说明

特殊字符	名称	说明
#	注释符	在 Shell 文件第一行的首部标记解释器,如:#!/bin/sh; 在 Shell 文件其他行的首部作为注释使用,该行后面的内容不会被执行

续 表

特殊字符	名 称	说 明
' '	单引号(强引用)	单引号包裹的内容被视为单一字符串,禁止变量扩展。即单引号中的所有字符包括变量和特殊字符都将被解释为该字符本身
" "	双引号(弱引用)	双引号包裹的内容允许变量扩展。即双引号中的变量和特殊字符都会被展开,如通过"$""'""\"等特殊字符可以调用变量的值、引用命令、实现字符转义等
` `	反引号 / 撇号(命令引用)	命令替换,提取命令执行后的输出结果。 `command` 相当于 $(command)
\	转义符(脱逸符)	放在特殊字符之前,使特殊字符失去特殊含义,仅表示特殊字符本身,这在字符串中常用。如:\$ 将输出"$"本身,而不是作为变量引用; 放在一行命令的末端,表示紧接着的回车无效(转义了 Enter 键操作),后继新行的输入仍然作为当前命令的一部分
/	路径分隔符 运算符	作为路径分隔符,以斜杠(根目录)开头的路径为绝对路径; 作为运算符,表示除法符号,如:a=4/2
!	表示反逻辑(逻辑非)	表示反逻辑,如:"!="表示不等于; 表示取反,如:命令"ls a[!0-9]"列出以 a 开头且后面不紧接一个数字的文件

使用示例

示例 1:练习并观察各类特殊字符在 Shell 程序中的作用。

```
# VAR=123
# VAR1='zyc $VAR'          // 单引号中的字符 $ 视作普通字符
# VAR2="zyc $VAR"          // 双引号中的字符 $ 有特殊含义
# echo $VAR1
zyc $VAR
# echo $VAR
zyc 123
# unset VAR                // 从内存中删除变量 VAR
# echo $VAR                // 验证变量 VAR 是否被删除
                           // 变量 VAR 未定义,则返回空值

# ps aux | wc -l           // 统计命令"ps aux"输出结果的行数
190
```

```
# num=`ps aux | wc -l`          // 以 ps 命令的结果为自定义变量 num 赋值
# echo $ num                     // 显示变量 num 的值
191
# num=$(ps aux | wc -l)          // 以 ps 命令的结果为自定义变量 num 赋值
# echo $ num                     // 显示变量 num 的值
191
# echo \$ num                    // 显示字符串"$ num"本身
$ num
```

注意：脚本中的变量在脚本运行完以后会被自动释放，一般不需要使用 unset 手动释放，一个脚本类似于编程语言中一段被{ }括起来的代码段，管理变量生命周期时拥有类似"栈"的作用。

示例 2： 练习并观察使用花括号{ }的形式使变量扩展正确运行。

```
# first_=Jane
# first=john
# last=Doe
# echo $ first_$ last
JaneDoe
# echo ${first}_$ last
john_Doe
```

示例 2 中，如果不使用花括号，Bash 会将 $ first_$ last 解释为变量 $ first_后跟变量 $ last，而不是由_字符分隔的变量 $ first 和 $ last。

2. Shell 变量

变量用于为程序传递特定参数，任何编程语言都包含变量这个要素。通过一个变量，我们可以使用 Shell 脚本在一块内存区域中存储数据，也可以引用一块内存区域中的数据，变量名就相当于这块内存区域上贴的一个标签。Shell 与其他强类型的编程语言如 C、Java、C++等差异很大：Shell 中的变量是无类型的。变量值能够根据用户设置、系统环境的变化而变化。

（1）变量的定义与赋值

变量的定义就是以固定的名称存放可以变化的值。变量的定义与赋值有如下两种方式。

方式一：variable=value。

语法说明如下。

- 变量命名规则：变量名使用固定的名称，由系统预设或用户定义。变量名由数字、字母、下划线等组成，但不允许以数字开头，大小写字母敏感。注意不能使用

Shell 里的关键字作为变量名，如 ls、cd 等。
- 赋值号"="用于对变量赋值，注意其两边不能有空格。
- 如有必要，也可以使用 declare 关键字显式定义变量的类型。
- 为变量赋值时通常使用引号括起来。在赋字符串值时，建议用单引号或双引号将其括起来（尤其是字符串中存在分隔符的情况）；在嵌入一条命令（命令替换）时，建议用反引号或者 $( ) 将其括起来，当需要多层嵌套命令时，建议使用形如"$($(command))"的方式。

使用示例

示例 1：为变量赋值，并将变量的值显示在屏幕上。

```
# a ='Hello World'              // 将字符串值赋予变量 a
# echo $a                       // 在 echo 命令中引用变量 a 的值
Hello World

# VAR = 123                     // 将整数值赋予变量 VAR
# echo $VAR                     // 在 echo 命令中引用变量 VAR 的值
123
```

```
# 以下均为错误的变量赋值方式：
# VAR1 = 456                    // 等号左边有空格
-bash: VAR1：未找到命令
# VAR1= 789                     // 等号右边有空格
-bash: 789：未找到命令
# VAR1 = 123                    // 等号两边有空格
-bash: VAR1：未找到命令
# 1VAR = 456                    // 变量名以数字开头
-bash: 1VAR = 456：未找到命令
```

示例 2：在命令中调用 date 命令的结果。

```
# echo `date`                   // 在 echo 命令中调用 date 命令输出值
2022 年 05 月 23 日 星期一 11:49:28 CST
# echo $(date)                  // 解释同上
2022 年 05 月 23 日 星期一 11:49:39 CST
# echo `date + "%Y-%m-%d"`      // 在 echo 命令中调用 date 命令输出值
```

2022-05-23

＃date命令用于显示或设置系统日期和时间。+"%Y-%m-%d"为格式化输出（当前日期）

示例3：练习嵌套使用$( )来调用其他命令的结果。

```
# find / -name *.sh              // 查找所有名为*.sh的文件
/root/demo.sh
/tmp/script/demo.sh


# 嵌套使用命令，打包压缩所有*.sh文件为script.tar.gz，并以长格式列出这些文件
# ll $(tar zcvf script.tar.gz $(find / -name *.sh))
tar: 从成员名中删除开头的"/"
tar: 从硬连接目标中删除开头的"/"
-rw-r--r--. 1 root root 97  5月 23 10:24 /root/demo.sh
-rwxr-xr-x. 1 root root 57  5月 22 22:20 /tmp/script/demo.sh

# ls                              // 列出打包压缩后的文件
anaconda-ks.cfg  demo.sh  file1  file2  script.tar.gz
```

方式二：使用read命令从标准输入中读入一行(各参数以空格分隔)，分解储存若干部分，分别复制给read命令后面的变量名列表中各对应的变量。

语法格式如下。

read [-p "提示信息"] 变量名列表

说明：read命令中的各变量名以空格分隔。

使用示例

示例1：从键盘读取变量a的值，并将其显示在屏幕上。

```
[root@openEulerZYC ~]# vim demo.sh
#! /bin/bash
#This is a test
read -p "请输入一个整数:" a        // 将从键盘读取的内容赋值给变量a
```

```
echo "你的成绩为 $a"
```

[root@openEulerZYC ~]# sh demo.sh
请输入一个整数:1024
你的成绩为 1024

示例 2: 从键盘读取密码信息,要求键盘输入的信息不能显示在屏幕上。

```
# 在 read 后面加上-s 选项即为密文输入
[root@openEulerZYC ~]# read -s -p "your password:" passwd
your password:[root@openEulerZYC ~]# echo $passwd
petcat

# 以下在 read 命令后面接-t secs 来设置等待输入的时间
[root@openEulerZYC ~]# read -t 10 -s -p "your password:" passwd
your password:[root@openEulerZYC ~]# echo $passwd
                          // 在 10 秒内未输入,故变量未定义
[root@openEulerZYC ~]#
```

说明:-s 选项可以避免在 read 命令中输入的数据显示出来(实际上,数据会被显示,只是 read 命令会将文本颜色设成跟背景色一样)。注意,-s 选项要紧跟着 read 命令。

(2) 变量作用域及类型

在 Linux Shell 中,依据作用域不同,变量总体上分为全局变量和局部变量。全局变量作用于整个 Shell 会话及其所有子 Shell;局部变量仅作用于定义它们的进程及其子进程内。

变量具体分为以下几种类型。

① **环境变量:** 环境变量属于全局变量,由操作系统提前创建、维护并用于设置用户的工作环境,存储在配置文件/etc/profile、~/.bash_profile 中。环境变量在 Shell 启动时就已定义好,用户也可以重新定义。环境变量的名称通常为大写。

使用示例

示例 1: 配置和查看系统配置文件和环境变量。

```
[root@openEulerZYC ~]# env          // 列出当前用户的所有环境变量
SHELL=/bin/bash
HISTCONTROL=ignoredups
HISTSIZE=1000
```

HOSTNAME = openEulerZYC

PWD = /root

LOGNAME = root

MOTD_SHOWN = pam

HOME = /root

LANG = zh_CN.UTF-8

SSH_CONNECTION = 192.168.0.100 3404 192.168.0.105 22

SELINUX_ROLE_REQUESTED =

TERM = xterm

USER = root

SELINUX_USE_CURRENT_RANGE =

SHLVL = 1

SSH_CLIENT = 192.168.0.100 3404 22

PATH = /usr/local/sbin:/usr/local/bin:/usr/sbin:/usr/bin:/root/bin

SELINUX_LEVEL_REQUESTED =

MAIL = /var/spool/mail/root

SSH_TTY = /dev/pts/0

_ = /usr/bin/env

[root@openEulerZYC ~]# printenv PATH   // 查看特定的环境变量
/usr/local/sbin:/usr/local/bin:/usr/sbin:/usr/bin:/root/bin

[root@openEulerZYC ~]# a = 0426   // 在当前 Shell 下定义变量 a
[root@openEulerZYC ~]# echo $a
0426
[root@openEulerZYC ~]# bash   // 启动一个新的 Shell 子进程
…
由于变量 a 不是一个全局变量，因而在新的 Shell 下未获得定义：
[root@openEulerZYC ~]# echo $a

[root@openEulerZYC ~]# exit   // 退出新的 Shell，返回原父 Shell
exit
[root@openEulerZYC ~]# export a   // 将变量 a 导出为一个环境变量
[root@openEulerZYC ~]# bash   // 再次启动一个新的 Shell 子进程
…

```
[root@openEulerZYC ~]# echo $a        // 此时在新的Shell下可以使用变量a
0426
[root@openEulerZYC ~]# exit           // 退出新的Shell,返回原父Shell
exit
```

/etc/profile 是系统的配置文件,所有用户共享:
```
[root@openEulerZYC ~]# vim /etc/profile
...
b=1000                                // 在文件的最后新增一行,定义变量b
[root@openEulerZYC ~]# echo $b        // 此时变量b尚未获得定义
```
以下通过 source 命令在当前 Shell 环境下执行 profile,更新其中的变量:
```
[root@openEulerZYC ~]# source /etc/profile
```
...
```
[root@openEulerZYC ~]# echo $b
1000                                  // 此时变量b已获得定义
[root@openEulerZYC ~]# bash           // 启动一个新的Shell子进程
...
```
由于变量 b 不是一个全局变量,且新的 Shell 是一个非交互非登录的 Shell(不会读取任何配置文件的内容),故变量b在新的Shell下未获得定义:
```
[root@openEulerZYC ~]# echo $b

[root@openEulerZYC ~]# exit           // 退出新的Shell,返回原父Shell
exit
```
以 su - 的方式切换到root,会打开一个登录的Shell,此时会自动读取/etc/profile:
```
[root@openEulerZYC ~]# su - root
```
...
```
[root@openEulerZYC ~]# echo $b        // 此时变量b已获得定义
1000
[root@openEulerZYC ~]# useradd test   // 新建一个用户test
[root@openEulerZYC ~]# su - test      // 以登录的方式切换到该用户
...
[test@openEulerZYC ~]$ echo $b
```

```
1000                                    // 变量 b 仍然生效
[test@openEulerZYC ~]$ exit             // 退出用户 test
logout
```

示例 2：在当前 Shell 中设置变量 VAR，观察该变量的作用域及其影响。

```
[root@openEulerZYC ~]# VAR = 123        // 在当前 Shell 中设置变量 VAR 的值
[root@openEulerZYC ~]# echo $VAR        // 在当前 Shell 下引用变量 VAR 的值
123

[root@openEulerZYC ~]# vim a.sh         // 编写 Shell 脚本，显示变量 VAR 的值
#! /bin/bash
echo $VAR

[root@openEulerZYC ~]# echo $VAR        // 在当前 Shell 下引用变量 VAR 的值
123

# 使用命令 sh 打开一个新的 Shell 子进程，在该子 Shell 下无法获得变量 VAR 的定义
[root@openEulerZYC ~]# sh a.sh

# 将当前 Shell 中的变量 VAR 导出为一个环境变量，则在子 Shell 下可以引用
[root@openEulerZYC ~]# export VAR = 456
[root@openEulerZYC ~]# env | grep VAR   // 查看环境变量 VAR 的值
VAR = 456
[root@openEulerZYC ~]# sh a.sh
456
```

示例 3：查看和配置用户变量。

```
# ~/.bash_profile 是用户独享的配置文件
[root@openEulerZYC ~]# vim .bash_profile
# 在文件最后新增如下一行，定义变量 VAR（已知该变量原有赋值为 123456789）
VAR = 12345678

[root@openEulerZYC ~]# echo $VAR        // 此时变量 VAR 未获更新，仍保持原值
```

```
123456789
# 使用 source 命令执行脚本.bash_profile,更新变量:
[root@openEulerZYC ~]# source .bash_profile
...
[root@openEulerZYC ~]# echo $VAR
12345678                              // 此时变量 VAR 已更新


[root@openEulerZYC ~]# bash      // 启动一个新的 Shell 子进程
# 由于变量 VAR 不是一个全局变量,且子 Shell 是一个非交互非登录的 Shell,
故变量 VAR 在该子 Shell 下未获得定义
[root@openEulerZYC ~]# echo $VAR


[root@openEulerZYC ~]# exit     // 退出新的 Shell,返回原父 Shell
exit


# 以登录的方式切换到用户 root,此时会自动读取.bash_profile 文件:
[root@openEulerZYC ~]# su - root
...
[root@openEulerZYC ~]# echo $VAR   // 此时变量 VAR 获得更新
12345678
[test@openEulerZYC ~]$ exit     // 退出当前的 Shell
logout
```

设置与显示环境变量的方法如下。

- 设置环境变量:使用 export 语句可以把变量定义为全局变量。格式为:"export 变量名"或"export 变量名=变量值"。不加参数的 export 命令可以显示当前被导出成全局变量的 Shell 变量,并显示变量的属性(是否只读),按变量名称排序。
- 显示环境变量:使用 printenv 命令和 env 命令都可以列出当前用户的环境变量及其赋值,使用 printenv 命令或"echo $变量名"还可以查看特定的环境变量及其赋值。常见的环境变量有:PATH、PWD、USER、UID、HOME、SHELL、PS1 等。

注意:如果在一个创建的会话中不小心修改了环境变量的值并且不知道怎么改回来,可以通过重新创建一个新会话的方法,将之前的会话中临时修改的变量恢复回来。

② **位置变量**:位置变量是 Shell 的内置变量,用于在命令行、函数或脚本中传递参

数。位置变量用"＄N"或"＄{N}"表示：N 表示参数的序数。＄1～＄9 返回接收到前 9 个位置参数，第 9 个之后的位置参数需要用{ }把序数括起来，例如：＄{10}。

> **使用示例**

示例 1：在/root 目录下新建 3 个脚本文件：n1.sh、n2.sh、ex.sh，执行脚本 ex.sh。

```
[root@openEulerZYC ~]# vim n1.sh
#!/bin/bash
main()
{
        printf("Begin \n");
}


[root@openEulerZYC ~]# vim n2.sh
#!/bin/bash
#include <stdio.h>
{
        printf("OK! \n");
}


[root@openEulerZYC ~]# vim ex.sh
#!/bin/bash
# ex.sh:shell script to combine files and count lines
cat $1 $2 $3 $4 $5 $6 $7 $8 $9|wc -l    // 统计输入的几个文件的文本的总行数

[root@openEulerZYC ~]# sh ex.sh n1.sh n2.sh
10
```

示例 2：通过位置变量把参数传递给 Shell 脚本，执行脚本观察结果。

```
[root@openEulerZYC ~]# vim a.sh
#!/bin/bash
VAR=$[$1+$2]      // 将位置变量＄1 和＄2 的和赋给 VAR
echo $VAR
```

```
[root@openEulerZYC ~]# sh a.sh        // 未传入两个位置变量,报错
a.sh:行2: +: 语法错误: 需要操作数（错误符号是"+"）
[root@openEulerZYC ~]# sh a.sh 3      // 未传入第二个位置变量,报错
a.sh:行2: 3+: 语法错误: 需要操作数（错误符号是"+"）
[root@openEulerZYC ~]# sh a.sh 3 4    // 传入两个位置变量,成功
7
```

说明：算术扩展$[ ]仅用于整数的算术运算。当脚本认为位置变量中会有数据而实际上并没有时,脚本很有可能会产生错误消息。

示例3：通过位置变量编写一个创建用户和密码的脚本。该脚本命令传入一个参数作为创建用户的用户名,设置该用户的密码为"用户名_1234",并将该用户加入名为"用户名_group"的组中。

```
[root@openEulerZYC ~]# vim user_group_add.sh
#! /bin/bash
groupadd ${1}_group
useradd -G ${1}_group $1
echo "$1_1234"| passwd --stdin $1      // 以非交互形式设置密码
id $1

[root@openEulerZYC ~]# chmod u+x user_group_add.sh
[root@openEulerZYC ~]# ./user_group_add.sh petcat
更改用户 petcat 的密码。
passwd：所有的身份验证令牌已经成功更新。
用户 id=1002(petcat) 组 id=1004(petcat) 组=1004(petcat),1003(petcat_group)
```

shift命令会根据命令行参数的相对位置来对其进行移动。使用shift命令时,默认情况下它会将每个参数向左移动一个位置。这是一个帮助我们遍历的好方法。

③ **预定义变量**：系统的预定义变量与前面介绍的环境变量相似,也是Shell的内置变量,在Shell启动时就定义好了。与环境变量不同的是,用户不能直接修改预定义变量,只能使用这些变量。所有预定义变量都是由"$"符号和另一个符号组成的,位置变量也可以看作一种预定义变量。常用的Shell预定义变量特殊字符及其说明见表7-4。

表 7‑4　常用的 Shell 预定义变量特殊字符及其说明

特殊字符	说　　　明
$ 0	当前执行的 Shell 脚本文件名（进程名）
$ #	脚本、函数、命令携带的参数的个数
$ ｛! #｝	如有参数，则返回接收到的最后一个参数，否则返回脚本文件名本身
$ * 和 $ @	都可以用来访问脚本、函数、命令携带的所有参数，但两者含义略有区别： 变量 $ * 会将接收到的所有参数当作一个单词保存； 变量 $ @ 会将接收到的所有参数当作同一字符串中的多个独立的单词
$?	上一条命令的退出状态码，或函数的返回值 0 表示执行正常，非 0 值表示执行异常或出错
$ $	当前 Shell 进程的 ID。对于 Shell 脚本，就是这些脚本所在的进程 ID
$!	后台运行的最后一个进程的 ID

使用示例

示例 1：通过预定义变量编写一个备份指定文件的脚本。

```
[root@openEulerZYC ~]# vim mybak.sh
#!/bin/bash
TARFILE=bak.`date +%Y-%m-%d`.tgz        // 设置备份生成的文件名称
tar czf $TARFILE $* &>/dev/null         // 对指定的文件（$ *）进行备份
echo "已执行脚本文件：$0"
echo "共完成 $# 个对象的备份"
echo "具体内容包括：$@"

[root@openEulerZYC ~]# chmod +x mybak.sh
# 执行脚本文件，观察预定义变量的值
[root@openEulerZYC ~]# ./mybak.sh /etc/passwd /etc/shadow
已执行脚本文件：./mybak.sh
共完成 2 个对象的备份
具体内容包括：/etc/passwd /etc/shadow
```

说明：可以把 /dev/null 看作一个拥有无限容量的目录，所有不再使用的文件都可以放到里面，一旦放进去，无法找回，须谨慎使用。与 /dev/null 类似的还有 /dev/zero，可以把它看作一个无限大的文件。这两个设备文件都用于测试。

示例 2：练习并观察预定义变量＄＊和＄@的区别。

[root@openEulerZYC ~]# vim test.sh   // 编写脚本，测试两种变量之间的区别

＃！/bin/bash

echo "Test \＄@:＄@"

count1＝1

for num in "＄@"   // 用 for 循环遍历读取的每个参数

do

  echo "第＄count1 个参数：＄num"

  count1＝＄[＄count1＋1]

done

echo "Test \＄＊:＄＊"

count2＝1

for num in "＄＊"   // 用 for 循环遍历读取的每个参数

do

  echo "第＄count2 个参数：＄num"

  count1＝＄[＄count2＋1]

Done

[root@openEulerZYC ~]# chmod u+x test.sh

[root@openEulerZYC ~]# ./test.sh cathy vivian miya andy

Test ＄@:cathy vivian miya andy
第 1 个参数：cathy
第 2 个参数：vivian
第 3 个参数：miya
第 4 个参数：andy
Test ＄＊:cathy vivian miya andy
第 1 个参数：cathy vivian miya andy

④ **自定义变量**：除了系统定义的环境变量外，用户还可以按照一定的语法规则自行定义、修改和使用变量。自定义变量默认为局部变量，也可以定义为全局变量。

设置自定义变量有以下两种方式。

方式一：variable＝value。

方式二：readonly variable＝value(用于定义只读变量，只读变量的值在后面的代码中不允许被修改)。

方式三：export variable＝value(用于定义全局变量，全局变量定义后，在 Shell 运行的所有命令或程序中都可以被访问)

<u>前两种方式定义的变量都只是当前 Shell 的局部变量，因此，不能被在 Shell 中运行的其他命令或 Shell 程序访问(即该变量只能在当前代码文件中使用)。</u>

显示自定义变量：set 命令是 Shell 的内置命令，用于查看当前 Shell 进程的所有变量和函数，执行结果如图 7-4 所示，还可以查看某特定 Shell 进程中的所有变量和函数，包括用户的环境变量和局部变量，执行结果按变量名称排序。对于定义为全局的变量，可以使用 printenv 命令和 env 命令列出。

```
BASH=/bin/bash
BASHOPTS=checkwinsize:cmdhist:complete_fullquote:expand_aliases:extglob:extquote:f
orce_fignore:globasciiranges:histappend:interactive_comments:login_shell:progcomp:
promptvars:sourcepath
BASHRCSOURCED=Y
BASH_ALIASES=()
BASH_ARGC=([0]="0")
BASH_ARGV=()
BASH_CMDS=()
BASH_COMPLETION_VERSINFO=([0]="2" [1]="11")
BASH_LINENO=()
BASH_SOURCE=()
BASH_VERSINFO=([0]="5" [1]="1" [2]="8" [3]="1" [4]="release" [5]="x86_64-openEuler
-linux-gnu")
BASH_VERSION='5.1.8(1)-release'
COLUMNS=82
DIRSTACK=()
EUID=0
GLUSTER_BARRIER_OPTIONS=$'\n            {enable},\n            {disable}\n'
GLUSTER_COMMAND_TREE=$'\n{gluster [\n            \n          {volume [\n
{add-brick\n                          {__VOLNAME}\n                      },\n
    {barrier\n                          {__VOLNAME\n                           [
\n          {enable},\n          {disable}\n ]\n                          }\n
        },\n                  {clear-locks\n                          {__VOLNAME}\n
            },\n                  {create},\n                  {delete\n
          {__VOLNAME}\n                  },\n                  {geo-replication\n
                  [ \n          {__VOLNAME [\n            {__SECONDARYURL [\n
:
```

图 7-4　set 命令执行结果

(3) 变量的引用/访问

变量的引用/访问有如下两种方式。

方式一：＄变量名。

说明：引用/访问变量的值。

方式二：＄{变量名}。

说明：引用/访问变量的值且需要接其他数据。

3. Shell 的算术运算

默认情况下，Shell 不会直接进行算术运算（数学计算），而必须使用数学计算命令/操作符。

（1）Shell 的算术扩展

算术扩展的语法格式如下。

$[表达式]

说明：① 算术扩展可用于执行简单的整数运算。VAR＝$[$1＋$2]等效于((VAR＝$1＋$2)) 或 VAR=`expr $1 ＋ $2`。

② expr 命令用于算术运算的语法格式为"expr 变量1 算术运算符 变量2[算术运算符 变量3…]"，注意算术运算符左右两边要有空格。

使用示例

示例 1：在 Shell 中进行整数运算。

```
[root@openEulerZYC ~]# echo 1 + 2           // 无法直接计算
1 + 2
[root@openEulerZYC ~]# a = 23
[root@openEulerZYC ~]# b = $a + 34          // 无法直接计算
[root@openEulerZYC ~]# echo $b
23 + 34
[root@openEulerZYC ~]# b = 90
[root@openEulerZYC ~]# c = $a + $b          // 无法直接计算
[root@openEulerZYC ~]# echo $c
23 + 90
[root@openEulerZYC ~]# echo $[1.1 + 2.2]    // 只能计算整数
-bash: 1.1 + 2.2：语法错误：无效的算术运算符（错误符号是".1 + 2.2"）
[root@openEulerZYC ~]# echo $[1 * 2]        // $[算式]相当于((算式))
2
[root@openEulerZYC ~]# COUNT = 1; echo $[$[$COUNT + 1] * 2]
4
[root@openEulerZYC ~]# echo $(expr 3 + 3)
6
[root@openEulerZYC ~]# sum =`expr 3 + 3`// 单引号
[root@openEulerZYC ~]# echo $sum
```

```
expr 3 + 3
[root@openEulerZYC ~]# sum=`expr 3 + 3`    // 反引号,命令相当于$[命令]
[root@openEulerZYC ~]# echo $sum
6
[root@openEulerZYC ~]# sum=`expr 3 + 3`    // 运算符两边不能有空格
[root@openEulerZYC ~]# echo $sum
3+3
```

在默认情况下,Bash Shell 不会区分变量类型,如果不特别指明,每一个数值或变量的值都会以字符串的形式存储,无论给变量赋值时有没有使用引号。因此,Shell 会把运算符直接当作字符串连接符,最终的结果是把两个字符串拼接在一起形成一个新的字符串。Shell 的这一特点和大部分的编程语言不同,也往往造成初学者的困惑。

示例 2: 在 Shell 中计算一天的秒数。

```
[root@openEulerZYC ~]# SEC_PER_MIN=60
[root@openEulerZYC ~]# MIN_PER_HR=60
[root@openEulerZYC ~]# HR_PER_DAY=24
[root@openEulerZYC ~]# SEC_PER_DAY=$[ $SEC_PER_MIN * $MIN_PER_HR * $HR_PER_DAY ]
[root@openEulerZYC ~]# echo "There are $SEC_PER_DAY seconds in a day"
There are 86400 seconds in a day
```

(2) 算术运算符及其优先级

执行算术运算离不开各种运算符号。和其他编程语言类似,Shell 也有很多算术运算符。常见的 Shell 算术运算符及其见表 7-5。在表中,算术运算符按其优先级由高到低顺序自上而下排序。

表 7-5 常见的 Shell 算术运算符及其说明

算 术 运 算 符	说　　明
<VARIABLE>++、<VARIABLE>--	变量后置递增(自增)和变量后置递减(自减)
++<VARIABLE>、--<VARIABLE>	变量前置递增(自增)和变量前置递减(自减)
**	幂运算
*、/、%	乘法、除法、求余(取模)
+、-	加法、减法

> 💡 **使用示例**

练习并观察运算符"＋＋""--"的前置与后置的区别，其变量值输出是否一样。

```
[root@openEulerZYC ~]# i=3
[root@openEulerZYC ~]# echo $[$i]
3
[root@openEulerZYC ~]# echo $[i]
3
[root@openEulerZYC ~]# echo $[i++]
3
[root@openEulerZYC ~]# echo $[++i]
5
[root@openEulerZYC ~]# echo $i
5
```

i＋＋是开辟一个变量来保存 i 的值并返回，然后让 i 这个变量的值＋1。而＋＋i 是直接把 1 加到 i 这个变量的空间中去，并返回这个空间中的值，没有开辟任何临时变量，性能更高。在上例中返回的变量是 i，所以有这样的差异。

（3）数学计算命令

在 Shell 中必须使用命令/操作符进行数学计算。Shell 中常用的六种数学计算命令/操作符及说明见表 7-6。

表 7-6　Shell 中常用的六种数学计算命令/操作符及说明

计算命令/计算操作符	说　　明
(( ))	用于整数运算，效率很高，推荐使用
let	用于整数运算，和 (( )) 类似
$[ ]	用于整数运算，不如 (( )) 灵活
expr	可用于整数运算，也可以处理字符串。使用时需要注意各种细节
bc	Linux 下的一个计算器程序，可以处理整数和小数。Shell 本身只支持整数运算，要计算小数就得使用 bc 这个外部的计算器。推荐使用
declare -i	将变量定义为整数，然后再进行数学运算时就不会被当作字符串了。功能有限，仅支持最基本的数学运算（加减乘除和求余），不支持逻辑运算、自增自减等，所以在实际开发中很少使用

使用示例

示例 1：在 Shell 中使用各种数学计算命令/操作符计算整数算式的值。

```
[root@openEulerZYC ~]# let VAR = 1 + 2
[root@openEulerZYC ~]# echo $VAR
3

[root@openEulerZYC ~]# ((VAR = 3 + 4))
[root@openEulerZYC ~]# echo $VAR
7

[root@openEulerZYC ~]# VAR = $[5 + 6]
[root@openEulerZYC ~]# echo $VAR
11

[root@openEulerZYC ~]# VAR = `expr 7 + 8`
[root@openEulerZYC ~]# echo $VAR
15
```

示例 2：使用 Linux 的数学计算命令 bc 计算小数算式的值。

```
[root@openEulerZYC ~]# bc
bc 1.07.1
Copyright 1991-1994, 1997, 1998, 2000, 2004, 2006, 2008, 2012-2017 Free Software Foundation, Inc.
This is free software with ABSOLUTELY NO WARRANTY.
For details type 'warranty'.
1 + 2.2                    // 输入带小数的算式
3.2                        // 输出计算结果
```

7.2.3 条件测试

1. 条件测试的语法格式

在 Shell 程序中，进行条件测试通常使用以下的语法格式。

[测试表达式]

注意：在上面的格式中，中括号"[ ]"与测试表达式之间必须有一个空格来分隔。

2．判断命令执行结果

执行任何 Linux 命令后都可能存在两种状态：正确或错误。若前一条命令正确执行，则返回的状态值为 0；若返回值非 0，则表示执行前一条命令出错。

使用预定义变量"＄?"可返回命令执行后的状态。在 Shell 程序中可以根据预定义变量"＄?"的值，来判断前一条命令执行是否正确。

3．判断文件/目录

判断文件/目录的操作符及说明见表 7-7。

表 7-7　判断文件/目录的操作符及说明

操作符	说　　　明
[-a FILE]	如果 FILE 存在，则返回为真
[-b FILE]	如果 FILE 存在且为块设备文件，则返回为真
[-c FILE]	如果 FILE 存在且为字符设备文件，则返回为真
[-d FILE]	如果 FILE 存在且为目录，则返回为真
[-e FILE]	如果 FILE 存在，则返回为真
[-f FILE]	如果 FILE 存在且为普通文件，则返回为真
[-g FILE]	如果 FILE 存在且设置了 SGID 位，则返回为真
[-h FILE]	如果 FILE 存在且为符号链接文件，则返回为真（该选项在一些老系统上无效）
[-k FILE]	如果 FILE 存在且设置了 sticky 位，则返回为真
[-p FILE]	如果 FILE 存在且为命令管道，则返回为真
[-r FILE]	如果 FILE 存在且可读，则返回为真
[-s FILE]	如果 FILE 存在且大小非零（至少有一个字符），则返回为真
[-u FILE]	如果 FILE 存在且设置了 SUID 位，则返回为真
[-w FILE]	如果 FILE 存在且可写，则返回为真
[-x FILE]	如果 FILE 存在且可执行，则返回为真
[-O FILE]	如果 FILE 存在且属有效用户 ID，则返回为真
[-G FILE]	如果 FILE 存在且默认组为当前组，则返回为真（只检查系统默认组）

续 表

操作符	说　　明
［-L FILE］	如果 FILE 存在且为符号链接文件，则返回为真
［-S FILE］	如果 FILE 存在且为套接字，则返回为真
［FILE1 -nt FILE2］	如果 FILE1 比 FILE2 新，或者 FILE1 存在但是 FILE2 不存在，则返回为真
［FILE1 -ot FILE2］	如果 FILE1 比 FILE2 旧，或者 FILE2 存在但是 FILE1 不存在，则返回为真
［FILE1 -ef FILE2］	如果 FILE1 和 FILE2 指向相同的设备和节点号，则返回为真

4. 判断数值

判断数值的操作符及说明见表 7-8。

表 7-8　判断数值的操作符及说明

操作符	说　　明
［INT1 -eq INT2］	如果 INT1 和 INT2 两数值相等，则返回为真。与高级程序语言中的"＝＝"类似
［INT1 -ne INT2］	如果 INT1 和 INT2 两数值不相等，则返回为真。与高级程序语言中的"！＝"或"＜＞"类似
［INT1 -gt INT2］	如果 INT1 大于 INT2，则返回为真。与高级程序语言中的"＞"类似
［INT1 -ge INT2］	如果 INT1 大于等于 INT2，则返回为真。与高级程序语言中的"＞＝"类似
［INT1 -lt INT2］	如果 INT1 小于 INT2，则返回为真。与高级程序语言中的"＜"类似
［INT1 -le INT2］	如果 INT1 小于等于 INT2，则返回为真。与高级程序语言中的"＜＝"类似

5. 判断字符串

判断字符串的操作符及说明见表 7-9。

表 7-9　判断字符串的操作符及说明

操作符	说　　明
［-z STRING］	如果 STRING 的长度为零，则返回为真。即空是真
［-n STRING］	如果 STRING 的长度非零，则返回为真。即非空是真
［STRING1］	如果 STRING1 的长度非零，则返回为真。即非空是真，与-n 类似
［STRING1 ＝＝ STRING2］	如果两个字符串相同，则返回为真

续　表

操作符	说　　明
［STRING1！＝STRING2］	如果两个字符串不相同，则返回为真
［STRING1＜STRING2］	如果"STRING1"字典排序在"STRING2"前面，则返回为真
［STRING1＞STRING2］	如果"STRING1"字典排序在"STRING2"后面，则返回为真

6．判断逻辑

判断逻辑的操作符及说明见表 7-10。

表 7-10　判断逻辑的操作符及说明

操作符	说　　明
［！EXPR］	逻辑非，如果 EXPR 为 false 则返回为真（对已有逻辑值取反）
［EXPR1 -a EXPR2］	逻辑与，如果 EXPR1 为 true 并且 EXPR2 为 true 则返回为真（当两个测试条件都成立时才返回真值）
［EXPR1 -o EXPR2］	逻辑或，如果 EXPR1 为 true 或者 EXPR2 为 true 则返回为真（只要两个测试条件中有一个条件成立就返回真值）
［　］‖［　］	逻辑或，用‖来合并两个条件
［　］&&［　］	逻辑与，用&&来合并两个条件

在表 7-10 中，前三个为逻辑操作符，后两个操作符用于连接多个测试条件。

说明：当多个逻辑操作符同时出现时，其优先级为"！"最高，"-a"次之，"-o"最低。

7.2.4　流程控制语句

在 Shell 脚本里除了顺序执行，还需要一些额外的逻辑判断来控制流程。和其他编程语言类似，Shell 中的流程控制语句主要包括条件和循环两大类。

1．条件语句

（1）if-else 条件语句

通过 if-else 条件语句来进行程序的分支流程控制，该语句的一般格式如下。

```
if 条件测试命令串
then
    条件为真时执行的命令
else
```

```
        条件为假时执行的命令
    fi
```

从以上格式可看出,Shell 与其他高级程序设计语言不同,then 需要另起一行来书写,若需要与 if 写在同一行,则需要在条件测试命令串右侧添加一个分号(;)。此外,Shell 中的 if 和其他 if 判断的条件写法不太一样。

Bash Shell 会先执行 if 后面的语句,如果其退出状态码为 0,则会继续执行 then 部分的命令,否则会执行脚本中的下一个命令。

(2) if-elif-else 条件语句

对于多分支的情况,可以使用 if-else 条件语句的嵌套来完成,该语句的一般格式如下。

```
if 条件测试命令串 1
then
        条件 1 为真时执行的命令
elif 条件测试命令串 2
then
        条件 2 为真时执行的命令
…
elif 条件测试命令串 n
then
        条件 n 为真时执行的命令
else
        条件 n 为假时执行的命令
fi
```

使用示例

编写 Shell 脚本,根据用户输入内容判断文件属性,并执行相应的操作。

```
[root@openEulerZYC ~]# vim ex2.sh
#! /bin/bash
read -p "Please enter your filename:" filename
if [ -f "$filename" ]              // 判断该文件是否存在且为普通文件
then
```

```
        cat $filename
elif [ -d "$filename" ]              // 判断该文件是否存在且为目录文件
then
        cd $filename; pwd; ls -l -a
else
        echo "$filename:bad filename"   // 如果不符合前述情况则输出提示信息
Fi

[root@openEulerZYC ~]# sh ex2.sh
Please enter your filename:demo.sh    // 输入一个普通文件名
#! /bin/bash
#This is a test
read -p "请输入一个整数:" score
echo "你的成绩为$score"


[root@openEulerZYC ~]# sh ex2.sh
Please enter your filename:/tmp       // 输入一个目录名
/tmp
总用量 4
drwxrwxrwt. 10 root root  200  6月  1 06:50 .
dr-xr-xr-x. 19 root root 4096  5月 21 22:09 ..
drwxrwxrwt.  2 root root   40  5月 21 22:30 .font-unix
...


[root@openEulerZYC ~]# sh ex2.sh  // 输入一个不存在的文件名
Please enter your filename:abcdefg
abcdefg:bad filename
```

(3) case 条件语句

在涉及多条件判断时,可能会使用较为繁琐的 if-elif-else 语句,通过 if-else 条件语句的嵌套频繁检测同一个变量的值,此时更适合使用 case 语句。case 条件语句可从多个分支中选择一个分支来执行,该语句的格式如下。

```
case $变量名 in
模式1 | 模式2)
```

```
        分支 1 执行的命令序列 1
;;
模式 3)
        分支 2 执行的命令序列 2
;;
        ...
模式 n)
        分支 n 执行的命令序列 n
;;;;
*)
        默认执行的命令序列
;;
esac
```

case 语句会将指定的变量与不同的模式比较,若匹配,则执行对应的命令。case 行尾须为关键字"in",每个模式必须以右括号")"结束;匹配模式中可以使用方括号"[]"表示一个连续的范围,如[0-9];使用竖杠号"|"表示"或",可以分割出多个模式;最后使用单独的通配符"*"代表所有与已知模式不匹配的值(默认模式),这相当于 C 语言中的 default 语句;使用";;"表示该命令序列结束。

使用示例

根据用户的输入判断是否为 1~8 内的整数。如果是,则输出该整数值;否则仅输出一段提示信息。

```
[root@openEulerZYC ~]# vim ex4.sh
#! /bin/bash
echo "Input a number between 1 to 8"
printf "Your number is:\n"
read aNum
case $ aNum in
      [1-8]) echo "You select $ aNum";;
      *) echo "You don't select a number between 1 to 8";;
esac
```

```
[root@openEulerZYC ~]# sh ex4.sh
```

```
Input a number between 1 to 8
Your number is:
9
You don't select a number between 1 to 8

[root@openEulerZYC ~]# sh ex4.sh
Input a number between 1 to 8
Your number is:
7
You select 7
```

2. 循环语句

Shell 脚本中常会遇到一些需要重复执行的任务，相当于循环执行一组命令直到满足了某个特定条件为止。常见的循环语句有三种：for、while、until。用于控制循环流程转向的语句有两种：break、continue。

（1）for 循环语句

for 循环对每一个变量可能的值循环执行一段命令序列。赋给变量的几个数值既可以在程序内以数值列表的形式提供，也可以在程序外以位置参数的形式提供。该语句有以下两种语法格式。

语法格式一：Shell 风格。

```
for $变量名 in 值列表
do
    循环执行的命令序列
done
```

do 和 done 之间循环执行的命令序列又称为循环体，循环体的执行次数与值列表中常数或字符串的个数相同。在上面的语法格式中，变量名可以由用户进行设置，变量将逐个从"值列表"中取出值，参与循环体中的操作。

语法格式二：C 语言风格。

```
for ((定义变量；测试条件；变量迭代过程))
do
    循环执行的命令序列
done
```

使用示例

示例1：练习并观察 for 循环语句中"值列表"的各种不同写法。

[root@openEulerZYC ~]# for HOST in host1 host2 host3 ; do echo $ HOST; done
host1
host2
host3
[root@openEulerZYC ~]# for HOST in host{1..3} ; do echo $ HOST; done
host1
host2
host3
[root@openEulerZYC ~]# for i in {1..4} ; do printf "$ i\n"; done
1
2
3
4
[root@openEulerZYC ~]# for EVEN in $(seq 2 2 8) ; do echo "$ EVEN"; done;
2
4
6
8

示例2：使用 for 循环定义一个 1—100 的数值累加器。练习并观察不同风格的写法。

# 定义一个 1—100 之间的奇数累加器
# sum=0;for i in {1..100..2};do let "sum+=i";done; echo " sum = $ sum"
sum=2500
# 定义一个 1—100 之间的奇数累加器

sum=0; `for ((i=1;i<100;i+=2));do ((sum+=i));done;` echo "sum=$sum"

sum=2500

定义一个1—100之间的整数累加器

sum=0; `for ((i=1;i<100;i++));do ((sum+=i));done;` echo "sum=$sum"

sum=4950

示例 3：使用 for 循环展示当前目录下所有的文件。

[root@openEulerZYC ~]# `for file in $(ls);do echo "file:$file";done`

file:0.txt
file:1.txt
file:2.txt
file:3.txt
...
file:test.sh
file:user_group_add.sh
file:welcome.sh

示例 4：读取文本文件 namefile 的内容，对于读取到的每一个字符串逐行输出。

[root@openEulerZYC ~]# cat namefile
user1user2
user2   user3
user3 user5   user7

[root@openEulerZYC ~]# `for name in $(cat ./namefile);do echo $name;done`
user1user2
user2
user3
user3
user5
user7

(2) while 和 until 循环语句

while 和 until 循环都用于不断地重复执行一系列命令，也可从输入文件中读取数据。通过命令的返回状态值来控制循环是否要继续执行。两者跳出循环的条件判断正好相反。为避免死循环，必须保证循环体中包含循环出口条件。

while 循环也称为前测试循环语句，其语法格式如下。

```
while 条件测试命令串
do
     循环执行的命令序列
done
```

until 循环也称为后测试循环语句，其语法格式如下。

```
until 条件测试命令串
do
     循环执行的命令序列
done
```

可以看出，until 循环语句和 while 循环语句基本相同，两者的区别在于：while 循环仅在"条件测试命令串"的返回状态为真(0)时继续执行循环，而 until 循环则是仅在"条件测试命令串"的返回状态为假(非0)时继续执行循环，否则退出循环。

使用示例

示例 1：使用 while 循环定义一个 1—100 的奇数累加器。

```
#! /bin/bash
sum = 0 ; i = 1
while(( i <= 100 ))             // 仅当 i≤100 时执行循环体
do
        let "sum + = i"
        let "i + = 2"
done
echo "sum = $ sum"
```

示例 2：使用 until 循环定义一个 1—100 的奇数累加器。

```
#! /bin/bash
sum = 0 ; i = 1
```

```
until(( i ＞ 100 ))              // 仅当 i≤100 时执行循环体
do
        let "sum + = i"
        let "i + = 2"
done
echo "sum = $ sum"
```

思考：while 循环、until 循环与 for 循环的实现方式相比有何不同？

示例 3： 根据输入的文件名称（命令参数），逐一打印文件的内容。

```
[root@openEulerZYC ~]# vim ex5.sh
#! /bin/bash
while [ $1 ]                     // 仅当第一个参数存在时执行循环体
do
        if [ -f $1 ]
        then
                echo "display: $1"
                cat $1
        else
                echo "$1 isn't a file name"
        fi
        shift
Done

[root@openEulerZYC ~]# sh ex5.sh a.sh ex1.sh ex2.sh ex3.sh demo.sh test.sh
display:a.sh
#! /bin/bash
VAR =`expr $1 + $2`
…

display:ex1.sh
#! /bin/bash
cat $1 $2 $3 $4 $5 $6 $7 $8 $9|wc -l
…
```

```
display:ex2.sh
#！/bin/bash
read -p "Please enter your filename:" filename
…

display:ex3.sh
#！/bin/bash
echo "current directory is `pwd`"
…

display:demo.sh
#！/bin/bash
read -p "请输入一个整数:" score
…

display:test.sh
#！/bin/bash
echo "Test \$@:$@"
…
```

(3) break 和 continue 语句

在循环执行的命令序列中,有时可能需要根据条件退出循环或跳过一些循环步,这时可使用 break 或 continue 语句。

使用 break 语句结束整个循环体,也就是立即退出循环;使用 continue 语句结束单次循环,也就是不再执行当前循环后面的语句,立即开始下一次循环的执行。这两个语句只有放在循环语句的 do 和 done 之间才有效。

使用命令"exit 0"可以立即退出整个程序。当脚本遇到 exit 命令时,脚本将立即退出并跳过对脚本其余内容的处理。

7.2.5 函数

在 Shell 中,允许将一组命令集或语句组成一个可重复使用的块,这些块称为 Shell 函数。Shell 函数定义的基本格式如下。

```
函数名()
{
    命令序列
}
```

在 Shell 程序中,直接以函数名的形式调用函数。

7.3 Shell 程序排错

7.3.1 Shell 脚本错误类型

编写、使用或维护 Shell 脚本的管理员不可避免地会遇到脚本错误。脚本错误通常是由于输入错误、语法错误或脚本逻辑不佳导致的。

1. 一般错误

Shell 程序没有集成开发环境,在一般的文本编辑器中输入程序代码,经常会出现各种输入错误。

常见的输入错误有:输入错误关键字、成堆的符号漏输入一部分等。另外,在 Linux 中,对大小写字符是严格区分的,输入时容易出错。Shell 中所有关键字都是以小写字母表示,建议变量名使用大写字母组合。

Shell 的循环控制语句与一般高级程序语言有所不同,输入结构时语法容易出错。

在编写脚本时,将文本编辑器与 Bash 语法高亮显示结合使用,可以帮助使输入错误、语法错误等一般错误更明显。

2. 逻辑错误

一个程序能顺利执行,没有输入错误,也没有语法错误,但程序执行的结果还是错误的。这种错误称为逻辑错误,这是最难发现和解决的。

找到并排除脚本中错误尤其是逻辑错误,最直接的方法是进行调试。

7.3.2 调试跟踪

对于逻辑错误,通常的做法是对程序中的变量值进行跟踪,查看在不同状态下变量值是否按设计的过程发生变化。

可通过执行 sh 命令的方式来调用 Shell 程序,从而对程序的执行过程进行跟踪。sh 命令主要通过两个选项(-v 和-x)来跟踪 Shell 程序的执行。

- -v 选项:使 Shell 在执行程序过程中,将读入的每一条命令行都原样输出到终端。
- -x 选项:使 Shell 在执行程序过程中,在执行的每一条命令行首用一个"+"号加上对应的命令显示在终端上,并把每一个变量和该变量的值也显示出来。

Shell 扩展的执行结果会显示在打印输出中,所有变量数据状态会实时打印,以供调试跟踪。

> **使用示例**
>
> 示例 1:对此前编写的脚本 ex5.sh 的代码进行调试跟踪。

```
[root@openEulerZYC ~]# vim ex5.sh
#!/bin/bash
while [ $1 ]
do
        if [ -f $1 ]
        then
                echo "display: $1"
                cat $1
        else
                echo "$1 isn't a file name"
        fi
        shift
Done
```

```
# 对ex5.sh进行跟踪
[root@openEulerZYC ~]# sh -x ex5.sh mybak.sh
```

在每一条命令行首显示"+",所有Shell扩展的执行结果以及所有变量的值都将打印出来

+ '[' mybak.sh ']'
+ '[' -f mybak.sh ']'
+ echo display:mybak.sh
display:mybak.sh
+ cat mybak.sh
#!/bin/bash
TARFILE=bak.`date +%Y-%m-%d`.tgz
tar czf $TARFILE $* &>/dev/null
echo "已执行脚本文件：$0"
echo "共完成$#个对象的备份"
echo "具体内容包括：$@"

+ shift
+ '[' ']'

每条命令执行完后都有一个返回状态，也称为退出代码。退出代码可以用于脚本的调试。

示例 2：练习并观察几种常见的命令退出代码。

```
[root@openEulerZYC ~]# ls /etc/hosts
/etc/hosts
[root@openEulerZYC ~]# echo $?
0
[root@openEulerZYC ~]# ls /etc/myprofile
ls: 无法访问 '/etc/myprofile': 没有那个文件或目录
[root@openEulerZYC ~]# echo $?
2
[root@openEulerZYC ~]# locate ..abcdefg
locate: 无法执行 stat () '/var/lib/mlocate/mlocate.db': 没有那个文件或目录
[root@openEulerZYC ~]# echo $?
1
```

脚本一旦执行，将在其处理完所有代码之后退出。但是有时遇到错误条件，或者因为其他情况，导致需要中途退出脚本，这就需要使用 exit 命令。

示例 3：在编写脚本过程中使用退出代码。

```
[root@openEulerZYC ~]# vim exit.sh
#! /bin/bash
echo "Hello World"
exit 1                          // 退出脚本的执行，且退出代码为 1

[root@openEulerZYC ~]# sh exit.sh
Hello World
[root@openEulerZYC ~]# echo $?   // 查看前一条命令的退出代码
1
[root@openEulerZYC ~]#
```

7.3.3 语法风格

避免在脚本中引入错误的另一种简单方法是在创建脚本期间遵循良好的语法风格。以下是一些建议和具体做法。

- 将长命令分解为多行更小的代码块，命令行越短，就越便于读者领悟和理解。
- 将多个语句的开头和结尾排好，以便于查看控制结构的开始和结束位置以及它们是否正确退出。
- 对包含多行语句的行进行缩进，以表示代码逻辑的层次结构和控制结构的流程。
- 使用行间距分隔命令块，以阐明一个代码段何时结束以及另一个代码段何时开始。
- 在整个脚本中使用一致的语法格式。
- 适当添加注释和空格能够极大改善脚本可读性。

根据以上建议和做法，就可以极大地方便用户在编写程序期间及时发现错误，同时提高了脚本的可读性。

使用示例

根据用户输入，从 RPM 数据库中查询相关软件包的安装时间并输出。

以下代码可读性较差。

```
[root@openEulerZYC ~]# vim ex6.sh
#!/bin/bash
for package in $(rpm -qa | grep http); do echo "$package was installed on $(date -d @$(rpm -q --qf "%{INSTALLTIME}\n" $package))"; done
```

修改后的脚本代码如下。

```
[root@openEulerZYC ~]# vim ex6.sh
#!/bin/bash
# 可以使用 read 命令以交互方式为变量赋值：
read -p "Please input packagetype:" PACKAGETYPE
PACKAGES=$(rpm -qa | grep $PACKAGETYPE)
# 循环处理信息
for PACKAGE in $PACKAGES
do
    # 查询每个软件包的安装时间戳
    INSTALLEPOCH=$(rpm -q --qf "%{INSTALLTIME}\n" $PACKAGE)
    # 把时间戳转换为普通的日期时间
    INSTALLDATETIME=$(date -d @$INSTALLEPOCH)
    # 打印信息
    echo "$PACKAGE was installed on $INSTALLDATETIME"
done
```

修改后的脚本的执行情况如下。

```
[root@openEulerZYC ~]# sh ex6.sh
Please input packagetype:kernel        // 查询与 kernel 有关的软件包信息
kernel-headers-5.10.0-60.18.0.50.oe2203.x86_64 was installed on 2022 年
05 月 21 日 星期六 22:11:05 CST
    ...
[root@openEulerZYC ~]# sh ex6.sh
Please input packagetype:http          // 查询与 http 有关的软件包信息
libnghttp2-1.46.0-1.oe2203.x86_64 was installed on 2022 年 05 月 21 日 星
期六 22:10:40 CST
```

实用案例

编写猜数字游戏程序

实用案例

Shell 脚本案例精选

本章总结

本章系统介绍了 Shell 在 openEuler 系统中的位置，详细解读了 Shell 脚本中的各个要素（包括执行、编写、跟踪与调试）及其基本操作。在执行部分，介绍了工作中常用的前台、后台运行方式及对应操作；在编写部分，介绍了 Linux 中文本流的输入、输出以及重定向、Linux 中管道的用法、编写 Shell 脚本所需的变量和运算符的使用、逻辑判断和语句结构（选择结构、循环结构）等基础知识；在调试部分，介绍了 Bash 的调试模式、Shell 脚本的基本调试方法和 Shell 脚本编写过程中应遵循的良好语法风格。本章还提供了大量的示例代码，有助于掌握流程和方法，运用于实际工作中。Shell 中常用的内置命令（嵌入命令）如下所示。

- ◇ :   空，永远返回为 true。
- ◇ .   从当前 Shell 中执行操作。
- ◇ break   退出 for、while、until 或 case 语句。
- ◇ cd   改变到当前目录。
- ◇ continue   执行循环的下一步。
- ◇ echo   反馈信息到标准输出。
- ◇ eval   读取参数，执行结果命令。
- ◇ exec   执行命令，但不在当前 Shell。
- ◇ exit   退出当前 Shell。
- ◇ export   导出变量，使当前 Shell 可利用它。
- ◇ pwd   显示当前目录。
- ◇ read   从标准输入读取一行文本。
- ◇ readonly   使变量只读。

- return　　　　退出函数并带有返回值。
- source　　　　在当前 Shell 环境下读入并执行脚本文件（该文件可以没有执行权限）。
- set　　　　　控制各种参数到标准输出的显示。
- shift　　　　命令行参数向左偏移一个。
- test　　　　　评估条件表达式。
- times　　　　显示 Shell 运行过程的用户和系统时间。
- trap　　　　　当捕获信号时运行指定命令。
- ulimit　　　　显示或设置 Shell 资源。
- umask　　　　显示或设置缺省文件创建模式。
- unset　　　　从 Shell 内存中删除变量或函数。
- wait　　　　　等待直到子进程运行完毕。

本章习题

1. 从键盘输入读取姓名，输出带有姓名及日期的欢迎信息。
2. 根据用户输入的内容判断后续的操作。如果输入的是 0～9 之间的整数 N，则在当前目录下创建文件 0.txt 直至 N.txt；如果为 a～z 之间的字母 M，则在当前目录下创建目录 a.dir 直至 M.dir；否则仅输出一段提示信息。
3. 使用 ls 命令查看指定目录的文件名列表时，会在一行中显示多个文件名。请编写一个 Shell 程序，将指定目录下的每一个文件名单独显示在一行。
4. 编写一个依序列出所有命令行参数的 Shell 脚本。
5. 编写一个打印九九乘法表的 Shell 脚本。
6. 为了集中查看 Linux 服务器各方面的运行状况，管理员希望定制自己的登录环境，请编写登录欢迎脚本 welcome.sh 以便自动显示监控信息。另外，通过编写简单的服务控制脚本 service.sh 实现服务的开启、关闭等自动化管理的功能。

参考文献

1. 任炬,张尧学.openEuler 操作系统[M].2 版.北京:清华大学出版社,2022.
2. 鸟哥.鸟哥的 Linux 私房菜:基础学习篇[M].4 版.北京:人民邮电出版社,2018.
3. 刘遄.Linux 就该这么学[M].2 版.北京:人民邮电出版社,2021.
4. 陈祥琳.CentOS 8 Linux 系统管理与一线运维实战[M].北京:机械工业出版社,2022.
5. 丁明一.Linux 运维之道[M].2 版.北京:电子工业出版社,2016.
6. 高俊峰.高性能 Linux 服务器构建实战:系统安全、故障排查、自动化运维与集群架构[M].北京:机械工业出版社,2014.
7. 李晨光.Linux 企业应用案例精解[M].2 版.北京:清华大学出版社,2014.

郑重声明

高等教育出版社依法对本书享有专有出版权。任何未经许可的复制、销售行为均违反《中华人民共和国著作权法》，其行为人将承担相应的民事责任和行政责任；构成犯罪的，将被依法追究刑事责任。为了维护市场秩序，保护读者的合法权益，避免读者误用盗版书造成不良后果，我社将配合行政执法部门和司法机关对违法犯罪的单位和个人进行严厉打击。社会各界人士如发现上述侵权行为，希望及时举报，我社将奖励举报有功人员。

反盗版举报电话　（010）58581999　58582371
反盗版举报邮箱　dd@hep.com.cn
通信地址　北京市西城区德外大街4号　高等教育出版社知识产权与法律事务部
邮政编码　100120